国家电工电子教学基地系列教材

单片机原理与应用

（第 2 次修订本）

戴胜华　蒋大明　杨世武　赵俊慧　编著

U0283655

清华大学出版社

北京交通大学出版社

·北京·

内容简介

本书以 MCS-51 系列单片机为主，系统地介绍了单片机的组成、基本工作原理、特殊功能寄存器，单片机的寻址方式、指令系统和汇编语言程序设计，单片机的中断系统，单片机的定时器及串行通信接口的原理与应用，单片机的系统扩展和外围接口电路的设计，DAC 和 ADC 接口设计，C51 语言及嵌入式实时操作系统基础，ZKS-03 单片机实验仪简介及使用说明，以及单片机的实验与实践。

本书每一章都安排了一定数量的习题和思考题，附录中包含有 MCS-51 指令表和 ASCII 字符表等常用图表。

图书在版编目（CIP）数据

单片机原理与应用/戴胜华等编著 . — 北京：清华大学出版社；北京交通大学出版社，2005.4（2024.3 重印）

（国家电工电子教学基地系列教材）

ISBN 978-7-81082-496-5

Ⅰ. 单…　Ⅱ. 戴…　Ⅲ. 单片微型计算机-高等学校：技术学校-教材　Ⅳ. TP368.1

中国版本图书馆 CIP 数据核字（2005）第 016678 号

责任编辑：黎丹

出 版 者：清华大学出版社　　邮编：100084　　电话：010-62776969　　http：//www.tup.com.cn
　　　　　北京交通大学出版社　邮编：100044　　电话：010-51686414　　http：//press.bjtu.edu.cn
印 刷 者：北京鑫海金澳胶印有限公司
发 行 者：新华书店总店北京发行所
开　　本：185×230　　印张：22.5　　字数：500 千字
版　　次：2005 年 4 月第 1 版　　2021 年 1 月第 2 次修订　　2024 年 3 月第 9 次印刷
书　　号：ISBN 978-7-81082-496-5/TP·181
定　　价：58.00 元

本书如有质量问题，请向北京交通大学出版社质监组反映。对您的意见和批评，我们表示欢迎和感谢。
投诉电话：010-51686043，51686008；传真：010-62225406；E-mail：press@center.bjtu.edu.cn。

国家电工电子教学基地系列教材
编审委员会成员名单

主　任　谈振辉

副主任　张思东　赵尔沅　孙雨耕

委　员　（以姓氏笔画为序）

王化深　卢先河　刘京南　朱定华　沈嗣昌

严国萍　杜普选　李金平　李哲英　张有根

张传生　张晓冬　陈后金　邹家骒　郑光信

屈　波　侯建军　贾怀义　徐国治　徐佩霞

廖桂生　薛　质　戴瑜兴

总　序

当今信息科学技术日新月异,以通信技术为代表的电子信息类专业知识更新尤为迅猛。培养具有国际竞争能力的高水平的信息技术人才,促进我国信息产业发展和国家信息化水平的提高,对电子信息类专业创新人才的培养、课程体系的改革、课程内容的更新提出了富有时代特色的要求。近年来,国家电工电子教学基地对电子信息类专业的技术基础课程群进行了改革与实践,探索了各课程的认知规律,确定了科学的教育思想,理顺了课程体系,更新了课程内容,融合了现代教学方法,取得了良好的效果。为总结和推广这些改革成果,在借鉴国内外同类有影响教材的基础上,决定出版一套以电子信息类专业的技术基础课程为基础的"国家电工电子教学基地系列教材"。

本系列教材具有以下特色:

● 在教育思想上,符合学生的认知规律,使教材不仅是教学内容的载体,也是思维方法和认知过程的载体;

● 在体系上,建立了较完整的课程体系,突出了各课程内在联系及课群内各课程的相互关系,体现微观与宏观、局部与整体的辩证统一;

● 在内容上,体现现代与经典、数字与模拟、软件与硬件的辩证关系,反映当今信息科学与技术的新概念和新理论,内容阐述深入浅出,详略得当。增加工程性习题、设计性习题和综合性习题,培养学生分析问题和解决问题的素质与能力;

● 在辅助工具上,注重计算机软件工具的运用,使学生从单纯的习题计算转移到基本概念、基本原理和基本方法的理解和应用,提高学习效率和效果。

本系列教材包括:

《基础电路分析》、《现代电路分析》、《电路分析学习指导及习题精解》、《模拟集成电路基础》、《模拟电子技术》、《信号与系统》、《信号与系统学习指导及习题精解》、《信号与系统典型题解》、《电子测量技术》、《微机原理与接口技术》、《电路基础实验》、《电子电路实验及仿真》、《数字实验一体化教程》、《数字信号处理综合设计实验》、《电路基本理论》、《现代电子线路》（含上、下册）、《电工技术》、《单片机原理与应用》。

　　本系列教材的编写和出版得到了教育部高等教育司的指导、北京交通大学教务处及电子与信息工程学院的支持，在教育思想、课程体系、教学内容、教学方法等方面获得了国内同行们的帮助，在此表示衷心的感谢。

北京交通大学
"国家电工电子教学基地系列教材"
编审委员会主任

2005 年 3 月

前　言

　　本书是为贯彻国家教委"面向 21 世界教学内容改革"的精神,适应单片机迅速发展的需要,参考了同类优秀教材和厂家原始数据资料,结合多年科研经验与讲授"单片机原理与应用"课程的教学实践编写的。全书以世界上应用最多的 MCS-51 系列单片机为主,系统地介绍了单片机的历史与发展、单片机的结构与原理、单片机指令系统、汇编语言及程序设计、定时器/计数器、串行通信接口、中断系统、单片机系统扩展设计、键盘和显示器接口设计、DAC 和 ADC 接口设计、C51 语言及嵌入式实时操作系统基础、ZKS-03 单片机实验仪简介及使用说明及 11 个单片机实验指导。

　　为了适应面向 21 世纪人才培养的需要,同时又要符合工科院校非计算机专业本科学生学习单片机技术基础课程教学的基本要求,本书选择以 MCS-51 单片机为基础,是因为以 MCS-51 为内核的单片机系列在世界上生产量最大、派生的品种最多,基本可以满足大多数的应用需求。MCS-51 单片机还在不断丰富与发展之中,书中包含最新接口芯片的原理与应用。单片机本身就是一门实用技术,书中包含的内容大多数都可以在实际系统中应用。本书的结构体系及内容的选取是在原教学及教材的基础上做了较大的调整与知识重构。既要体现了本学科知识结构的系统性与科学性,又要体现了本学科发展的先进性与前瞻性。从非计算机专业学生的特点出发,内容力求深入浅出,尽可能结合实例说明问题,引起学生的兴趣和好奇心。本书可一书两用,既可作为"单片机原理与应用"的教科书,同时作为"单片机原理与应用课程设计"用书。

　　全书以 MCS-51 单片机为主线,系统地介绍单片机的结构、原理、指令及其功能部件。本着教学体系的连贯性要求,第 1 章介绍了单片机的历史、发展及应用概况;第 2～4 章详细讲解了单片机的结构与原理、单片机指令系统、汇编语言及程序设计;第 5～7 章介绍了单片机功能部件,定时器/计数器及串行通信接口,单片机的中断系统;第 8～10 章介绍了单片机应用系统的扩展设计、键盘和显示器接口设计、DAC 和 ADC 接口设计;第 11 章介绍了目前正在流行的 C51 语言及单片机开发中具有先进性的嵌入式实时操作系统基础；第 12、13 章介绍了 ZKS-03 单片机实验仪，先进、方便的 Keil 集成开发调试环境的使用，详细地给出了 11 个单片机的实验指导。各章节的内容基本上是根据单片机的原理与应用划分的，既考虑到各章节的内容有机结合，同时也考虑到单片机技术应用发展的最新内容。在编写过程中，尽量避免过多地介绍程序设计的方法和技巧，着重介绍硬件资源及使用方法、系统构成及连接，注重典型性和代表性，以期达到举一反三的效果。在内容安排上，力求兼顾基础性、实用性、先进性。

单片机的学习更应该注重实际应用能力的培养，书中介绍的 Keil 集成开发调试环境是目前单片机应用开发的主流技术平台，在没有硬件仿真器下可以用软件仿真调试，特别适合学生课下学习。书中列举了大量具有实际意义和实用价值的数据资料及例题、习题，配合单片机实验仪的使用和实验，不但可以培养学生运用单片机的能力，还能使学生具有参加电子设计大赛或开发单片机产品的基础。另外，在课程设计、毕业设计、研究生论文课题中，本书都具有重要而实用的参考价值。

本书在章节内容的选材编排上，既考虑到工科院校非计算机专业本科学生学习，还兼顾到不同层次学历的学生学习。本书内容全面，语言通俗易懂，逻辑性强，实例丰富，讲解详尽，对每一个问题都力求讲得清楚、详细，并且给出实例，让读者一目了然。书中各章的内容都具有相对的独立性，教、学双方可根据实际需要加以取舍。

本书可作为高等院校通信、电子、自动化及其他相关专业本、专科学生学生单片机的教材或教学参考书，同时也可供广大从事单片机应用开发的科研人员作为参考书使用和自学用书。教学参考学时为 32～48 学时。

本书由戴胜华、蒋大明，杨世武、赵俊慧编写。其中第 1～5 章由戴胜华编写，第 6、7、11 章由蒋大明编写，第 8、9、10 章由杨世武编写，第 12、13 章由赵俊慧编写，全书由戴胜华统稿。

本书在编写过程中得到了多位同行和领导的大力支持和帮助，在此一并表示感谢。

由于编者水平所限，书中难免有不妥和错误之处，恳请读者批评指正。

编　者

2005 年 3 月

于北京交通大学

目　　录

第1章 单片机概述

提要 单片微型计算机简称单片机或微控制器。它将中央处理单元CPU、RAM、ROM、定时/计数器和多种I/O，甚至A/D、D/A转换器件集成在一块大规模集成电路芯片上，这个芯片即为一台具有一定规模、功能独特的计算机。单片机种类已有几百种，从1位、4位、8位发展到16位、32位单片机，集成度越来越高，功能越来越强，应用也越来越广。单片机可分为专用和通用两类，其中最常用的是MCS-51系列单片机。

单片微型计算机是微型计算机的一个重要分支，也是一种非常活跃且颇具生命力的机种。单片微型计算机简称单片机，特别适用于控制领域，故又称为微控制器（Microcontroller 或 MCU）。

单片机由单块集成电路芯片构成，内部包含有计算机的基本功能部件：中央处理器（CPU）、存储器（MEM）、输入/输出接口（I/O）等。因此，单片机只需要有适当的软件和外部设备，便可组成为一个单片机控制系统。

1.1 单片机的历史及发展概况

单片机作为微型计算机的一个分支，它的产生与发展和微处理器的产生与发展大体同步，主要分为三个阶段。

第一阶段（1974—1978）：初级单片机阶段。以 Intel 公司的 MCS-48 为代表，这个系列的单片机在片内集成了8位 CPU、并行 I/O 口、8位定时器/计数器、RAM 等，无串行 I/O 口，寻址范围不大于 4KB。

第二阶段（1978—1988）：高性能单片机阶段。以 MCS-51 系列为代表，这个阶段的单片机均带有串行 I/O 口，具有多级中断处理系统，定时器/计数器为 16 位，片内 RAM 和 ROM 容量相对增大，且寻址范围可达 64KB。这类单片机的应用领域极其广泛，由于其优良的性价比，特别适合我国的国情，故在我国得到了广泛应用。

第三阶段（1988 年以后）：8 位单片机巩固、完善及 16 位单片机推出阶段。以 MCS-96 系列为代表，16 位单片机除了 CPU 为 16 位以外，片内 RAM 和 ROM 的容量进一步增大，片内 RAM 增加为 232B，ROM 为 8KB，且片内带有高速输入/输出部件、多通道 10 位 A/D

转换器，具有 8 级中断等。近年来，32 位单片机也已进入实用阶段。

1.2　单片机的发展趋势

早期 MCS-51 典型时钟频率为 12 MHz，目前与 MCS-51 单片机兼容的一些单片机的时钟频率达到 40 MHz 或更高的工作频率；现在已有更快的 32 位 400 MHz 的单片机产品出现。

单片机的发展趋势将向大容量、高性能化、外围电路内装化等方面发展。为满足不同的用户要求，各公司竞相推出能满足不同需要的产品。

1.2.1　CPU 的改进

CPU 功能增强主要表现在运算速度和精度的提高方面。

① 采用双 CPU 结构，以提高处理能力。

② 增加数据总线宽度。单片机内部采用 16 位或 32 位数据总线，其数据处理能力明显优于一般的 8 位单片机。

③ 采用流水线结构。指令以队列形式出现在 CPU 中，具有很快的运算速度。

④ 采用 RISC 体系结构。

1.2.2　存储器的发展

（1）加大存储容量

新型单片机片内 ROM 一般可达 4KB 至 64KB，RAM 为 256B。有的单片机片内 ROM 容量可达 256KB。

（2）片内 EPROM 开始 E^2PROM 或 FLASH 化

片内 EPROM 由于需要高压编程写入和用紫外线擦除给用户带来不便。采用电改写的 E^2PROM 后，不需紫外线擦除，只需重新写入。特别是能在 +5 V 下读写的 E^2PROM，既有静态 RAM 读写操作简便的优点，又能在掉电时数据不丢失。片内 E^2PROM 的使用不仅会对单片机结构产生影响，而且会大大简化应用系统结构。

（3）程序保密化

一般 EPROM 中的程序很容易被复制。为防止复制，有的单片机设有对片内 ROM 中信息的读取保护，这就达到了程序保密的目的。

1.2.3　片内 I/O 口的改进

一般单片机都有较多的并行口，以满足外围设备、芯片扩展的需要，同时配有串行口，以满足多机通信功能的要求。

（1）增加并行口的驱动能力

这样可以减少外部驱动芯片。有的单片机能直接输出大电流和高电压，以便能直接驱动 LED 和 VFD（荧光显示器）。

（2）增加 I/O 口的逻辑控制功能

大部分单片机的 I/O 口都能进行逻辑操作。中、高档单片机的位处理系统能够对 I/O 口进行位寻址及位操作，大大加强了 I/O 口线控制的灵活性。

（3）配置特殊的串行接口

有些单片机配置了一些特殊的串行接口，如飞利浦公司开发的一种新型总线——I^2C 总线（Inter-ICbus）是用两条串行总线代替现行的 8 位并行数据总线，从而大大减少了单片机引线，降低了单片机的成本，为单片机的扩展及通信提供了方便。

（4）通信及网络功能增强

在某些单片机内部还含有局部网络控制模块，因此这类单片机十分容易构成网络。特别是在控制系统较为复杂时，构成一个控制网络十分有用。目前，将单片机系统和 Internet 连接起来已是一种趋势。

1.2.4　集成更多的外围电路

随着集成度的不断提高，有可能把众多的外围功能器件集成在片内。这是单片机发展的重要趋势。除了一般必须具有的 ROM、RAM、定时器/计数器、中断系统外，随着单片机档次的提高，为适应检测、控制功能更高的要求，片内集成的部件还有模/数转换器、数/模转换器、DMA 控制器、锁相环、实时时钟、LCD 控制器、Watchdog 电路等。

由于集成工艺在不断发展，能装入片内的外围电路也可以是大规模的，把所需的外围电路全部装入单片机内，即系统的单片化（SOC）是目前单片机发展的趋势之一。

1.2.5　引脚的多功能

随着芯片内部功能的增强和资源的丰富，单片机所需的引脚数也会相应增加，这是不可避免的。例如，一个能寻址 1MB 存储空间的单片机需 20 条地址线和 8 条数据线。太多的引脚不仅会增加制造时的困难，而且也会使应用单片机更复杂。为了减少引脚数量，提高应用灵活性，单片机中普遍采用一脚多用的设计方案。

1.2.6　低功耗

8 位单片机中多数产品采用 CHMOS 工艺，CMOS 芯片的单片机具有功耗小的优点，而且为了充分发挥低功耗的特点，这类单片机普遍配置有空闲和掉电两种工作方式。例如，采用 CHMOS 工艺的 MCS - 51 系列单片机 80C51BH/80C31/87C51 在正常运行(5 V，12 MHz)时，工作电流为 20 mA；同样条件下空闲方式工作时，工作电流则为 3.7 mA，而在掉电(2 V)时，工作电流仅为 50 μA，以致不少单片机实际可采用电池供电。

1.2.7 专用型单片机发展加快

专用型单片机具有最大程度简化的系统结构，资源利用率最高，大批量使用可获得可观的经济效益。

1.3 单片机的应用

单片机是为了实现控制功能而设计的一种微型计算机，它的应用首先是控制功能，即实现计算机控制。其实现手段采用嵌入方式，即嵌入到对象环境中作为一个智能控制单元。由于被控对象种类繁多，其应用也非常广泛，下面只介绍一些典型的应用领域和应用特点。

MCS - 51 系列单片机的应用范围很广，根据使用情况大致可分为以下 4 类。

1.3.1 单片机在各类仪器仪表中的应用

单片机具有体积小、功耗低、控制功能强等优点，故可广泛应用于各类仪器仪表中(包括温度、湿度、流量、流速、电压、频率、功率、厚度、角度、硬度、元素、压力测定等)，引入单片机可以使仪器仪表数字化、智能化、微型化，且功能大大提高。例如，精密数字温度计、智能电度表、智能流速仪、微机多功能 PH 测试仪等。

1.3.2 单片机在工业测控中的应用

用单片机可以构成各种工业测控系统、自适应控制系统、数据采集系统等。例如，MCS - 51 单片机控制的铁路车站控制台按钮记录器、交通灯的控制、人防报警系统控制、PC 机和单片机组成的二级计算机控制系统等。

1.3.3 单片机在计算机网络与通信技术中的应用

MCS - 51 系列单片机具有通信接口，为单片机在计算机网络与通信设备中的应用提供了条件。例如，MCS - 51 系列单片机控制的小型电话交换机、列车无线通信系统、单片机控制无线遥控系统等。

1.3.4　单片机在日常生活及家电中的应用

　　单片机越来越广泛地应用于日常生活中的智能电气产品及家电中。例如，电子秤、银行计息电脑、电脑缝纫机、心率监护仪、电冰箱控制、彩色电视机控制、洗衣机控制等。

　　单片机除了上述应用领域之外，还广泛应用于商业流通领域、汽车电子及航空电子等。

　　综上所述，单片机的应用领域非常广泛。而且，它的应用也从根本上改变了传统控制系统的设计思想和设计方法，以微控制技术来实现，这是一个全新的概念。随着单片机应用技术的推广普及，微控制技术必将不断发展、完善。

1.4　8 位单片机的主要生产厂商和机型

1.4.1　单片机主要厂商

　　1976 年单片机诞生以来，其产品在 20 多年里得到了迅猛发展，形成了多公司、多系列、多型号的局面。在国际上影响较大的公司及其产品如表 1-1 所示。

表 1-1　目前世界上较为著名的 8 位单片机的生产厂家和主要机型

公　　司	典型产品系列
Intel(美国英特尔)公司	MCS‐51 及其增强型系列
PHILIPS(荷兰飞利浦)公司	8×C552 及 89C66X 系列
Motorola(摩托罗拉)公司	6801 系列和 6805 系列
ATMEL	与 MCS 系列兼容的 51 系列
Fairchild(美国仙童)公司	F8 系列和 3870 系列
Rockwell(美国洛克威尔)公司	6500/1 系列
TI(美国得克萨斯仪器仪表)公司	TMS7000 系列
NS(美国国家半导体)公司	NS8070 系列
RCA(美国无线电)公司	CDP180 系列
NEC(日本电气)公司	μCOM87(μPD7800)系列
HITACHI(日本日立)公司	HD6301、HD63L05、HD6305
Microchip	PIC16 5X 系列
Zilog(美国齐洛格)公司	Z8 系列及 SUPER8

　　除上述公司及其产品外，还有一些其他公司也生产各种类型的单片机，如 Siemens，OKI，Mostek 公司等。

1.4.2 单片机主要产品

（1）Intel 公司系列单片机

Intel 公司的系列单片机可分为 MCS-51、MCS-96 两个系列。Intel 的单片机每一类芯片的 ROM 根据型号一般有片内掩膜 ROM、片内 EPROM 和外接 EPROM 三种方式，这是 Intel 公司的首创，现已成为单片机的统一规范。最近 Intel 公司又推出了片内带 E^2PROM 型单片机。片内掩膜 ROM 型单片机适合于已定型的产品，可以大批量生产；片内带 EPROM 型、外接 EPROM 型及片内带 E^2PROM 型单片机适合于研制产品和生产产品样机。MCS-51 系列单片机的性能如表 1-2 所示。

表 1-2 MCS-51 系列单片机性能

型 号		程序存储器	RAM(B)	I/O 口线	定时器（个×位）	中断源	晶振（MHz）
8051	8051AH/BH	4KB ROM	128	32	2×16	5	2～12
	8751AH/BH	4KB EPROM	128	32	2×16	5	2～12
	8031 AH	无	128	32	2×16	5	2～12
8052	8052AH	8KB ROM	256	32	3×16	6	2～12
	8752AH	8KB EPROM	256	32	3×16	6	2～12
	8032AH	无	256	32	3×16	6	2～12
80C51	80C51BH	4KB ROM	128	32	2×16	5	2～12
	87C51BH	4KB EPROM	128	32	2×16	5	2～12
	80C31BH	无	128	32	2×16	5	2～12
80C52	80C52	8KB ROM	256	32	3×16	6	2～12
	80C32	无	256	32	3×16	6	2～12
80C54	87C54	16KB ROM	256	32	3×16	6	2～20
	80C54	16KB ROM	256	32	3×16	6	2～20
80C58	87C58	32KB ROM	256	32	3×16	6	2～20

（2）PHILIPS 公司单片机

PHILIPS 公司生产与 MCS-51 兼容的 80C51 系列单片机，片内具有 I^2C 总线、A/D 转换器、定时监视器等丰富的外围部件。其主要产品有 80C51、80C52、80C31、80C32、80C528、80C552、80C562、80C751 等，其中 83C552 功能最强，83C751 体积最小。

PHILIPS 单片机的特点是具有 I^2C 总线，这是一种串行通信总线。可以通过 I^2C 总线对系统进行扩展，使单片机系统结构更简单，体积更小。I^2C 总线也可用于多机通信。

（3）Motorola 公司单片机

Motorola 公司的单片机从应用角度可以分成两类，即高性能的通用型单片机和面向家用消费领域的专用型单片机。MC68HC05 系列单片机的特性如表 1-3 所示。

表 1-3 MC68HC05 系列单片机特性

型　　号	片内 ROM		片内 RAM	I/O 接口			监视 定时器	输入 捕捉	输出 比较	A/D	引脚 系数
	ROM	E²PROM		并行 I/O	计数器	串行 I/O					
68HC05B6	6KB	256	176	32	16 位	SCI	√	2	2	√	48/52
68HC05C5	5KB	—	176	32	16 位	SIOP	√	1	1	—	40/44
68HC05C8	8KB	—	176	31	16 位	SPI SCI	—	1	1	—	40/44

通用型单片机具有代表性的是 MC68HC11 系列，有几十种型号。其典型产品为 MC68HC11A8，具有准 16 位的 CPU、8KB ROM、256B RAM、512B E²PROM、16 位 9 功能定时器、38 位 I/O 口线、2 个串行口、8 位脉冲累加器、8 路 8 位 A/D 转换器、Watchdog、17 个中断向量等功能，可单片工作，也可以扩展方式工作。

专用型单片机性能价格比较高，应用时一般采用"单片"形式，原则上一块单片机就是整个控制系统。这类单片机无法外接存储，如 MC68HC05/MC68HC04 系列。

（4）ATMEL51 系列单片机

ATMEL 公司生产的 CMOS 型 51 系列单片机，具有 MCS-51 内核，用 Flash ROM 代替 ROM 作为程序存储器，具有价格低、编程方便等优点。例如，89C51 就是拥有 4KB Flash ROM 的单片机。

ATMEL 公司生产的单片机主要有 89C51、89F51、89C52、89LV52、89C55 等。

（5）Microchip 公司的单片机

Microchip 公司推出了 PIC16C5X 系列单片机。它的典型产品 PIC16C57 具有 8 位 CPU、2K×12 位 E²PROM 程序存储器、80×8 位 RAM、1 个 8 位定时器/计数器、21 根 I/O 口线等硬件资源。指令系统采用 RISC 指令，拥有 33 条基本指令，指令长度为 12 位，工作速度较高。主要产品有 PIC16C54，PIC16C56 等。

（6）Zilog 公司的单片机

Zilog 公司推出的 Z8 系列单片机是一种中档 8 位单片机。它的典型产品为 Z8601，具有 8 位 CPU、2KB ROM、124B RAM、2 个 8 位定时器/计数器、32 位 I/O 口线、1 个异步串行通信口、6 个中断向量等。主要产品型号有 Z8600/10、Z8601/11、Z86C06、Z86C21、Z86C40、Z86C93 等。

第 2 章 MCS-51 单片机的结构与原理

提要 本章介绍 MCS-51 单片机的硬件结构与工作原理。熟悉并理解硬件结构对于应用设计者是十分重要的,因为它是单片机应用系统设计的基础。通过本章的学习,可以使读者对 MCS-51 单片机的硬件功能、系统结构、存储器结构、I/O 端口、复位电路、CPU 时序、CPU 引脚功能及单片机的工作方式有较为全面的了解。

MCS-51 系列单片机是 Intel 公司生产的一系列单片机的总称,是非常成功的产品。这一系列单片机包括了很多品种,如 8031、8051、8751、8032、8052、8752 等,其中 8051 是最早最典型的产品,该系列其他单片机都是在 8051 的基础上进行功能的增、减、改变而来的,所以人们习惯于用 8051 来称呼 MCS-51 系列单片机。而 8031 是前些年在我国最流行的单片机,所以很多场合会看到 8031 的名称。MCS-51 具有性能价格比高、稳定、可靠、高效等特点。自从 Intel 公司将 MCS-51 的核心技术授权给很多其他公司以来,不断有其他公司生产各种与 MCS-51 兼容或者具有 MCS-51 内核的单片机,如 AT89C51 就是这几年在我国非常流行的单片机,它是由美国 ATMEL 公司开发生产的。

2.1 MCS-51 单片机的硬件功能

MCS-51 已成为当今 8 位单片机中具有事实上"标准"意义的单片机,应用很广泛。本书以 8051 为核心,讲述 MCS-51 系列单片机。

在 MCS-51 系列里,所有产品都是以 8051 为核心发展起来的,它们都具有 8051 的基本结构和软件特征。从制造工艺来看,MCS-51 系列中的器件基本上可分为 HMOS 和 CMOS 两类(见表 2-1)。CMOS 器件的特点是电流小、功耗低(掉电方式下消耗 $10\,\mu A$ 电流),但对电平要求高(高电平大于 $4.5\,V$,低电平小于 $0.45\,V$);HMOS 对电平要求低(高电平大于 $2.0\,V$,低电平小于 $0.8\,V$),但功耗大。

表 2-1 MCS-51 系列单片机性能表

ROM 形式			片内 ROM /B	片内 RAM /B	寻址范围	I/O				中断源
片内 ROM	片内 EPROM	外接 EPROM				计数器	并行口	串行口		
8051	8751	8031	4K	128	$2\times64K$	2×16	4×8	1		5
80C51	87C51	80C31	4K	128	$2\times64K$	2×16	4×8	1		5

续表

ROM 形式			片内 ROM /B	片内 RAM /B	寻址范围	I/O			中断源
片内 ROM	片内 EPROM	外接 EPROM				计数器	并行口	串行口	
8052	8752	8032	8K	256	2×64K	3×16	4×8	1	6
80C52	87C52	80C32	8K	256	2×64K	3×16	4×8	1	6

MCS-51 系列单片机的温度适用范围也较宽，其温度范围为

民品（商业用）　　　0℃～70℃

工业品　　　　　　　−40℃～85℃

军用品　　　　　　　−55℃～125℃

MCS-51 系列单片机还在不断的发展，具体如下。

（1）增大内部存储器型

该型产品将内部的程序存储器 ROM 和数据存储器 RAM 增加一倍。如 8032AH、8052AH、8752BH 等，内部拥有 8KB ROM 和 256B RAM，属于 52 子系列。

（2）可编程计数阵列（PCA）型

型号中含有字母"F"的系列产品，如 80C51FA、83C51FA、87C51FA、83C51FB、87C51FB、83C51FC、87C51FC 等，均是采用 CHMOS 工艺制造，具有比较/捕捉模块及增强的多机通信接口。

（3）A/D 型

该型产品如 80C51GB、83C51GB、87C51GB 等，具有下列新功能：8 路 8 位 A/D 转换模块，256B 内部 RAM、2 个 PCA 监视定时器，增加了 A/D 和串行口中断，中断源达 7 个，具有振荡器失效检测功能。

8051 系列单片机的主要功能如图 2-1 所示。

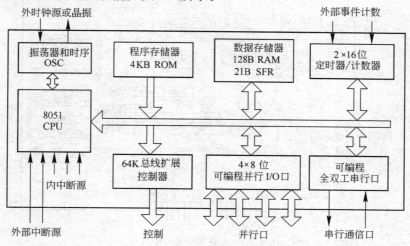

图 2-1　8051 单片机功能方框图

下面对各功能部件作进一步的说明。

- 数据存储器（RAM）：片内为 128B 的 RAM，片外最多可外扩至 64KB。
- 程序存储器（ROM/EPROM）：8031 无此部件；8051 为 4K ROM；8751 则为 4K EPROM。片外最多可外扩至 64KB。
- 中断系统：具有 5 个中断源（其中内部 3 个，外部 2 个），2 级中断优先级。
- 定时器/计数器：2 个 16 位的定时器/计数器，具有 4 种工作方式。
- 串行口：1 个全双工的串行口，具有 4 种工作方式。
- P1 口、P2 口、P3 口、P0 口：为 4 个并行 8 位 I/O 口。
- 特殊功能寄存器（SFR）：8051 有 128 个特殊功能寄存器寻址空间，有 21 个 SFR，用于对片内各功能模块进行管理、控制、监视。实际上是一些控制寄存器和状态寄存器，是一个特殊功能的 RAM 区。
- 微处理器（CPU）：为 8 位的 CPU，且内含一个 1 位 CPU（位处理器），不仅可处理字节数据，还可以进行位变量的处理。

2.2　MCS-51 硬件系统结构

MCS-51 主要包括算术/逻辑部件 ALU、累加器 A（有时也称 ACC）、只读存储器 ROM、随机存储器 RAM、指令寄存器 IR、程序计数器 PC、定时器/计数器、I/O 接口电路、程序状态寄存器 PSW、寄存器组。此外，还有堆栈寄存器 SP、数据指针寄存器 DPTR 等部件。这些部件集成在一块芯片上，通过内部总线连接，构成完整的微型计算机（如图 2-2）。下

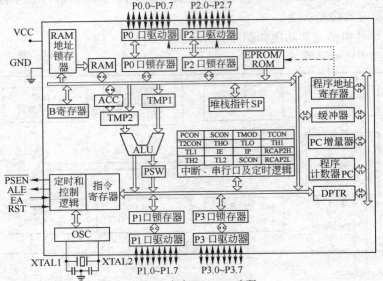

注：TH2、TL2、RCAP2H、RCAP2L 仅在 8052/8032 中有

图 2-2　MCS-51 系统结构框图

面按其部件功能分类予以介绍。

2.2.1　运算部件

运算部件包括算术逻辑部件 ALU、位处理器、累加器 A、寄存器 B、暂存器及程序状态字寄存器 PSW 等。该模块的功能是实现数据的算术、逻辑运算、位变量处理和数据传送等操作。

ALU 的功能很强，它不仅可以对 8 位变量进行逻辑"与"、"或"、"异或"、循环、求补和清零等基本操作，还可以进行加、减、乘、除等基本运算。ALU 还具有一般微处理器的 ALU 所不具备的功能，即位处理操作，它可对位(bit)变量进行位处理，如置位、清零、求补、测试转移及逻辑"与"、"或"等操作。由此可见，ALU 在算术运算及控制处理方面能力是很强的。

累加器 A 是一个 8 位的累加器。从功能上看，它与一般微处理器的累加器相比没什么特别之处，但需要说明的是 A 的进位标志 CY 是特殊的，因为它同时又是位处理器的一位累加器。

寄存器 B 是为执行乘法和除法操作设置的，在不执行乘、除法操作的一般情况下可把它当做一个普通寄存器使用。

MCS-51 的程序状态寄存器 PSW，是一个 8 位可读写的寄存器，它的不同位包含了程序状态的不同信息。掌握并牢记 PSW 各位的含义是十分重要的，因为在程序设计中，经常会与 PSW 的各个位打交道。程序状态字 PSW 各位的含义如图 2-3 所示。

D7	D6	D5	D4	D3	D2	D1	D0
CY	AC	F0	RS1	RS0	OV	—	P

图 2-3　程序状态字 PSW 各位的含义

- CY(PSW.7)——进位标志位，在执行算术和逻辑指令时，可以被硬件或软件置位或清除。在位处理器中，它是位累加器。
- AC(PSW.6)——辅助进位标志位，当进行加法或减法操作而产生由低 4 位向高 4 位进位或借位时，AC 将被硬件置 1，否则就被清零。AC 常用于十进制调整，与"DA A"指令结合起来使用。
- F0(PSW.5)——标志位，它是由用户使用的一个状态标志位，可用软件来使它置位或清除，也可以靠软件测试 F0 以控制程序的流向。编程时，该标志位非常有用。
- RS1、RS0 (PSW.4、PSW.3)——寄存器区选择控制位 1 和 0，这两位用来选择 4 组工作寄存器区(4 组寄存器在单片机内的 RAM 区中，将在本章稍后介绍)，它们与 4 组工作寄存器区的对应关系如下。

```
             RS1  RS0
软件写入       0    0    区 0(选择内部 RAM 寄存器地址 00H～07H)
软件写入       0    1    区 1(选择内部 RAM 寄存器地址 08H～0FH)
软件写入       1    0    区 2(选择内部 RAM 寄存器地址 10H～17H)
```

软件写入　　1　　1　　区3(选择内部 RAM 寄存器地址 18H～1FH)

- OV(PSW.2)——溢出标志位。当执行算术指令时，由硬件置1或清0，以指示溢出状态。各种算术运算对该位的影响情况较为复杂，将在第3章详细说明。
- PSW.1——保留位，未用。
- P(PSW.0)——奇偶标志位。每个指令周期都由硬件来置位或清除，以表示累加器 A 中值为1的位数的奇偶性。若为奇数，则 P＝1；否则 P＝0。此标志位对串行口通信中的数据传输有重要的意义，常用奇偶校验的方法来检验数据传输的正确性。

2.2.2　控制部件

控制部件是单片机的神经中枢，以主振频率为基准(每个主振周期称为振荡周期)，控制器控制 CPU 的时序，对指令进行译码，然后发出各种控制信号，它将各个硬件环节组织在一起。CPU 的时序将在 2.6 节介绍。

2.3　存储器结构

MCS-51 系列单片机的存储器组织采用的是哈佛(Harvard)结构，即将程序存储器和数据存储器分开，程序存储器和数据存储器具有各自独立的寻址方式、寻址空间和控制信号。这种结构对于单片机"面向控制"的实际应用较为方便。MCS-51 的存储器结构如图 2-4

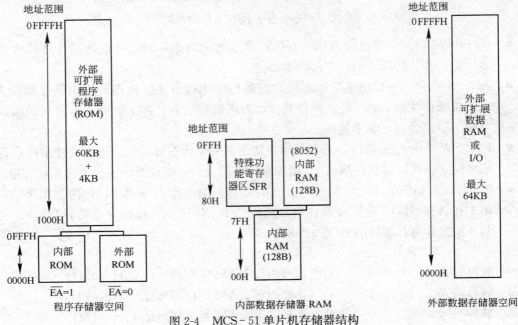

图 2-4　MCS-51 单片机存储器结构

所示（内部数据 RAM 的高 128B 仅为 52 子系列单片机拥有，51 子系列无）。

MCS-51 系列（8031 和 8032 除外）有 4 个物理上相互独立的存储器空间，即内、外程序存储器和内、外数据存储器。逻辑上分为 3 个存储空间，即片内外统一编址的 64KB 的程序存储器地址空间、256B 的片内数据存储器及 64KB 的片外数据存储器地址空间（可扩展数据 RAM 或 I/O 接口）。

2.3.1　程序存储器

程序存储器用于存放编好的程序和表格常数。由于 8031 无内部程序存储器，程序存储器只能外扩，最大的扩展空间为 64KB。

在 MCS-51 的指令系统中，同外部程序存储器打交道的指令仅有两条，即

● MOVC　A，@A+DPTR
● MOVC　A，@A+PC

两条指令的功能将在下一章中详细介绍。

MCS-51 复位后，程序计数器 PC 的内容为 0000H，故系统必须从 0000H 单元开始取指令，执行程序。程序存储器中的 0000H 地址是系统程序的启动地址，这一点初学者要牢牢记住。一般在该单元存放一条跳转指令，跳向用户设计的主程序的起始地址。

MCS-51 最多可外扩 64KB 程序存储器。64KB 程序存储器中有 5 个单元具有特殊用途，5 个特殊单元分别对应于 5 种中断源的中断服务程序的入口地址，如表 2-2 所示。通常在这些入口地址处都放一条跳转指令。由于两个中断入口间隔仅有 8 个单元，存放中断服务程序往往是不够用的，所以要加跳转指令。

表 2-2　各种中断服务子程序的入口地址

中　断　源	入口地址	中　断　源	入口地址
外部中断 0(INT0)	0003H	定时器 1(T1)	001BH
定时器 0(T0)	000BH	串行口(TI 或 RI)	0023H
外部中断 1(INT1)	0013H		

2.3.2　数据存储器

1. 数据存储器

数据存储器用以存放和读取数据，它不能存放和执行程序指令。数据存储器在物理上和逻辑上都分为两个地址空间，即内部数据存储器（简称内部 RAM）和外部数据存储器（外部 RAM）。内部 RAM 的地址空间为 00H～7FH，128B（8052 为 00H～0FFH，256B）；外部

RAM 地址空间为 0000H～0FFFFH，64KB。两者是由不同指令来访问的：访问内部 RAM 用 MOV 类指令，访问外部 RAM 用 MOVX 指令。

8051 内部 RAM 的 128B 单元，可按功能分为 3 个区域，如表 2-3 所示。

表 2-3　MCS‐51 内部 RAM 分配表

7FH … 30H								用 户 区
2FH	7F	7E	7D	7C	7B	7A	79	78
2EH	77	76	75	74	73	72	71	70
2DH	6F	6E	6D	6C	6B	6A	69	68
2CH	67	66	65	64	63	62	61	60
2BH	5F	5E	5D	5C	5B	5A	59	58
2AH	57	56	55	54	53	52	51	50
29H	4F	4E	4D	4C	4B	4A	49	48
28H	47	46	45	44	43	42	41	40
27H	3F	3E	3D	3C	3B	3A	39	38
26H	37	36	35	34	33	32	31	30
25H	2F	2E	2D	2C	2B	2A	29	28
24H	27	26	25	24	23	22	21	20
23H	1F	1E	1D	1C	1B	1A	19	18
22H	17	16	15	14	13	12	11	10
21H	0F	0E	0D	0C	0B	0A	09	08
20H	07	06	05	04	03	02	01	00

位寻址区（对应 20H～2FH 行右侧）

1FH … 18H	寄存器 3 组	
17H … 10H	寄存器 2 组	
0FH … 08H	寄存器 1 组	
07H … 00H	寄存器 0 组	

寄存器工作区（对应 00H～1FH 行右侧）

从 00H～1FH 的 32B 单元是 4 个工作寄存器组。前面已介绍每一组包括 8 个工作寄存器，寄存器名用 R0、R1、R2、R3、R4、R5、R6、R7 表示。单片机执行程序时同时只能选用其中的一组，具体使用哪一组是通过对 PSW 的 RS1、RS0 两位的设置来实现的。设置 4 组工作寄存器，给程序设计带来了好处，很容易实现子程序嵌套、中断嵌套时的现场保护。如果在用户程序中只使用了一组内部 RAM 单元作为工作寄存器，则其他 3 组 RAM 单元可作为一般的内部 RAM 作用，MCS‐51 在复位后，RS1、RS0 都为 0，即指定 00H～07H 单元为 R0～R7。

地址 20H~2FH 的 16B 共 128 位，是可位寻址的内部 RAM 区，它们既可字节寻址，也可位寻址。这些位寻址单元构成了布尔处理器的数据存储器空间。它们的位地址定义为 00H~7FH，如表 2-3 所示。

其他 80B 是只能按字节寻址的内部 RAM 区，为用户区。

MCS-51 单片机的堆栈安排在内部 RAM 内，堆栈的深度以不超过内部 RAM 的空间为限。对 8051 类芯片最多为 128B，对 8052 类芯片最多为 256B。

2. 专用寄存器

8051 内部有 21 个专用寄存器（8052 子系列多 5 个专用寄存器），其中 DPTR 是双字节寄存器，PC 寄存器在物理上是独立的，其余 20 个寄存器都属于内部数据存储器的专用寄存器（SFR）块。表 2-4 列出了 25 个专用寄存器的名称、物理地址分配及复位后的状态。

表 2-4　特殊功能寄存器一览表

寄存器名	物理地址	复位后的状态	名　　称
* ACC	0E0H	00000000B	累加器
* B	0F0H	00000000B	B 寄存器
* PSW	0D0H	00000000B	程序状态字
SP	81H	00000111B	堆栈指针
DPTR			2 字节数据指针
DPL	82H	00000000B	数据指针(低 8 位)
DPH	83H	00000000B	数据指针(高 8 位)
* P0	80H	11111111B	并行口 0
* P1	90H	11111111B	并行口 1
* P2	0A0H	11111111B	并行口 2
* P3	0B0H	11111111B	并行口 3
* IP	0B8H	×××00000B	中断优先级控制器
* IE	0A8H	0××00000B	中断允许控制器
TMOD	89H	00000000B	定时器方式选择
* TCON	88H	00000000B	定时器控制器
* +T2CON	0C8H	00000000B	定时器 2 控制器
TH0	8CH	00000000B	定时器 0 高 8 位
TL0	8AH	00000000B	定时器 0 低 8 位
TH1	8DH	00000000B	定时器 1 高 8 位
TL1	8BH	00000000B	定时器 1 低 8 位
+TH2	0CDH	00000000B	定时器 2 高 8 位

寄存器名	物理地址	复位后的状态	名　称
+TL2	0CCH	00000000B	定时器 2 低 8 位
+RCAP2H	0CBH	00000000B	定时器 2 捕捉寄存器高 8 位
+RCAP2L	0CAH	00000000B	定时器 2 捕捉寄存器低 8 位
* SCON	98H	00000000B	串行控制器
SBUF	99H	××××××××B	串行数据缓冲器
PCON	87H	0×××××××B	电源控制器

注：寄存器名前有"＊"的表示该寄存器可以位寻址；有"＋"的仅为 8052 有；"×"表示不确定的值。

　　在 21 个特殊功能寄存器中，有 11 个特殊功能寄存器具有位寻址能力，它们的字节地址正好能被 8 整除，其十六进制地址的末位只能是 0H 或 8H，其地址分布如表 2-5 所示，表内的数字表示的是十六进制位地址，位地址的下面是该位的位定义。例如，PSW 的字节地址是 0D0H，其位地址即从 0D0H 到 0D7H 共 8 个位地址，位地址 0D7H 表示的位变量是CY（进位）。另外，要注意的是，128B 的 SFR 地址空间中仅有 20 个字节是有定义的，对于尚未定义的地址单元，用户不能作寄存器使用，若访问没有定义的单元，则将得到一个不确定的随机数。

表 2-5　特殊功能寄存器中位地址及位定义表

SFR	MSB			位地址/位定义				LSB	字节地址
B	F7	F6	F5	F4	F3	F2	F1	F0	0F0H
ACC	E7	E6	E5	E4	E3	E2	E1	E0	0E0H
PSW	D7	D6	D5	D4	D3	D2	D1	D0	0D0H
	CY	AC	F0	RS1	RS0	OV	F1	P	
IP	BF	BE	BD	BC	BB	BA	B9	B8	0B8H
	/	/	/	PS	PT1	PX1	PT0	PX0	
P3	B7	B6	B5	B4	B3	B2	B1	B0	0B0H
	P3.7	P3.6	P3.5	P3.4	P3.3	P3.2	P3.1	P3.0	
IE	AF	AE	AD	AC	AB	AA	A9	A8	0A8H
	EA	/	/	ES	ET1	EX1	ET0	EX0	
P2	A7	A6	A5	A4	A3	A2	A1	A0	0A0H
	P2.7	P2.6	P2.5	P2.4	P2.3	P2.2	P2.1	P2.0	
SBUF									(99H)

续表

SFR	MSB		位地址/位定义					LSB	字节地址
SCON	9F	9E	9D	9C	9B	9A	99	98	98H
	SM0	SM1	SM2	REN	TB8	RB8	T1	R1	
P1	97	96	95	94	93	92	91	90	90H
	P1.7	P1.6	P1.5	P1.4	P1.3	P1.2	P1.1	P1.0	
TH1									(8DH)
TH0									(8CH)
TL1									(8BH)
TL0									(8AH)
TMOD	GATE	$C/\overline{T}$	M1	M0	GATE	$C/\overline{T}$	M1	M0	(89H)
TCON	8F	8E	8D	8C	8B	8A	89	88	88H
	TF1	TR1	TF0	TR0	IE1	IT1	IE0	IT0	
PCON	SMOD	/	/	/	GF1	GF0	PD	IDL	(87H)
DPH									(83H)
DPL									(82H)
SP									(81H)
P0	87	86	85	84	83	82	81	80	80H
	P0.7	P0.6	P0.5	P0.4	P0.3	P0.2	P0.1	P0.0	

下面简单介绍程序计数器 PC 及 SFR 中的某些寄存器，其他没有介绍的寄存器将在有关章节中叙述。

（1）程序计数器 PC

程序计数器 PC 用于存放下一条要执行的指令地址，是一个 16 位专用寄存器，可寻址范围为 0～65 535（64K）。PC 在物理上是独立的，不属于 SFR，但它与 SFR 有密切联系，故放在此处介绍。

（2）累加器 A

累加器 A 是一个最常用的专用的寄存器，它属于 SFR，大部分单操作数指令的操作数都取自累加器，很多双操作数指令的一个操作数也取自累加器，加、减、乘、除算术运算指令的运算结果都存放在累加器 A 或 A、B 寄存器中。

（3）B 寄存器

在乘、除指令中，用到了 B 寄存器。乘法指令的两个操作数分别取自 A 和 B，其结果存放在 A、B 寄存器对中。除法指令中，被除数取自 A，除数取自 B，运算后商数存放于 A，余数存放于 B。

（4）程序状态字寄存器 PSW

PSW 是一个 8 位寄存器，它包含了程序状态信息，已在 2.3 节中做了详细介绍。

（5）堆栈指针 SP

堆栈指针 SP 是一个 8 位专用寄存器，它指示堆栈顶部在内部 RAM 块中的位置。系统复位后，SP 初始化为 07H，使得堆栈事实上由 08H 单元开始，考虑到 08H～1FH 单元分别属于工作寄存器区 1～3，若在程序设计中要用到这些区，则最好把 SP 值改置为 1FH 或更大的值。MCS - 51 的堆栈是向上生成的。例如（SP）＝60H，CPU 执行一条调用指令或响应中断后，PC 进栈，PC 的低 8 位送入到 61H，PC 高 8 位送入到 62H，（SP）＝62H。

（6）数据指针 DPTR

数据指针 DPTR 是一个 16 位的 SFR，其高位字节寄存器用 DPH 表示，低位字节寄存器用 DPL 表示。DPTR 既可以作为一个 16 位寄存器 DPTR 来用，也可以作为两个独立的 8 位寄存器 DPH 和 DPL 来用。

（7）端口 P0～P3

特殊功能寄存器 P0～P3 分别为 I/O 端口 P0～P3 的锁存器。即每一个 8 位 I/O 口都对应 SFR 的一个地址（8 位）。在 MCS - 51 中，I/O 和 RAM 统一编址，使用起来较为方便，访问 I/O 端口可用访问 RAM 的指令。

（8）串行数据缓冲器 SBUF

串行数据缓冲器 SBUF 用于存放欲发送或已接收的数据，它在 SFR 块中只有一个字节地址，但在物理上是由两个独立的寄存器组成，一个是发送缓冲器 SBUF，另一个是接收缓冲器 SBUF。当要发送的数据传送到 SBUF 时，进的是发送缓冲器 SBUF；接收时，外部来的数据存入接收缓冲器 SBUF。

（9）定时器

MCS - 51 单片机有两个 16 位定时器/计数器 T0 和 T1，它们各由两个独立的 8 位寄存器组成，共为 4 个独立的寄存器，即 TH0、TL0、TH1、TL1。可以对以上 4 个寄存器寻址，但不能把 T0 或 T1 当做一个 16 位寄存器来对待。

3. 外部数据存储器

MCS - 51 外部数据存储器寻址空间为 64KB，这对多数应用领域已足够使用。对外部数据存储器可用 R0、R1 及 DPTR 间接寻址寄存器。R0、R1 为 8 位寄存器，寻址范围为 256B，DPTR 为 16 位的数据指针，寻址范围为 64KB。在 MCS - 51 的指令系统中，同外部数据存储器打交道的指令有 4 条，即

- MOVX　A，@Ri
- MOVX　A，@DPTR
- MOVX　@Ri，A
- MOVX　@DPTR，A

2.4　I/O 端口

MCS-51 单片机有 4 个双向的 8 位并行 I/O 口：P0～P3。每一个口都有一个 8 位的锁存器，复位后它们的初始状态为全"1"。

P0 口是三态双向口，既可作为并行 I/O 口，也可作为数据总线口。当外部扩展了存储器或 I/O 端口，则只能作数据总线和地址总线低 8 位。作为数据总线口时是分时使用的，即先输出低 8 位地址，后用作数据总线，故应在外部加锁存器将先送出的低 8 位地址锁存，地址锁信号用 ALE。

P1 口是专门供用户使用的 I/O 口，是准双向接口。

P2 口是准双向接口，既可作为并行 I/O 口，也可作为地址总线高 8 位口。当外部扩展了存储器或 I/O 端口，则只能作地址总线高 8 位。

P3 口是准双向口，又是双功能。该口的每一位均可独立地定义为第二功能，作为第一功能使用时，口的结构与操作和 P1 口相同。表 2-6 中列出了 P3 口为第二功能时各位的定义。

表 2-6　P3 口的第二功能定义

端口引脚	第　二　功　能
P3.0	RXD(串行输入口)
P3.1	TXD(串行输出口)
P3.2	INT0(外部中断 0)
P3.3	INT1(外部中断 1)
P3.4	T0(定时器 0 外部中断)
P3.5	T1(定时器 1 外部中断)
P3.6	WR(外部数据存储器写信号)
P3.7	RD(外部数据存储器读信号)

2.4.1　P0 口

P0 口是 8 位双向三态输入/输出接口，如图 2-5(a)所示。P0 口既可作地址/数据总线使用，又可作通用 I/O 口用。连接外部存储器时，P0 口一方面用来输出外部存储器或 I/O 的低 8 位地址(地址总线低 8 位)，另一方面作为 8 位数据输入/输出口(数据总线)。作输出口时，输出漏极开路，驱动 NMOS 电路时应外接上拉电阻；作输入口之前，应先向锁存器写 1，使输出的两个场效应管均关断，引脚处于"浮空"状态，这样才能做到高阻输入，以保证输入数据的正确性。正是由于该端口用作 I/O 口，输入时应先写"1"，故称为准双向口。当 P0 口作地址/数据总线使用时，就不能再把它当做通用 I/O 口使用。

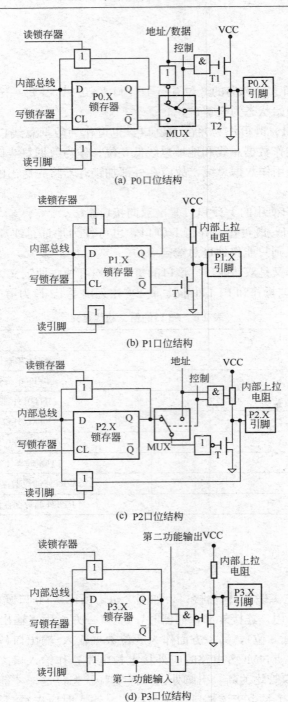

(a) P0口位结构

(b) P1口位结构

(c) P2口位结构

(d) P3口位结构

图 2-5　并行端口位结构图

2.4.2　P1 口

P1 口是 8 位准双向口，作为通用输入/输出口使用，如图 2-5(b)所示。在输出驱动器部分，P1 口有别于 P0 口，它接有内部上拉电阻。P1 口的每一位可以独立地定义为输入或者输出，因此 P1 口既可以作为 8 位并行输入/输出口，又可以为 8 位相互独立的输入/输出端。CPU 既可以对 P1 口进行字节操作，又可以进行位操作。当作为输入方式时，该位的锁存器必须预写"1"。

2.4.3　P2 口

P2 口是 8 位准双向输入/输出接口，如图 2-5(c)所示。P2 口可作通用 I/O 口使用，与P1 口相同。当外接存储器或 I/O 时，P2 口给出地址的高 8 位(地址总线高 8 位)，此时不能用作通用 I/O 口。当外接数据存储器时，若 RAM 小于 256B，用 R0、R1 作间址寄存器，只需 P0 口送出地址低 8 位，P2 口可以用作通用 I/O 口；若 RAM 大于 256B，必须用 16 位寄存器 DPTR 作间址寄存器，则 P2 口只能在一定限度内作一般 I/O 口使用。

2.4.4　P3 口

P3 口也是一个 8 位的准双向输入/输出接口，如图 2-5(d)所示。它具有多种功能，一方面与 P1 口一样作为一般准双向输入/输出接口，具有字节操作和位操作两种工作方式；另一方面 8 条输入/输出线可以独立地作为串行输入/输出口和其他控制信号线，即第二功能(详见表 2-6)。

2.4.5　I/O 的接口要求与负载能力

P1、P2、P3 口内部均有上拉电阻，输入端可以被集电极开漏电路所驱动，无需再接上拉电阻。当它们用作输入方式时，对应的口锁存器必须先"置 1"，以关断输出驱动器，这时相应引脚内部的上拉电阻可将电平拉成高电平，然后进行输入，当输入为低电平时，它能拉低为低输入电平。

P0 口内部没有上拉电阻，结构图中驱动器上方的场效应管仅用于外部存储器读写时，作为地址/数据线用。当它作为通用 I/O 时，输出级是漏极开路形式，如果再置位锁存器，则输出高阻，故用它驱动 NMOS 电路时，需外接上拉电阻，当然在用作地址/数据线时，不必外加上拉电阻。

P0 口的每位输出可驱动 8 个 LSTTL 负载，P1～P3 口可驱动 4 个 LSTTL 负载。

CHMOS 端口只能提供几毫安的输出电流，故当作为输出口去驱动一个普通晶体管的基极时，应在端口与晶体管基间串通一个电阻，以限制高电平输出时的电流。

2.4.6 I/O 口的读—修改—写特性

由图 2-5 可见，每个 I/O 端口均有两种读入方法，即读锁存器和读引脚，并有相应的指令，那么如何区分读端口的指令是读锁存器还是读引脚呢？

读锁存器指令是从锁存器中读取数据，进行处理，并把处理以后的数据重新写入锁存器中，这类指令称为"读—修改—写"指令。当目前操作数是一个 I/O 端口或 I/O 端口的某一位时，这些指令是读锁存器而不是读引脚，即为"读—修改—写"指令，下面列出的是一些"读—修改—写"指令。

- ANL——逻辑与。例如，ANL P1，A。
- ORL——逻辑或。例如，ORL P2，A。
- XRL——逻辑异或。例如，XRL P3，A。
- JBC——若位等于 1，则转移并清零。例如，JBC P1.1，LABEL。
- CPL——取反位。例如，CPL P3.0。
- INC——递增。例如，INC P2。
- DEC——递减。例如，DEC P2。
- DJNZ——递减，若不等于 0 则转移。例如，DJNZ P3，LABEL。
- MOV P1.7，C——进位位送到端口 P1 的位 7。
- CLR P1.4——清零端口 P1 的位 4。
- SETB P1.2——置位端口 P1 的位 2。

读引脚指令一般都是以 I/O 端口为原操作数的指令，执行读引脚指令时，打开三态门，输入口状态。例如，读 P1 口的输入状态时，读引脚指令为：MOV A，P1。

读—修改—写指令指向锁存器而不是引脚，其理由是为了避免可能误解引脚上的电平。例如，端口位可能由于驱动晶体管的基极，在写"1"至该位时，晶体管导通，若 CPU 随后在引脚处而不是在锁存器处读端口位，则它将读回晶体管的基极电压，将其解释为逻辑"0"，读该锁存器而不是引脚将返回正确值逻辑"1"。

2.5 复位电路

MCS-51 的复位输入引脚 RST(即 RESET)为 MCS-51 提供了初始化的手段。有了它可以使程序从指定处开始执行，即从程序存储器中的 0000H 地址单元开始执行程序。在 MCS-51 的时钟电路工作后，只要在 RST 引脚上出现 2 个机器周期以上的高电平时，单片机内则初始复位。只要 RST 保持高电平，则 MCS-51 循环复位。只有当 RST 由高电平变低电平以后，MCS-51 才从 0000H 地址开始执行程序。

2.5.1　复位时片内各寄存器的状态

　　MCS-51 复位时片内各寄存器的状态如表 2-4 所示。由于单片机内部的各个功能部件均受特殊功能寄存器控制，程序运行直接受程序计数器（PC）指挥。表 2-4 中各寄存器复位时的状态决定了单片机内有关功能部件的初始状态。

　　下面对表 2-4 中寄存器的复位状态作进一步的说明。

- 复位后 PC 值为 0000H，故复位后的程序入口地址为 0000H；
- 复位后 PSW=00H，使片内存储器中选择 0 区工作寄存器，用户标志为 F0 为 0 状态；
- 复位后 SP=07H，设定堆栈栈底为 07H；
- TH1、TL1、TH0 、TL0 都为 00H，表明定时器/计数器复位后皆清零；
- TMOD=00H，都处于方式 0 工作状态，并设定 T1、T0 为内部定时器方式，定时器不受外部引脚控制；
- TCON=00H，禁止计数器计数，并表明定时器/计数器无溢出中断请求，并禁止外部中断源的中断请求，外部中断源的中断请求为电平触发方式；
- SCON=00H，使串行口工作在移位寄存器方式（方式 0），并且设定允许串行移位接收或发送；
- 复位后 IE 的各位均为零，表明在中断系统 CPU 被禁止响应中断，而且每个中断源也被禁止中断；
- 复位后 IP 的各位均为零，表明在中断系统的 5 个中断源都设置为低优先级中断状态；
- 复位后的 P1、P2、P3 口锁存器全为 1 状态，使这些准双向口皆处于输入状态。

　　另外，在复位有效期间（即高电平），MCS-51 的 ALE 引脚均为高电平，且内部 RAM 不受复位的影响。

2.5.2　复位电路

　　MCS-51 系统通电（上电）后，必须复位。此外，在系统工作异常等特殊情况下，也可以人为地使系统复位。复位是由外部复位电路来实现的，按功能可以分为以下两种方式。

1. 上电自动复位方式

　　复位电路的基本功能是：系统上电时提供复位信号，直至系统电源稳定后，撤销复位信号。为可靠起见，电源稳定后还要经一定的延时才撤销复位信号，以防电源开关或电源插头分—合过程中引起的抖动而影响复位。对于 MCS-51 单片机，只要在 RST 复位端接一个电容至 VCC 和一个电阻至 VSS 即可。上电复位电路如图 2-6（a）所示。在加电瞬间，RST 端出现一定时间的高电平，只要高电平保持时间足够长，就可以使 MCS-51 复位。

2. 人工复位

除了上电复位外，有时还需要人工复位，图 2-6（b）是实用的上电复位与人工复位电路，KG 为手动复位开关，并联于上电自动复位电路，增加电容 Ch 可避免高频谐波对电路的干扰，增加二极管 VD 在电源电压瞬间下降时使电容迅速放电，一定宽度的电源毛刺也可令系统可靠复位。按下开关 KG 就会在 RST 端出现一段时间的高电平，使单片机可靠复位。

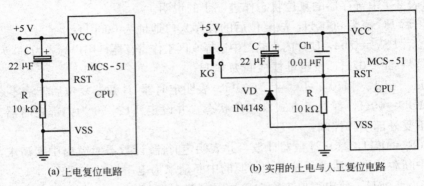

(a) 上电复位电路　　　　　　　(b) 实用的上电与人工复位电路

图 2-6　单片机的复位电路

2.6　CPU 时序

2.6.1　时钟电路

MCS-51 内部有一个用于构成振荡器的高增益反相放大器，引脚 XTAL1 和 XTAL2 分别是此放大器的输入端和输出端。

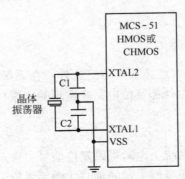

图 2-7　MCS-51 内部方式时钟电路

MCS-51 的时钟可由内部方式或外部方式产生。内部方式时钟电路如图 2-7 所示。外接晶体及电容 C1、C2 构成并联谐振电路，接在放大器的反馈回路中，内部振荡器产生自激振荡，一般晶振可在 2～12 MHz 之间任选。对外接电容值虽然没有严格的要求，但电容的大小多少会影响振荡频率的高低、振荡器的稳定性、起振的快速性。外接晶体振荡器时，C1 和 C2 通常选 30 pF 左右。在设计印刷线路板时，晶体和电容应尽可能安装得与单片机芯片靠近，以保证稳定可靠。

当采用外部方式时钟电路时，外部时钟信号通过一反相器接至 XTAL2 和 XTAL1（如图 2-8(a)）。对于 HMOS 的单片机还可将外部时钟信号直接接至 XTAL2（如图 2-8(b)）；CHMOS 的单片机可将外部时钟信号直接接至 XTAL1（如图 2-8(c)）。通常对外部振荡信号无特殊要求，但需保证最小高电平及低电平脉宽，一般为频率低于 12 MHz 的方波。

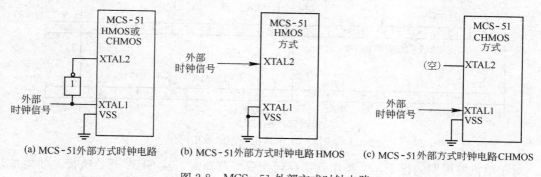

(a) MCS－51 外部方式时钟电路　　(b) MCS－51 外部方式时钟电路 HMOS　　(c) MCS－51 外部方式时钟电路 CHMOS

图 2-8　MCS－51 外部方式时钟电路

2.6.2　时序

CPU 执行一条指令的时间称为指令周期，它是以机器周期为单位的，MCS－51 典型的指令周期为一个机器周期。MCS－51 的 CPU 取指令和执行指令的时序如图 2-9 所示。

每个机器周期由 6 个状态周期组成，每个状态周期由 2 个振荡周期组成。状态周期即 S1、S2、S3、S4、S5、S6，而每个状态周期由两个节拍 P1、P2 组成。所以一个机器周期可依次表示为 S1P1、S1P2、S2P1、S2P2、…、S6P1、S6P2，共 12 个振荡周期。一般情况下，算术逻辑操作发生在节拍 P1 期间，而内部寄存器之间的传送发生在节拍 P2 期间，这些内时钟信号无法从外部观察，故用 XTAL2 振荡信号作参考，而 ALE 可作为外部工作状态指示信号用，还可以 XTAL2 和 ALE 用于外部定时。在一个机器周期中通常出现两次 ALE 信号：一次在 S1P2 与 S2P1 期间，另一次在 S4P2 与 S5P1 期间。由 ALE 信号控制从 ROM 中取两次操作码，读入指令寄存器，指令周期的执行开始于 S1P2 时刻，而总是结束于 S6P2 时刻。MCS－51 的指令周期一般只有 1～2 个机器周期，只有乘、除两条指令占 4 个机器周期，当用 12 MHz 晶体作振荡频率时，执行一条指令的时间，也就是一个指令周期为 1 μs（这样的指令约占全部指令的一半）、2 μs 及 4 μs。振荡频率越高，指令执行速度越快。

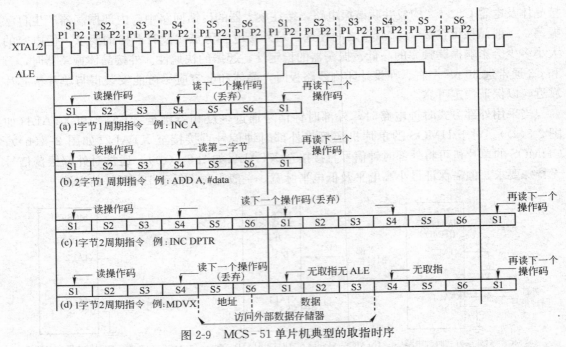

图 2-9　MCS-51 单片机典型的取指时序

对于单机器周期的指令，当操作码锁存到指令寄存器时，从 S1P2 开始执行。如果是双字节指令，则在同一机器周期的 S4 读入第二个字节。对单字节指令，在 S4 仍进行读操作，但读数无效，PC 值不增量。在任何情况下，在 S6P2 时结束指令操作。

图 2-9 中(a)和(b)所示分别为 1 字节 1 周期指令的时序和 2 字节 1 周期指令的时序；图 2-9 中(c)所示是单字节双周期指令的时序，在两个机器周期内发生 4 次操作码的操作，由于是单字节指令，后 3 次读操作都是无效的；图 2-9 中(d)是访问外部数据存储器的指令 MOVX 的时序，它是一条单字节双周期指令。在第一个机器周期 S5 开始时，送出外部数据存储器的地址，随后读或写数据，读写期间在 ALE 端不输出有效信号；在第二个机器周期，即外部数据存储器已被寻址和选通后，也不产生取指操作。ALE 信号为 MCS-51 扩展系统外部存储器地址低 8 位的锁存信号，在访问程序存储器的机器周期内，ALE 信号两次有效(S1P2～S2P1 产生正脉冲)，因此可以用作时钟输出信号。但要注意，在执行访问外部数据存储器指令"MOVX"时，要跳过一个 ALE 信号，所以 ALE 的频率可能是不稳定的。

大多数 8051 指令执行时间为一个机器周期，MUL(乘法)和 DIV(除法)是仅有的需要两个以上机器周期的指令，它们需要 4 个机器周期。

MCS-51 执行外部程序存储器中指令码时的总线周期如图2-10所示，P2 口作为地址总线高 8 位 PCH，每个机器周期输出 2 次外部程序存储器高 8 位地址，P0 口先作为地址总线低 8 位 PCL，即外部程序存储器低 8 位地址，通过 ALE 和外部锁存器锁存后，与 PCH 共同组成 16 位地址，由 $\overline{PSEN}$ 在有效时将 8 位外部程序存储器指令码(图中 INST)或常数读入 CPU，此过程 $\overline{RD}$ 一直无效。

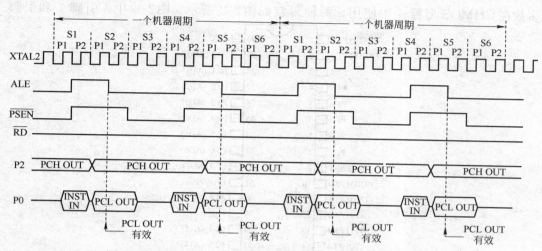

图 2-10　MCS-51 执行外部程序存储器中指令码时的总线周期

MCS-51 执行 "MOVX" 指令码时的总线周期如图2-11所示，在指令的第一个机器周期内，P2 口作为地址总线高 8 位 PCH，输出程序存储器高 8 位地址，P0 口先作为地址总线低 8 位 PCL，取出指令码后，再和 P2 确定外部数据存储器的 16 位地址，通过 ALE 和外部锁存器锁存后，在指令的第二个机器周期内由RD有效时将 8 位数据读入 CPU。

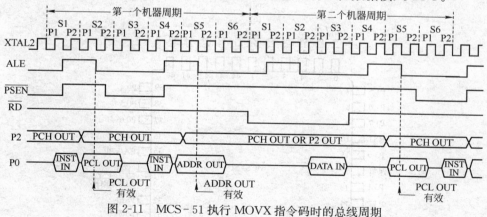

图 2-11　MCS-51 执行 MOVX 指令码时的总线周期

2.7　CPU 引脚功能

在 MCS-51 系列中，各类单片机是相互兼容的，只是引脚功能略有差异。在器件引脚的封装上，MCS-51 系列机通常有两种封装：一种是双列直插式封装(Dual Inline Package，DIP)，常为 HMOS 型器件所用；另一种是方形封装(Plastic Leaded Chip Carrier，PLCC)，

大多数在 CHMOS 型器件中使用。两种封装如图2-12所示。图2-12中，引脚 1 和引脚 2

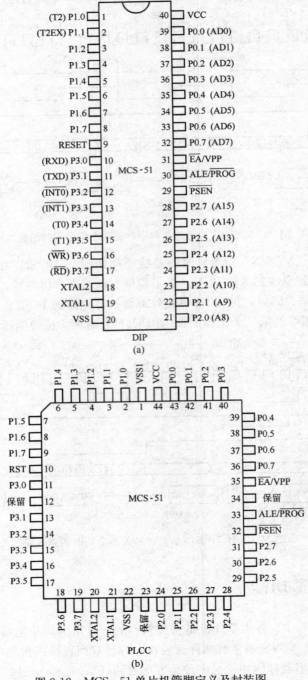

图 2-12　MCS-51 单片机管脚定义及封装图

（PLCC 封装为引脚 2 和引脚 3）的第二功能仅用于 8052/8032。

MCS - 51 有 40 条引脚，共分为端口线、电源线和控制线 3 类。

1. 端口线（4×8＝32 条）

MCS - 51 共有 4 个并行 I/O 端口，每个端口都有 8 条端口线，用于传送数据/地址或其他信息。由于每个端口的结构各不相同，因此它们在功能和用途上的差别很大。现对它们综述如下。

（1）P0.0～P0.7

这组引脚共有 8 条，为 P0 口专用，其中 P0.7 为最高位，P0.0 为最低位。这 8 条引脚共有两种不同的功能，分别使用于两种不同情况之下。第一种情况是 MCS - 51 不带片外存储器的型号，P0 口可以作为通用 I/O 口使用，P0.7～P0.0 用于传送 CPU 的输入/输出数据。这时，输出数据可以得到锁存，不需外接专用锁存器，输入数据可以得到缓冲，增加了数据输入的可靠性。第二种情况是带片外程序存储器，P0.7～P0.0 在 CPU 访问片外存储器时先是用于传送片外存储器的低 8 位地址，然后传送 CPU 对片外存储器的读或写数据。

8751 的 P0 口还有第三种功能，即它们可以用来给 8751 片内 EPROM 编程或进行编程后的读出校验。这时，P0.7～P0.0 用于传送 EPROM 的编程机器码或读出校验码。

（2）P1.0～P1.7

这 8 条引脚和 P0 口的 8 条引脚类似，P1.7 为最高位，P1.0 为最低位。当 P1 口作为通用 I/O 使用时，P1.0～P1.7 的功能和 P0 口的第一功能相同，也用于传送用户的输入/输出数据。

8751 的 P1 口还有第二功能，即它在 8751 编程/校验时用于输入片内 EPROM 的高 8 位（实际是高 4 位）地址。

（3）P2.0～P2.7

这组引脚的第一功能和上述两组引脚的第一功能相同，即它可以作为通用 I/O 使用。它的第二功能和 P0 口引脚的第二功能相配合，用于输出片外存储器的高 8 位地址，共同选中片外存储器单元，但并不能像 P0 口那样还可以传送存储器的读写数据。

8751 的 P2.0～P2.7 还有第三种功能，即它可以配合 P1.0～P1.7 传送片内 EPROM 12 位地址中的低 8 位地址。

（4）P3.0～P3.7

这组引脚的第一功能和其余三个端口的第一功能相同。第二功能作控制用，每个引脚并不完全相同，如表 2-4 所列。

2. 电源线（2 条）

VCC 为＋5 V 电源线，VSS 为地线。

3. 控制线(6 条)

(1) ALE/$\overline{\text{PROG}}$

地址锁存允许/编程线，配合 P0 口引脚的第二种功能使用。在访问片外存储器时，MCS-51 CPU 在 P0.7～P0.0 引脚线上输出片外存储器低 8 位地址的同时还在 ALE/$\overline{\text{PROG}}$ 线上输出一个高电位脉冲，用于把这个片外存储器低 8 位地址锁存到外部专用地址锁存器，以便空出 P0.7～P0.0 引脚线去传送随后而来的片外存储器读写数据。在不访问片外存储器时，MCS-51 自动在 ALE/$\overline{\text{PROG}}$ 线上输出频率为 $\frac{\text{fosc}}{6}$ 的脉冲序列。该脉冲序列可用作外部时钟源或作为定时脉冲源使用。

8751 的 ALE/$\overline{\text{PROG}}$ 还具有第二功能，即它可以在对 8751 片内 EPROM 编程/校验时传送 5 ms 宽的负脉冲。

(2) $\overline{\text{EA}}$/VPP

允许访问片外存储器/编程电源线，可以控制 MCS-51 使用片内 ROM 还是使用外 ROM。若 $\overline{\text{EA}}$=1，则允许使用片内 ROM；若 $\overline{\text{EA}}$=0，则只能使用片外 ROM。

8751 的 $\overline{\text{EA}}$/VPP 用于在片内 EPROM 编程/校验时输入 21 V 或 12.5 V 的编程电源。

(3) $\overline{\text{PSEN}}$

片外 ROM 选通线，在执行访问片外 ROM 的指令 MOVC 时，MCS-51 自动在 $\overline{\text{PSEN}}$ 线上产生一个负脉冲，用于为片外 ROM 芯片的选通。其他情况下，$\overline{\text{PSEN}}$ 线均为高电平封锁状态。

(4) RST/VPD

复位/备用电源线，可以使 MCS-51 处于复位(即初始化)工作状态。通常，MCS-51 的复位有上电自动复位和人工按钮复位两种，如图 2-6 所示。

在单片机应用系统中，除单片机本身需要复位以外，外部扩展 I/O 接口电路等也需要复位，因此需要一个包括上电和按钮复位在内的系统同步复位电路，如图 2-6 所示。

RST/VPD 的第二功能是作为备用电源输入端。当主电源 VCC 发生故障而降低到规定低电平时，RST/VPD 线上的备用电源自动投入，以保证片内 RAM 中信息不丢失。

(5) XTAL1 和 XTAL2

片内振荡电路输入/输出线，这两个引脚用来外接石英晶体和微调电容，即用来连接 MCS-51 片内 OSC 的定时反馈回路，如图 2-7 所示。

2.8 单片机的工作方式

单片机的工作方式是进行系统设计的基础，也是单片机应用所必须熟悉的问题。通常，MCS-51 单片机的工作方式包括：复位方式、程序执行方式、节电方式及 EPROM 的编程和校验方式 4 种。

2.8.1　复位方式

单片机在开机时都需要复位，以便 CPU 及其他功能部件都处于一个确定的初始状态，并从这个状态开始工作。MCS-51 的 RST 引脚是复位信号的输入端，复位信号是高电平有效，持续时间要有 24 个时钟周期以上。例如，若 MCS-51 单片机时钟频率为 12 MHz，则复位脉冲宽度至少应为 2 μs。单片机复位后，其片内各寄存器状态如表 2-4 所列。这时，堆栈指针 SP 为 07H，ALE、$\overline{\text{PSEN}}$、P0、P1、P2 和 P3 口各引脚均为高电平，片内 RAM 中内容不变。

2.8.2　程序执行方式

程序执行方式是单片机的基本工作方式，通常可以分为单步执行和连续执行两种工作方式。

（1）单步执行方式

单步执行方式是指单片机在控制面板上某个按钮（即单步执行键）控制下一条一条执行用户程序中指令的方式，即按一次单步执行键就执行一条用户指令的方式。单步执行方式常常用于用户程序的调试。

单步执行方式是利用单片机外部中断功能实现的。单步执行键相当于外部中断的中断源，当它被按下时相应电路就产生一个负脉冲（即中断请求信号）送到单片机的 $\overline{\text{INT0}}$（或 $\overline{\text{INT1}}$）引脚，MCS-51 单片机在 $\overline{\text{INT0}}$ 上负脉冲作用下产生中断，便能自动执行预先安排在中断服务程序中的指令，如以下两条。

```
        ...
LOOP1: JNB  P3.2,  LOOP1  ; 则不往下执行
LOOP2: JB   P3.2,  LOOP2  ; 则不往下执行
       RETI
```

并返回用户程序中执行一条用户指令（单步），这条用户指令执行完后，单片机又自动回到上述中断服务程序执行，并等待用户再次按下单步执行键。

（2）连续执行方式

连续执行方式是所有单片机都需要的一种工作方式，被执行程序可以放在片内或片外 ROM 中。由于单片机复位后程序计数器 PC＝0000H，因此单片机系统在上电或按复位键后，总是到 0000H 处执行程序，这就可以预先在 0000H 处放一条转移指令，以便跳转到 0000H～0FFFFH 中的任何地方执行程序。

2.8.3　CHMOS 型单片机低功耗工作方式

CHMOS 型的 MCS-51 单片机具有低功耗的特点。为进一步降低功耗，适用于电源功耗要求低的应用场合，该型单片机还提供了两种节电工作方式：待机方式和掉电保护方式。这两种工作方式特别适合以电池为工作电源和停电时使用备用电源供电的应用场合。

待机方式和掉电方式都是由电源控制寄存器 PCON 的有关位来控制的。电源控制寄存器属于特殊功能寄存器，地址为 87H，不可位寻址，其格式如图 2-13 所示。

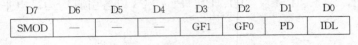

D7	D6	D5	D4	D3	D2	D1	D0
SMOD	—	—	—	GF1	GF0	PD	IDL

图 2-13　PCON 各位的定义

PCON 各位的说明如下。

- SMOD——串行口波特率系数控制位。
- GF1——通用标志"1"。
- GF0——通用标志"0"。
- PD——掉电方式控制位，PD＝1，系统进入掉电保护方式。
- IDL——待机方式控制位，IDL＝1，系统进入待机方式。

如果想要单片机进入待机方式或掉电保护方式，只需执行一条能够使 IDL 或 PD 位置"1"的指令即可。

（1）待机方式

待机方式的进入方法非常简单，只需使用指令将 PCON 寄存器的 IDL 位置"1"即可。MCS-51 单片机进入待机方式时振荡器仍然运行，而且时钟被送往中断逻辑、串行口和定时器/计数器，但不向 CPU 提供时钟，因此 CPU 是不工作的。CPU 的现场（堆栈指针 SP、程序计数器 PC、PSW、ACC）及除与上述三部件有关的寄存器外，其余通用寄存器都保持原有状态不变，各引脚保持进入待机方式时的状态，ALE 和 $\overline{\text{PSEN}}$ 保持高电平，中断的功能还继续存在。

退出待机方式的方法有两种：中断和硬件复位。在待机方式下，任何一个中断请求信号，在单片机响应中断的同时，PCON.0 位（即 IDL 位）被硬件自动清零，单片机退出待机方式进入到正常的工作状态；另一种退出待机方式的方法是硬件复位，在 RST 引脚引入两个机器周期的高电平即可，复位后的状态如前述。

（2）掉电保护方式

掉电保护方式的进入类似于待机方式的进入，只需使用指令将 PCON 寄存器的 PD 位"置1"即可。进入掉电保护方式，单片机的一切工作全部停止，只有内部的 RAM 单元的内容被保存。I/O 引脚状态和相关特殊功能寄存器的内容相对应，ALE 和 $\overline{\text{PSEN}}$ 为逻辑低电平。

退出掉电保护方式的方法只有一个：硬件复位。复位后特殊功能寄存器的内容被初始化，但 RAM 的内容仍然保持不变。

2.8.4　编程和校验方式

这里的编程是指利用特殊手段对单片机片内 EPROM 进行写入的过程，校验则是对刚刚写入的程序代码进行读出验证的过程。因此，单片机的编程和校验方式只有 EPROM 型器件才有，如 8751 这样的器件。

习题

1. MCS-51 系列单片机内部有哪些主要的逻辑部件？
2. MCS-51 的内部程序存储器和数据存储器各有什么用处？
3. MCS-51 内部 RAM 区功能如何分配？如何选用 4 组工作寄存器中的一组作为当前的工作寄存器组？位寻址区域的字节地址范围是多少？
4. 简述程序状态字 PSW 中各位的含义？
5. 8031 设有 4 个 8 位并行端口，若实际应用 8 位 I/O 口，应使用 P0～P3 中哪个端口传送？16 位地址如何形成？
6. 试分析 MCS-51 端口的两种读操作（读引脚和读锁存器），读—修改—写操作是哪一种操作？结构上这种安排有何作用？
7. MCS-51 的 P0～P3 口结构有什么不同？作为通用 I/O 口输入数据时应注意什么？
8. MCS-51 的时钟周期、机器周期、指令周期是如何分配的？当振荡频率为 10 MHz 时，一个机器周期为多少微秒？
9. 在 MCS-51 扩展系统中，片外程序存储器和片外数据存储器地址一样时，为什么不会发生冲突？
10. MCS-51 的 P3 口具有哪些第二种功能？
11. 位地址 7CH 与字节地址 7CH 有什么区别？位地址 7CH 具体在内存中什么位置？
12. 程序状态字 PSW 的作用是什么？常用的状态标志有哪几位？作用是什么？
13. 在程序存储器中，0000H、0003H、000BH、0013H、001BH、0023H 这 6 个单元有什么特定的含义？
14. 若 P0～P3 口作通用 I/O 口使用，为什么把它们称为准双向口？
15. MCS-51 单片机复位后，P0～P3 口处于什么状态？

第 3 章　MCS-51 单片机指令系统

> **提要**　在前面章节的学习中，已经对单片机的内部结构和工作原理有了一个基本了解。在此基础上，本章将进一步介绍指令的格式、分类和寻址方式，并用大量实例阐述 MCS-51 指令系统中每条指令的含义和特点，以便为汇编语言设计打下基础。

单片机的功能是从外部世界接收信息，并在 CPU 中进行加工、处理，然后再将结果送回外部世界。要完成上述一系列操作，首先要提供一套具有特定功能的操作命令，这种操作命令就称为指令。CPU 所能执行的各种指令的集合称为指令系统，不同的机种有不同的指令系统。例如，01001111(4FH)代码，对于 Z80CPU 是完成将累加器 A 中的内容传送给寄存器 C；对于 M6800CPU 是完成将累加器清零操作；而对 MCS-51 单片机却是完成累加器 A 和工作寄存器 R7 的"与"运算。

3.1　MCS-51 指令系统简介

指令系统是由计算机生产厂商定义的，因此实际上它就成了用户必须理解和遵循的标准。指令系统没有通用性，各种计算机都有自己专用的指令系统，因此由汇编语言编写的程序也没有通用性，无法直接移植。指令系统是学习和使用单片机的基础和工具，是必须掌握的重要知识。

MCS-51 指令系统专用于 MCS-51 系列单片机，它是一个具有 55 种操作代码的集合，用汇编语言表达这些指令代码时，只需熟记 42 种助记符就能表示 33 种指令功能。由于同一助记符可定义同一类型的多种指令(如 MOV、MOVC、MOVX 等)，而且指令功能助记符与操作数的各种寻址方式相结合，组合成 MCS-51 系统的 111 条指令，同一指令还可派生出多种指令。

MCS-51 单片机指令系统共有指令 111 条，分为 5 大类，具体如下。

- 数据传送类指令(29 条)
- 算术运算类指令(24 条)
- 逻辑运算及移位类指令(24 条)
- 控制转移类指令(17 条)
- 位操作类指令(17 条)

这 5 类指令将在本章分类介绍，并在附录 B 中逐条列出。

3.1.1　汇编指令

MCS-51 汇编指令由操作码助记符字段和操作数助记符字段组成，指令格式如下。

操作码　　[操作数 1[，操作数 2[，操作数 3]]]

第一部分为操作码助记符，表示要执行的操作指令，一般由 2～5 个英文字母组成，如 MOV、ADD、ORL、LJMP、SETB 等。

第二部分为操作数，指明参与操作的数据。操作码与操作数之间用 1 个或几个空格隔开。根据指令功能的不同，操作数可以有 1 个、2 个、3 个或者没有，操作数之间用逗号分隔开。对于多数只有两个操作数的指令，通常称"操作数 1"为目的操作数，"操作数 2"为源操作数。

3.1.2　指令代码的格式

指令代码是指令的二进制数表示方法，是指令在存储中存放的形式。根据指令代码的长度，MCS-51 指令可分为单字节指令、双字节指令和三字节指令。无论是哪种指令，其第一个字节均为操作码，它确定了指令的功能，其他的字节为操作数，指出了被操作的对象。

3.1.3　指令中的常用符号

在描述 MCS-51 指令系统时，经常使用各种缩写符号，其含义如表 3-1 所示。

表 3-1　指令中常用符号及含义

符　号	含　　义
A	累加器 ACC
B	寄存器 B
C	进(借)位标志位，在位操作指令中作为位累加器使用
direct	直接地址
bit	位地址，内部 RAM 中的可寻址位和 SFR 中的可寻址位
#data	8 位常数(8 位立即数)
#data 16	16 位常数(16 位立即数)
@	间接寻址
rel	8 位带符号偏移量，其值为 −128～+127。在实际指令中通常使用标号，偏移量的计算由汇编程序自动计算得出，不需要人工计算
Rn	当前工作区(0～3 区)的 8 个工作寄存器 R0～R7

符　号	含　　义
Ri	可作为地址寄存器的工作寄存器 R0 和 R1($i=0$，1)
(X)	X 寄存器内容
((X))	由 X 寄存器寻址的存储单元的内容
→	表示数据的传送方向
/	表示位操作数取反
∧	表示逻辑与操作
∨	表示逻辑或操作
⊕	表示逻辑相异或操作

3.2　寻址方式

　　MCS-51 系列单片机共有 7 种寻址方式，即立即寻址、直接寻址、寄存器寻址、寄存器间接寻址、变址寻址、相对寻址和位寻址。

　　寻址方式是指令中确定操作数的形式。MCS-51 单片机中，存放数据的存储器空间有 4 种形式，即内部数据 RAM、特殊功能寄存器 SFR、外部数据 RAM 和程序存储器。其中，除内部数据 RAM 和 SFR 统一编址外，其他存储器都是独立编址的。为了区别指令中操作数所处的地址空间，对于不同存储器中的数据操作，采用了不完全相同的寻址方式，这是 MCS-51 单片机在寻址方式上的一个显著特点。表 3-2 列出了寻址方式与相应的存储器的空间及寄存器。

表 3-2　寻址方式与相应的存储器的空间及寄存器

序号	寻　址　方　式	相应的存储器空间及寄存器
1	寄存器寻址	R0～R7、ACC、CY(位寻址)、DPTR
2	直接寻址	内部 RAM(0～128B)、SFR
3	寄存器间接寻址	内部 RAM(@Ri、SP)、外部 RAM(@Ri、@DPTR)
4	立即寻址	程序存储器
5	基址＋变址寄存器的间接寻址	程序存储器(@A+DPTR、@A+PC)
6	相对寻址	以 PC 的当前值为基地址＋rel＝有效地址。转移范围：PC 当前值的 −128～＋127
7	位寻址	对内部 RAM 或 SFR 中有定义的单元进行位寻址

3.2.1　寄存器寻址方式

　　寻址空间：

- R0～R7，由 RS1、RS0 两位的值选定工作寄存器区；
- A、B、CY、DPTR。

寄存器寻址是指由指令选定寄存器中的内容作为操作数的寻址方式，由指令的操作码字节的最低 3 位所寻址的工作寄存器 R0～R7。对累加器 A、寄存器 B、数据指针 DPTR、位处理累加器 CY 等，也以寄存器方式寻址。例如以下指令

    MOV A, R0;

该指令的功能是将工作寄存器 R0 的内容送入累加器 A 中，其中的操作数 A、R0 都是寄存器寻址。其执行过程如图 3-1 所示。

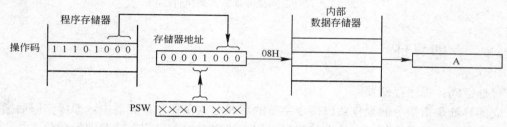

图 3-1　寄存器寻址方式的执行过程

3.2.2　寄存器间接寻址

寻址空间：
- 内部 RAM(@R0、@R1、SP)；
- 外部数据存储器(@R0、@R1、@DPTR)。

指令所选中的寄存器内容是实际操作数的地址(而不是操作数本身)，这种寻址方式称为寄存器间接寻址。当用 R0、R1 寄存器间接寻址之前，需要有一个确定的寄存器间接寻址区，并且各个寄存器均是有操作数地址的。

寄存器间接寻址是指将指令指定的寄存器内容作为操作数所在的地址，对该地址单元中的内容进行操作的寻址方式。MCS-51 规定，使用 R0 和 R1 作为间接寻址寄存器，对于 MCS-51 系列单片机可寻址内部 RAM 中地址从 00H～7FH 的 128 个单元内容；对于 8052 子系列单片机则为 256 个单元的内容，而且 8052 子系列单片机的高 128 个字节的 RAM 只能使用寄存器间接寻址方式访问。另外，数据指针 DPTR 也可作为间接寻址寄存器，寻址外部数据存储器的 64KB 空间。例如指令

    MOV A, @R1;

该指令的功能是将当前工作区以 R1 中的内容作为地址的存储单元中的数据送到累加器 A 中，其源操作数采用寄存器间接寻址方式，以 R1 作为地址指针。假设 R1 中的内容为

30H，则该指令是将地址为 30H 存储单元中的内容为 45H，指令执行后累加器 A 中内容为 45H。其执行过程如图 3-2 所示。

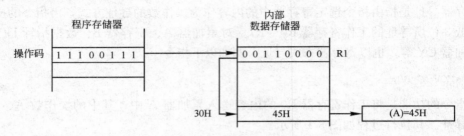

图 3-2　寄存器间接寻址方式的执行过程

3.2.3　立即寻址

寻址空间：程序存储器。

立即寻址是指指令的操作数以指令字节的形式存放在程序存储器中，即操作码后紧跟着一个称为立即数的操作数，这是在编程时由用户给定存放在程序存储器中的常数。

立即寻址的是指令中的操作数即为立即数，其特征为数前加符号"♯"。指令中的立即数有 8 位立即数"♯data"和 16 位立即数"♯data16"。由于立即数是一个常数，不是物理空间，所以立即数只能作为源操作数，不能作为目的操作数使用。例如指令

　　　　MOV A，♯67H；

该指令是数据传送指令，它的功能是将立即数 67H 送入累加器 A 中，67H 为立即数。指令执行过程如图 3-3 所示。

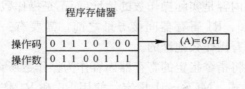

图 3-3　立即寻址方式的执行过程

3.2.4　直接寻址

寻址空间：
- 内部 RAM 的低 128 字节；
- 特殊功能寄存器 SFR（直接寻址是访问 SFR 的惟一方式）。

直接寻址是指操作码后面的一个字节是实际操作数地址。例如指令

　　　MOV A, 80H;

该指令是数据传送指令，80H 是内部 RAM 地址，功能是把 80H 的内容 12H 送入累加器 A 中。指令执行过程如图 3-4 所示。

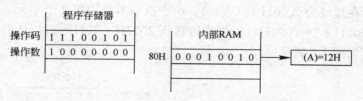

图 3-4　指令"MOV A，80H"的执行过程

3.2.5　基址寄存器＋变址寄存器的间接寻址

寻址空间：程序存储器(@A＋DPTR，@A＋PC)。

基址寄存器＋变址寄存器的间接寻址是 MCS－51 系列单片机指令系统所特有的一种寻址方式，它以 DPTR 或 PC 作为基址寄存器，A 作为变址寄存器(存放 8 位无符号数)，两者相加形成 16 位程序存储器地址作为操作数地址。这种寻址方式是单字节的，用于读出程序存储器中数据表格的常数。例如指令

　　　MOVC A, @A+DPTR;

该指令的功能是从程序存储器某地址单元中取一个字节数据送入累加器 A 中。假设累加器 A 的内容为 30H，DPTR 的内容为 2100H，执行该指令时把程序存储器中地址为 2100H＋30H＝2130H 的单元中的数据送入累加器 A 中。该指令的执行过程如图 3-5 所示。

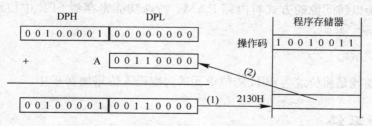

图 3-5　基址加变址寄存器间接寻址方式的执行过程

3.2.6　相对寻址

寻址空间：程序存储器。

相对寻址用于程序控制，利用指令修正 PC 指针的方式实现转移，即以程序计数器 PC

的内容为基址，加上指令中给出的偏移量 rel，所得结果为转移目标地址。其中，偏移量 rel 是 8 位符号补码数，范围为－128～＋127。故可知，转移范围应当在前面 PC 的－128～＋127 之间的某一程序存储器地址中。相对寻址一般为双字节或三字节。例如指令

  JC 70H

  若此指令所在地址为 2000H 且 CY＝1，由于指令本身占用 2 个单元，所以取出此指令后 PC 内容为 2000H＋2＝2002H，程序将转移到 2002H＋70H＝2072H 的单元去执行。该指令的执行过程如图 3-6 所示。

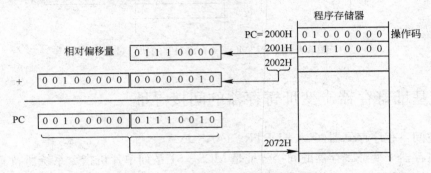

图 3-6　相对寻址方式的执行过程

3.2.7　位寻址

寻址空间：
- 片内 RAM 的 20H～2FH；
- SFR 中有定义的能被 8 整除的字节地址。

位寻址是指以访问位的方式对内部 RAM、特殊功能寄存器 SFR 中位地址空间进行访问。例如指令：

  MOV C, 06H;

该指令的功能是将位址为 06H 的位单元的内容送入位累加器 C 中。

3.3　指令系统

  MCS-51 单片机的指令系统按其功能可归纳为 5 大类，即数据传送类指令(29 条)、算术运算类指令(24 条)、逻辑运算类指令(24 条)、控制转移指令(17 条)、位操作类指令(17 条)，下面分别进行说明。

3.3.1　数据传送指令

数据传送指令是应用最频繁的指令，MCS－51 单片机提供了丰富的数据传送指令，它也是数量最多的一类指令。数据传送指令的助记符为 MOV，其汇编语言指令格式为

　　MOV　　［目的操作数］,［源操作数］;

指令功能是将源操作数的内容传送到目的操作数中，源操作数的内容不变。这类指令不影响标志位。

1. 内部 8 位数据传送指令

内部类位数据传送指令共有 15 条，用于单片机内部的数据存储器和寄存器之间的数据传送。所采用的寻址有立即寻址、直接寻址、寄存器寻址和寄存器间接寻址，其数据传输的形式如图 3-7 所示。

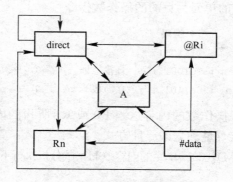

图 3-7　内部 8 位数据的传送形式

（1）以累加器 A 为目的的指令

　　　　　　　　　　　　指令编码

```
MOV    A,    Rn     ;   11101rrr    n=0～7
MOV    A,    direct ;   11101rrr    直接地址
MOV    A,    @Ri    ;   11101rrr    i=0, 1
MOV    A,    #data  ;   11101rrr    立即数
```

这组指令的功能是把源操作数的内容送入累加器 A 中。源操作数有寄存器寻址、直接寻址、寄存器间接寻址和立即寻址等寻址方式。

（2）以 Rn 为目的的操作数的指令

　　　　　　　　　　　　指令编码

```
MOV    Rn,   A,     ;   11111rrr              n=0～7
```

```
MOV    Rn, direct ;    11101rrr     直接地址   n=0～7
MOV    Rn, #data ;     01111rrr     立即数     n=0～7
```

这组指令的功能是把源操作数的内容送入当前工作寄存器区 R0～R7 中的某一个寄存器。源操作数有寄存器寻址、直接寻址和立即寻址等寻址方式。

（3）以直接地址为目的操作数的操作指令

指令编码

```
MOV  direct,   A     ;   11110101     直接地址
MOV  direct,   Rn    ;   10001rrr     直接地址   n=0～7
MOV  direct,   @Ri   ;   1000011i     直接地址   i=0, 1
MOV  direct,   #data ;   01110101     直接地址   立即数
MOV  direct,   direct;   10000101     直接地址 (源)  直接地址 (目)
```

这组指令的功能是把源操作数的内容送入直接地址所指的存储单元。源操作数有寄存器寻址、直接寻址、寄存器间接寻址和立即寻址方式。

（4）以寄存器间接寻址的单元为目的的操作数指令

指令编码

```
MOV  @Ri,    A,      ; 1111011i              i=0, 1
MOV  @Ri,    direct ; 1010011i   直接地址     i=0, 1
MOV  @Ri,    #data ; 01111011i   立即数       i=0, 1
```

这组指令的功能是把源操作数的内容送入 R0 或 R1 所指的内部 RAM 存储单元中。源操作数有寄存器寻址、直接寻址和立即寻址方式。

【例 3.1】   设内部 RAM 中 30H 单元的内容 50H，试分析执行下面程序后各有关单元的内容。

解

```
MOV  60H, #30H  ; 立即数 30H 送 60H 单元，即 (60H)=30H
MOV  R0, #60H   ; 立即数 60H 送入 R0，即 (R0)=60H
MOV  A, @R0     ; 间接寻址，将 (R0)=60H 的单元内容送入 A，即 (A)=30H
MOV  R1, A,     ; 将 A 中的内容送入 R1，即 (R1)=30H
MOV  40H, @R1   ; 间接寻址，将 (R1)=30H 中的内容送入 40H 单元，即 (40H)=50H
MOV  60H, 30H   ; 30H 单元的内容送入 60H，即 (60H)=50H
```

程序执行结果是：（A）＝30H，（R0）＝60H，（R1）＝30H，（60H）＝50H，（40H）＝50H，（30H）＝50H 内容未变。

【例 3.2】   将累加器 A 中的内容送入外部数据存储器的 60H 单元。

解   根据题意编程如下。

```
MOV  R0, #60H  ; 设置地址指针寄存器
MOVX @R0, A    ; (R0)←A，A 中内容送外部数据存储器的 60H 单元
```

（5）16 位数据传送指令

指令编码

MOV　DPTR，#data16；10010000　高位立即数　低位立即数

这条指令的功能是把 16 位常数送入 DPTR 中。16 位的数据指针 DPTR 由 DPH 和 DPL 组成，这条指令的执行结果是把高位立即数送入 DPH，低位立即数送入 DPL 中。

（6）栈操作指令

在 MCS - 51 内部 RAM 中设有一个先进后出的堆栈，在特殊功能寄存器中有一个堆栈指针 SP，它指出栈顶位置，在指令系统中有两条用于数据传送的栈操作指令。

指令编码

PUSH　direct；11000000　直接地址

POP　direct；11010000　直接地址

进栈指令 PUSH 的功能是先将 SP 的指针加 1，然后把直接地址指出的内容传送到栈指针 SP 寻址的内部 RAM 单元中。出栈指令 POP 的功能是将栈指针 SP 寻址的内部 RAM 单元的内容送入直接地址所指的字节单元中去，同时栈指针减 1。

【例 3.3】　进入中断服务程序后，（SP）＝30H，（DPTR）＝5544H。下列指令

PUSH DPL　；将 DPL 压入堆栈，指令代码 C082H

PUSH DPH　；将 DPH 压入堆栈，指令代码 C083H

执行结果将把 44H 和 55H 两个 8 位数据分别压入片内 RAM 的 31H 和 32H 两个地址单元，SP 的内容两次增 1 后将变成 32H，如图 3-8 所示。

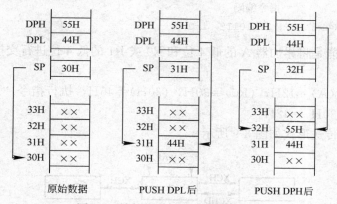

图 3-8　堆栈指令执行后数据的变化

【注意】

① 堆栈操作压栈与出栈相反，压栈时先进行指针操作，后进行数据操作；出栈时先进行数据操作，后进行指针操作；

② 上电复位后（SP）＝07H，由于入栈操作是先指针上移，后压入数据，所以堆栈空间

并未占用 0 区的 R7 寄存器；

③ 一般来说，如果应用系统要使用 1～3 寄存器区，在主程序开始执行初期，应将 SP 移至内部数据存储器的高端；

④ 一般情况下，除上电初始化外，不宜轻易修改 SP。

（7）字节交换指令

```
              指令编码
    XCH  A, Rn   ; 11001rrr    n=0～7
    XCH  A, direct; 11000101    直接地址
    XCH  A, @Ri  ; 11000111    i=0, 1
```

这组指令的功能是将累加器 A 中的内容和源操作数的内容互相交换。源操作数有寄存器寻址、直接寻址、寄存器间接寻址方式。

【例 3.4】　设（A）＝0ABH，（R1）＝12H，执行指令 XCH A，R1；则结果为（A）＝12H，（R1）＝0ABH。

（8）累加器 A 的半字节交换指令

```
              指令编码
    SWAP  A      ; 110001000
```

这条指令是将累加器 A 的高 4 位和低 4 位互换，不影响标志位。

【例 3.5】　设（A）＝0ABH，执行指令"SWAP A"后，（A）＝0BAH。

（9）半字节交换指令

```
              指令编码
    XCHD  A, @Ri  ; 1101011i  i=0, 1
```

这条指令的功能是将累加器 A 的低 4 位和 R0 或 R1 的低 4 位进行交换，各自的高 4 位不变。

【例 3.6】　设（A）＝12H，（R0）＝30H，（30H）＝45H，执行指令"XCHD A，@R0"后，（A）＝15H，（30H）＝42H。

交换类指令的传送形式如图 3-9 所示。

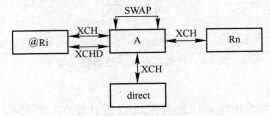

图 3-9　交换类指令的传送形式

2. 累加器 A 与外部数据存储器的传送指令

指令编码

```
MOVX  A, @DPTR  ; 11101000
MOVX  @DPTR, A  ; 11110000
MOVX  A, @Ri    ; 1110001i  i=0, 1
MOVX  @Ri, A    ; 1111001i  i=0, 1
```

这组指令是累加器 A 和外部扩展的 RAM 或 I/O 口的数据传送指令。由于外部 RAM 或 I/O 口是统一编址的，共占外部数据的 64KB 空间，所以指令本身看不出是对 RAM 还是对 I/O 口的操作，这由硬件的地址分配而定。

【例 3.7】　将外部数据存储器的 2000H 单元的内容传送到内部 RAM 的 70H 单元。

解　程序如下。

```
MOV  DPTR, #2000H  ; 将外部数据指针 DPTR 指向 2000H
MOVX A, @DPTR      ; 从外部将数据送到 A
MOV  70H, A        ; 再将数据送到 70H
```

3. 查表指令

指令编码

```
MOVC  A, @A+ DPTR  ; 10010011
MOVC  A, @A+ PC    ; 10000011
```

查表指令的源字节单元都采用变址寻址方式。第一条指令的基址寄存器为 DPTR，因此其寻址范围为整个程序存储器的 64KB 空间，表格可以放在程序存储器的任何位置。第二条指令的基址寄存器为 PC，该指令中访问程序存储器的地址 (A)＋(PC)，其中 (PC) 为程序计数器的当前内容，即查表指令的地址加 1。因此，当基址寄存器为 PC 时，查表范围实际为查表指令后 256B 的地址空间。

【例 3.8】　执行下列指令。

```
1232H: MOV  A, #30H
1234H: MOVC A, @A+PC
1235H: MOV 60H, A
...
1265H: 3FH
...
```

当执行查表指令时，PC 的当前值为 1235H，所以查表指令访问的程序存储器单元的地址为

$$(A)＋(PC)＝30H＋1235H＝1265H$$

执行查表指令后(A)＝3FH。

【例 3.9】　已知累加器 A 中有一个 0～9 范围内的数，试用以上查表指令编出能查找出该数平方值的程序。

解　为了进行查表，必须确定一张 0～9 的平方值表。若该平方表始址为 1000H，则相应的平方值表如图 3-10 所示。

1000H	0
1001H	1
1002H	4
1003H	9
1004H	16
1005H	25
1006H	36
1007H	49
1008H	64
1009H	81

图 3-10　0～9 的平方值表

图 3-10 中，累加器 A 中的数恰好等于该数平方值对表始地址的偏移量。例如，5 的平方值为 25，25 的地址为 1005H，它对 1000H 的地址偏移量也为 5。因此，查表时作为基址寄存器用的 DPTR 或 PC 的当前值必须是 1000H。采用 DPTR 作为基址寄存器的查表程序比较简单，也容易理解，只要预先使用一条 16 位数传送指令，把表的始址 1000H 送入 DPTR，然后进行查表就可以了。相应程序为

```
MOV   DPTR, ＃1000H  ;设置 DPTR 为表始址
MOVC  A, ＠A+DPTR    ;将 A 的平方值查表后送 A
```

4. 数据传送指令总表

表 3-3 为数据传送指令总表，包含了指令的助记符、功能说明、字节数和振荡器周期数。

表 3-3　数据传送指令总表

助　记　符	功　能　说　明	字节数	振荡器周期
MOV Rn, A	累加器内容传送到工作寄存器	1	12
MOV Rn, direct	直接寻址字节传送到工作寄存器	2	24
MOV Rn, ＃data	立即数传送到工作寄存器	2	12
MOV direct, A	累加器内容传送到直接寻址字节	2	12
MOV direct, Rn	工作寄存器内容传送到直接寻址字节	2	24

续表

助 记 符	功 能 说 明	字节数	振荡器周期
MOV direct，direct	直接寻址字节传送到直接寻址字节	3	24
MOV direct，@Ri	间接 RAM 传送到直接寻址字节	2	24
MOV direct，#data	立即数传送到直接寻址字节	3	24
MOV @Ri，A	累加器内容传送到间接寻址 RAM	1	12
MOV @Ri，direct	直接寻址字节传送到间接寻址 RAM	2	24
MOV @Ri，#data	立即数传送到间接寻址 RAM	2	12
MOV DPTR，#data16	16 位立即数传送到地址寄存器	3	24
MOVX A，@Ri	外部 RAM(8 位地址)传送到累加器	1	24
MOVX A，@DPTR	外部 RAM(16 位地址)传送到累加器	1	24
MOVX @Ri，A	累加器传送到外部 RAM(8 位地址)	1	24
MOVX @DPTR，A	累加器传送到外部 RAM(16 位地址)	1	24
MOVC A，@A+DPTR	程序存储器字节传送到累加器	1	24
MOVC A，@A+PC	程序存储器字节传送到累加器	1	24
SWAP A	累加器内半字节交换	1	12
XCHD A，@Ri	间接寻址 RAM 和累加器低半字节交换	1	12
XCH A，Rn	寄存器和累加器交换	1	12
XCH A，direct	直接寻址字节和累加器交换	2	12
XCH A，@Ri	间接寻址 RAM 和累加器交换	1	12
PUSH direct	直接寻址字节压入栈顶	2	24
POP direct	栈顶弹到直接寻址字节	2	24

3.3.2　算术运算指令

　　MCS-51 单片机的算术运算指令包括加、减、乘、除、加"1"、减"1"等指令。这类指令大都影响标志位。加法和减法的执行结果将影响程序状态字 PSW 的进位 CY、溢出位 OV、辅助进位 AC 和奇偶校验位 P；乘、除指令的执行结果将影响 PSW 的溢出位 OV、进位 CY 和奇偶校验位 P；加"1"、减"1"指令的执行结果只影响 PSW 的奇偶校验位 P。

1. 加法指令

　　(1) 不带进位的加法指令

指令编码

```
ADD   A, Rn    ; 00101rrr   n=0～7
ADD   A, direct ; 00100101   直接地址
ADD   A, @Ri   ; 0010011i   i=0, 1
ADD   A, #data ; 00100100   立即数
```

这组加法指令的功能是把所指的字节变量和累加器 A 的内容相加，其结果放在累加器 A 中。如果第 7 位有进位输出，则 CY＝1，否则 CY＝0；如果第 3 位有进位输出，则 AC＝1，否则 AC＝0；如果第 6 位有进位输出而第 7 位没有，或者第 7 位有进位输出而第 6 位没有，则置位溢出标志 OV，否则 OV 清零。源操作数有寄存器寻址、直接寻址、寄存器间接地址和立即寻址等寻址方式。

（2）带进位的加法指令

指令编码

```
ADDC  A, Rn    ; 00101rrr   n=0～7
ADDC  A, direct ; 00100101   直接地址
ADDC  A, @Ri   ; 0010011i   i=0, 1
ADDC  A, #data ; 00100100   立即数
```

这组带进位的加法指令的功能是把所指的字节变量、进位标志和累加器 A 的内容相加，其结果放在累加器 A 中。对标志位的影响及寻址方式同上。

（3）增量指令

指令编码

```
INC  A      ; 00000100
INC  Rn     ; 00001rrr  n=0～7
INC  direct ; 00000101   直接地址
INC  @Ri    ; 0000011i, i=0, 1
INC  DPTR   ; 10100011
```

这组指令的功能是把所指的变量加"1"，若原来为 0FFH 将溢出为 00H，除了"INC A"影响 P 标志外，不影响任何标志。操作数有寄存器寻址、直接寻址和寄存器间接寻址方式。当用本指令修改输出口 $P_j(j=0，1，2，3)$时，原来口数据的值将从口锁存器读入，而不是从引脚读入。

（4）十进制调整指令

指令编码

```
DA  A       ; 11010100
```

这条指令是对累加器中由前两个变量(每一个变量均为压缩的 BCD 码形式)的加法所获得的 8 位结果进行调整，使它变为两位 BCD 码的数。该指令的执行过程如图 3-11 所示。

在单片机中，表示 0～9 之间的十进制数是用 4 位二进制数表示的，即 BCD 码。在运算

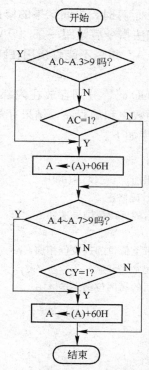

图 3-11   "DA A" 指令的执行示意图

过程中，按二进制规则进行，即每位相加大于 16 时进位，十进制数在大于 10 时进位。因此
BCD 码运算时，结果大于 9 时得到的结果不是正确的，必须按图3-11 进行修正。

【例 3.10】   设 A＝34，B＝53，求 A＋B＝？

解   34 的 BCD 码为 0011 0100B，53 的 BCD 码为 0101 0011。运算过程为

$$
\begin{array}{r}
0011\ 0100 \\
+\ \ 0101\ 0011 \\
\hline
1000\ 0111
\end{array}
$$

结果为 87，显然运算结果仍然为 BCD 码，并且运算过程没有产生进位，这一结果是正确
的，可以不必修正。

若假设 A＝37，B＝46，则这两个 BCD 码的运算过程为

$$
\begin{array}{r}
0011\ 0111 \\
+\ \ 0100\ 0110 \\
\hline
0111\ 1101
\end{array}
$$

结果为 7DH，运算结果的低位大于 9，已不是 BCD 码。这种情况下就需要进行修正，以得
到正确的 BCD 码。

在单片机中，BCD 码进行加法运算时，中间结果的修正是由 ALU 硬件中的十进制修正电路自动进行的，使用时只要在加法指令后紧跟一条"DA A"指令即可修正。但需注意的是：在 MCS-51 单片机中，"DA A"指令不能直接用在减法指令后面，即不能直接用来对 BCD 码的减法运算进行修正。

【例 3.11】   设有两个 4 位 BCD 码，分别存放在内部数据存储器的 50H～51H 单元和 60H～61H 单元中，试编写求这两数之和的程序，结果存放到 40H～41H 单元中。

解   求两个 BCD 码之和的程序如下。

```
MOV   A, 50H      ; A←(50H)
ADD   A, 60H      ; 低两位相加，A←(A)+(60H)
DA    A           ; 进行 BCD 码修正
MOV   40H, A      ; 将修正后的低两位结果送 40H
MOV   A, 51H      ; A←(51H)
ADDC  A, 61H      ; 高两位带上低位的进位位相加，A←(A)(61H)+ CY
DA    A           ; 进行 BCD 码修正
MOV   41H, A      ; 将修正后的高两位结果送 41H
```

2. 减法指令

(1) 带借位减法

```
              指令编码
SUBB  A, Rn     ; 10011rrr  n=0～7
SUBB  A, direct ; 10010101  直接地址
SUBB  A, @Ri    ; 1001011i  i=0, 1
SUBB  A, #data  ; 10010100  立即数
```

这组带借位的减法指令的功能是从累加器 A 中减去指定的变量和进位标志，其结果存放在累加器 A 中。如果第 7 位有借位输出，则 CY=1，否则 CY=0；如果第 3 位有借位输出，则 AC=1，否则 AC=0；如果第 6 位有借位输出而第 7 位没有，或者第 7 位有借位输出而第 6 位没有，则置位溢出标志 OV，否则 OV 清零。源操作数有寄存器寻址、直接寻址、寄存器间接地址和立即寻址等寻址方式。

(2) 减"1"指令

```
              指令编码
DEC   A       ; 00010100
DEC   Rn      ; 00011rrr     n=0～7
DEC   direct  ; 00010101     直接地址
DEC   @Ri     ; 0001011i     i=0, 1
```

这组指令的功能是把所指的变量减"1"，若原来为 00H 将溢出为 0FFH，不影响任

何标志。操作数有寄存器寻址、直接寻址和寄存器间接寻址方式。当用本指令修改输出口 $P_j(j=0, 1, 2, 3)$ 时，原来口数据的值将从口锁存器读入，而不是从引脚读入。

　　加、减法运算对 PSW 中的状态标志位的影响在前面已经介绍，这里再总结如下：当加法运算结果的最高位有进位或减法运算的最高位有借位时，进位位 CY 置"1"，否则 CY 清零；当加法运算时低 4 位向高 4 位有进位，或减法运算时低 4 位向高 4 位有借位时，辅助进位位 AC 置位，否则 AC 清零；在加、减运算过程中，位 6 和位 7 不同时产生进位或借位时，溢出标志位 OV 置位，否则清零；当累加器 A 中的 8 位数据各位有奇数个 1 时，奇偶校验位 P 置位，否则清零。

【例 3.12】　设(A)=0BAH，(R1)=88H；执行指令

```
ADD  A, R1
```

　　解　结果为：　(A)=42H

　　　　标志位为：　P=0；CY=1；OV=1；AC=1

　　　　运算过程为：

```
        (A)=   1 0 1 1 1 0 1 0    (0BAH)
    +   (R1)=  1 0 0 0 1 0 0 0    (88H)

    P=0        0 1 0 0 0 0 1 0    (42H)
    CY=1
    OV=1  ⊕
    AC=1
```

【例 3.13】　设(A)=0BAH，(R1)=88H，CY=1；执行指令

```
SUBB  A, R1
```

　　解　结果为：　(A)=31H

　　　　标志位为：　P=1；CY=0；OV=0；AC=0

　　　　运算过程为：

```
        (A)=   1 0 1 1 1 0 1 0    (0BAH)
        (R1)=  1 0 0 0 1 0 0 0    (88H)
    -   CY =                 1

    P=1        0 0 1 1 0 0 0 1    (31H)
    CY=0
    OV=0  ⊕
    AC=0
```

　　值得一提的是，状态标志位也应看做是运算结果的一部分，在不同情况下其意义也不同。例如，对于无符号二进制加法，进位位 CY 置"1"，表示运算结果大于 255，产生了溢出；对于有符号二进制加法，溢出标志位 OV 置"1"，表示运算结果小于 -128 或大于 127，

也产生了溢出。在例 3.12 中，如果将两个操作数都看成有符号数，两个负数相加结果为正，显然是错误的，溢出标志位置"1"。

【例 3.14】　试编写计算"1234H + 5678H"的程序。

解　加数和被加数是 16 位数，而 MCS－51 的 CPU 是 8 位字长，所以需两步完成运算：低 8 位数相加，若有进位保存在 CY 中；高 8 位采用带进的加法，结果放入 R7、R6 中。程序如下。

```
MOV A, #34H    ；低 8 位加数送 A←34H
ADD A, #78H    ；与被加数低 8 位相加 A←(A)+78H
MOV R6,A       ；低 8 位加法结果送 R6←(A)
MOV A, #12H    ；高 8 位加数送 A←12H
ADDC A, #56H   ；与被加数高 8 位及低 8 位的进位相加 A←(A)+56H+(C)
MOV R7, A      ；高 8 位加法结果送 R7←(A)
```

3. 乘法指令

```
         指令编码
MUL AB   ; 10100100
```

这条指令的功能是把累加器 A 和寄存器 B 中的无符号 8 位整数相乘，其 16 位积的低字节存放在累加器 A 中，高位字节存放在寄存器 B 中。如果积大于 255(0FFH)，则置溢出标志 OV，否则 OV 清零。进位标志 CY 总是清零。

【例 3.15】　设(A)＝56H，(B)＝78H，执行指令

```
MUL  AB
```

解　结果为：(A)＝50H；(B)＝28H；OV＝1。

4. 除法指令

```
         指令编码
DIV AB   ; 10000100
```

这条指令的功能是用累加器 A 的无符号 8 位整数除以寄存器 B 中的无符号 8 位整数相乘，所得的商的整数部分存放在累加器 A 中，商的余数部分存放在寄存器 B 中。如果原来 B 中的内容为 0(即除数为 0)，则 A 和 B 中的内容不变，置溢出标志 OV，否则 OV 清零。

【例 3.16】　设(A)＝0ABH，(B)＝12H，执行指令

```
DIV  AB
```

解　结果为：(A)＝09H；(B)＝09H；OV＝0。

表 3-4 给出了算术运算类的各种指令。

表 3-4　算术运算类指令一览表

助　记　符	功　能　说　明	字节数	振荡器周期
ADD A, Rn	寄存器内容加到累加器	1	12
ADD A, direct	直接寻址字节内容加到累加器	2	12
ADD A, @Ri	间接寻址 RAM 内容加到累加器	1	12
ADD A, #data	立即数加到累加器	2	12
ADDC A, Rn	寄存器加到累加器(带进位)	1	12
ADDC A, direct	直接寻址字节加到累加器(带进位)	2	12
ADDC A, @Ri	间接寻址 RAM 加到累加器(带进位)	1	12
ADDC A, #data	立即数加到累加器(带进位)	2	12
SUBB A, Rn	累加器内容减去寄存器内容(带借位)	1	12
SUBB A, direct	累加器内容减去直接寻址字节(带借位)	2	12
SUBB A, @Ri	累加器内容减去间接寻址 RAM(带借位)	1	12
SUBB A, #data	累加器减去立即数(带借位)	2	12
DA A	累加器十进制调整	1	12
INC A	累加器加 1	2	12
INC Rn	寄存器加 1	1	12
INC direct	直接寻址字节加 1	2	12
INC @Ri	间接寻址 RAM 加 1	1	12
INC DPTR	数据指针寄存器加 1	1	12
DEC A	累加器减 1	1	12
DEC Rn	寄存器减 1	1	12
DEC direct	直接寻址字节减 1	2	12
DEC @Ri	间接寻址 RAM 减 1	1	12
MUL AB	累加器 A 和寄存器 B 相乘	1	12
DIV AB	累加器 A 除以寄存器 B	1	12

3.3.3　逻辑运算指令

1. 累加器 A 的逻辑操作指令

（1）累加器清零

　　　　　　指令编码

```
CLR  A  ; 11100100
```

这条指令的功能是将累加器 A 清零，且不影响 CY、AC、OV 等标志。

（2）累加器取反

　　　　指令编码

　　CPL　A　；11110100

　　这条指令的功能是将累加器 A 中的每一位逻辑取反，原来为"1"的位变为"0"，原来为"0"的位变为"1"。不影响标志。

（3）左环移指令

　　　　指令编码

　　RL　A　；00100011

　　这条指令的功能是将累加器 A 中的每一位向左环移一位，第 7 位循环移入第 0 位，不影响标志。如图 3-12(a)所示。若 ACC.7 为 0，则"RL A"指令可以作(A)×2 运算。

　　例如，"RL A"指令执行前(A)＝01001010B，执行后(A)＝10010100B。

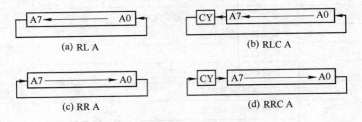

(a) RL A　　　　　　　　(b) RLC A

(c) RR A　　　　　　　　(d) RRC A

图 3-12　循环移位指令示意图

（4）带进位的左环移指令

　　　　指令编码

　　RLC　　A；00110011

　　这条指令的功能是将累加器 A 中的内容和进位标志一起向左环移一位，第 7 位循环移入进位位 CY，不影响其他标志。如图 3-12(b)所示。

　　例如，"RLC A"指令执行前(A)＝11100111B，CY＝0；执行后(A)＝11001110B。

（5）右环移指令

　　　　指令编码

　　RR　　A　；　00000011

　　这条指令的功能是将累加器 A 中的每一位向右环移一位，第 0 位循环移入第 7 位，不影响标志。如图 3-12(c)所示。若在"RR A"指令执行前，ACC.0 为 0，则"RR A"指令可作"(A)÷2"的运算。

　　例如，"RR A"指令执行前(A)＝10110110B，执行后(A)＝01011011B。

（6）带进位的右环移指令

　　　　　　　　　　　　指令编码

RRC　　A　；　00010011

　　这条指令的功能是将累加器 A 中的内容和进位标志一起向右环移一位，第 0 位循环移入进位 CY，不影响其他标志。如图 3-12(d)所示。

　　例如，"RRC A"指令执行前(A)＝11100011B，CY＝0；执行后(A)＝01110001B。

2. 两个操作数的逻辑操作指令

（1）逻辑与指令

　　　　　　　　　　　　指令编码

ANL A, Rn	; 01011rrr	n=0～7
ANL A, direct	; 01010101	直接地址
ANL A, @Ri	; 01010111	i=0, 1
ANL A, #data	; 01010100	立即数
ANL direct, A	; 01010010	直接地址
ANL direct, #data	; 01010011	直接地址　立即数

　　这组指令的功能是在指出的变量之间以位为基础的逻辑与操作，结果存放在目的变量中。操作数有寄存器寻址、直接寻址、寄存器间接寻址和立即寻址等寻址方式。当这条指令用于修改一个输出口时，作为原始数据的值将从输出口数据锁存器(P0～P3)读入，而不是读引脚状态。

　　【例 3.17】　将累加器 A 中的压缩 BCD 码分为两个字节，形成非压缩 BCD 码，放入 40H 和 41H 单元中。

　　解　由题意，将累加器 A 中的低 4 位保留，高 4 位清零放入 40H；高 4 位保留，低 4 位清零，半字节交换后存入 41H 单元中。程序如下。

MOV R0, A	；保存 A 中的内容到 R0
ANL A, #00001111B	；高 4 位清 0，保留低 4 位不变
MOV 40H, A	；将形成的低 4 位非压缩 BCD 码存入 40H
MOV A, R0	；取原数据
ANL A, #11110000B	；保留高 4 位不变，清低 4 位
SWAP A	；将高低 4 位交换，形成的高 4 位非压缩 BCD 码
MOV 41H, A	；将高 4 位非压缩 BCD 码存入 41H

（2）逻辑或指令

　　　　　　　　　　　　指令编码

ORL A, Rn	; 01001rrr	n=0～7
ORL A, direct	; 01000101	直接地址
ORL A, @Ri	; 01000111	i=0, 1

```
ORL A, #data        ; 01000100   立即数
ORL direct, A       ; 01000010   直接地址
ORL direct, #data   ; 01000011   直接地址   立即数
```

这组指令的功能是在指出的变量之间以位为基础的逻辑或操作,结果存放在目的变量中。操作数有寄存器寻址、直接寻址、寄存器间接寻址和立即寻址等寻址方式。当这条指令用于修改一个输出口时,作为原始数据的值将从输出口数据锁存器(P0~P3)读入,而不是读引脚状态。

【例 3.18】 将 P1 口高 4 位不变,把累加器 A 中的低 4 位由 P1 口的低 4 位输出。

解 据题意程序如下。

```
ANL A, #00001111B   ; 将 A 的高 4 位清零
MOV R0, A           ; 将 A 保存在 R0
MOV A, P1           ; P1 读入 A
ANL A, #11110000B   ; 高 4 位不变
ORL A, R0           ; 将 A 的低 4 位和 P1 口的高 4 位组成一个字节
MOV P1, A           ; 送 P1 口输出
```

（3）逻辑异或指令

```
                    指令编码
XRL A, Rn           ; 01011rrr    n=0~7
XRL A, direct       ; 01100101    直接地址
XRL A, @Ri          ; 01100111    i=0, 1
XRL A, #data        ; 01100100    立即数
XRL direct, A       ; 01100010    直接地址
XRL direct, #data   ; 01100011    直接地址   立即数
```

这组指令的功能是在指出的变量之间以位为基础的逻辑异或操作,结果存放在目的变量中。操作数有寄存器寻址、直接寻址、寄存器间接寻址和立即寻址等寻址方式。当这条指令用于修改一个输出口时,作为原始数据的值将从输出口数据锁存器(P0~P3)读入,而不是读引脚状态。

例如,累加器 A 的内容为 11000011B,执行指令"XRL A,♯11100111B"后,累加器 A 中的内容为 24H。

表 3-5 列出了逻辑运算类的各种指令。

表 3-5　逻辑运算类指令一览表

助　记　符	功　能　说　明	字节数	振荡器周期
ANL A, Rn	寄存器"与"到累加器	1	12
ANL A, direct	直接寻址字节"与"到累加器	2	12
ANL A, @Ri	间接寻址 RAM "与"到累加器	1	12

助 记 符	功 能 说 明	字节数	振荡器周期
ANL A，♯data	立即数"与"到累加器	2	12
ANL direct，A	累加器"与"到直接寻址字节	2	12
ANL direct，♯data	立即数"与"到直接寻址字节	3	12
ORL A，Rn	寄存器"或"到累加器	1	12
ORL A，direct	直接寻址字节"或"到累加器	2	12
ORL A，@Ri	间接寻址 RAM "或"到累加器	1	12
ORL A，♯data	立即数"或"到累加器	2	12
ORL direct，A	累加器"或"到直接寻址字节	2	12
ORL direct，♯data	立即数"或"到直接寻址字节	3	12
XRL A，Rn	寄存器"异或"到累加器	1	12
XRL A，direct	直接寻址字节"异或"到累加器	2	12
XRL A，@Ri	间接寻址 RAM "异或"到累加器	1	12
XRL A，♯data	立即数"异或"到累加器	2	12
XRL direct，A	累加器"异或"到直接寻址字节	2	12
XRL direct，♯data	立即数"异或"到直接寻址字节	3	12
RL A	累加器循环左移	1	12
RLC A	经过进位位的累加器循环左移	1	12
RR A	累加器循环右移	1	12
RRC A	经过进位位的累加器循环右移	1	12
CLR A	累加器清零	1	12
CPL A	累加器求反	1	12

3.3.4　控制转移指令

1. 无条件转移指令

（1）短跳转指令

指令编码

```
AJMP addr11      ; A10 A9 A8 0 0 0 0 1 A7 A6 A5 A4 A2 A1 A0
```

这是 2KB 范围内的无条件跳转指令，程序转移到指定的地址。该指令在运行时先将 PC 加"2"，然后通过 PC 的高 5 位和指令第一个字节的高 3 位及第二个字节相连（PC15 PC14

PC13 PC12 PC11 A10 A9 A8 A7 A6 A5 A4 A3 A2 A1 A0），而得到的跳转目的地址送入PC。因此目标地址必须和它下面的指令存放在同一个 2KB 区域内。

【例 3.19】　若在 ROM 中的 07FDH 和 07FEH 两地址单元处有一条 AJMP 指令，试问它向高地址方向跳转有无余地？

解　AJMP 指令执行过程中，要求 PC 值的高 5 位不能发生变化。但是在执行本例的AJMP 指令时 PC 内容已经等于是 07FFH，若向高地址跳转就到 0800H 以后了，这样高 5位地址就要发生变化，这是不允许的。换言之，07FFH 是第 0 个 2KB 页面中的最后一个字节，因此从这里往高地址方向再无 AJMP 跳转的余地了。

上述表明，笼统地谈 AJMP 的跳转范围为 2KB 是不确切的，而应当说 AJMP 跳转的目的地址必须与 AJMP 后面一条指令位于同一个 2KB 页面范围之内。

（2）相对量转移指令

指令编码

SJMP rel ; 10000000 相对地址

这也是一条无条件跳转指令，执行时先将 PC 加"2"，然后把指令的有符号的位移植加到 PC 上，并计算出转向地址。因此，转向的目标地址只可以在这条指令的前 128 个字节和后 127 个字节之间。

例如，若在 0123H 单元存放着指令"AJMP 45H"，则目标地址为 0123H＋45H＝0168H，若指令为"SJMP 0F2H"，则目标地址为 0123H－0EH＝0114H。

自跳转指令 SJMP $ 的偏移量的计算。因为该条指令的长度为 2 个字节，自跳转只需从下一条指令的地址减"2"即可，所以 rel＝－2，它的 8 位补码为 0FEH，故此指令的机器码为 80FEH。

（3）长跳转指令

指令编码

LJMP addr16 ; 0000010 A15 … A8 A7 … A0

这是 64KB 范围内的无条件跳转指令。该指令在运行时把指令的第二位和第三个字节分别装入 PC 的高位和低位字节中，无条件地转移到指定的地址，不影响任何标志。

（4）基址寄存器加变址寄存器间接转移指令（散转指令）

指令编码

JMP @A+DPTR ; 01110011

这条指令的功能是把累加器 A 中的 8 位无符号数与数据指针 DPTR 的 16 位数相加（模 2^{16}），结果作为下一条指令的地址送入 PC，不改变累加器和数据指针内容，也不影响标志位。利用这条指令能够实现程序的散转。

【例 3.20】　要求当（A）＝00H 时，程序散转到 KEY0；当（A）＝01H 时，散转到

KEY1 等。

解　据题意程序如下。

```
        CLR   C                 ; 清进位位
        RLC   A                 ; 累加器内容乘 2
        MOV   DPTR, ♯TABLE
        JMP   @A+DPTR
        ...
TABLE: AJMP KEY0
       AJMP KEY1
       AJMP KEY2
       ...
```

2. 条件转移指令

条件转移指令是依据某种特定条件转移的指令。条件满足则转移（相当于一条相对转移指令），条件不满足时则顺序执行下面的指令。目的地址限制在以下一条指令的起始地址为中心的 256 个字节中（-128～127）。当条件满足时，把 PC 加到指向下一条指令的第一个字节地址，再把有符号的相对偏移量加到 PC 上，计算出转向地址。

（1）测试条件符合转移指令

		指令编码		转移条件
JZ	rel	; 01100000	相对地址 rel	(A)=0
JNZ	rel	; 01110000	相对地址 rel	(A)≠0
JC	rel	; 01000000	相对地址 rel	CY=1
JNC	rel	; 01010000	相对地址 rel	CY=0
JB	bit, rel	; 00100000	位地址　相对地址 rel	(bit)=1
JNB	bit, rel	; 00110000	位地址　相对地址 rel	(bit)=0
JBC	bit, rel	; 00010000	位地址　相对地址 rel	(bit)=1

这组条件转移指令的功能如下。

* JZ——如果累加器 A 为零，则执行转移；
* JNZ——如果累加器 A 不为零，则执行转移；
* JC——如果进位标志 CY 为 1，则执行转移；
* JNC——如果进位标志 CY 为 0，则执行转移；
* JB——如果直接寻址的位的值为 1，则执行转移；
* JNB——如果直接寻址的位的值为 0，则执行转移；
* JBC——如果直接寻址的位的值为 1，则执行转移，然后将直接寻址的位清零。

在短转移和条件转移中，用偏移量 rel 和转移指令所处的地址值为计算转移的目的地址。rel 是 1 字节码值，如果 rel 是正数的补码，程序往前转移；如果 rel 是负数的补码，程序往回转移。

下面介绍计算 rel 大小的方法。设本条件转移指令的首地址 YY 为源地址，指令字节数 ZZ 为 2 字节或 3 字节，要转移到的地址 M 为目的地址，这三者之间的关系为

$$M = YY + ZZ + rel_{补}$$

于是

$$rel = (M - YY - ZZ)_{补}$$

这就是在已知源地址、目的地址和指令的长度时，计算 rel 大小的公式。

【例 3.21】　一条短转移指令"SJMP rel"的首地址为 2010H 单元。求：①转移到目的地址为 2020H 单元的 rel；②转移到目的地址为 2000H 单元的 rel。

解　"SJMP rel"是 2 字节指令，故 ZZ＝2，则由题意知，YY＝2010H。所以

① rel＝(2020H－2010H－2)$_{补}$＝(0EH)$_{补}$＝0EH

② rel＝(2000H－2010H－2)$_{补}$＝(－12H)$_{补}$＝0EEH

在①中，rel 是正数的补码，所以实现了向前(地址增大)方向的转移。在②中，rel 是负数的补码，所以实现了向回(地址减小)方向的转移。

(2) 比较不等偏移指令

指令编码

```
CJNE A, dircet, rel   ; 10110101  直接地址   相对地址
CJNE A, #data, rel    ; 10110100  立即数     相对地址
CJNE Rn, #data, rel   ; 10111rrr  立即数     相对地址
CJNE @Ri, #data, rel  ; 10110111  立即数     相对地址
```

这组指令的功能是比较两个操作数的大小，如果它们的值不相等则转移。在 PC 加到下一条指令的起始地址后，通过把指令的最后一个字节的有符号数的相对偏移量加到 PC 上，并计算出转向地址，如果第一操作数(无符号整数)小于第二操作数，则置位进位标志 CY，否则 CY 清零，不影响任何一个操作数的内容。操作数有寄存器寻址、直接寻址、寄存器间接寻址和立即寻址等寻址方式。

【例 3.22】　已知内部 RAM 的 M1 和 M2 单元中各有一个无符号 8 位二进制数，试编程比较它们的大小，并把大数送到 MAX 单元。

解　相应程序如下。

```
        MOV A, M1           ; A←(M1)
        CJNE A, M2, LOOP    ; 若A≠(M2)，则 LOOP，形成 CY 标志
LOOP:   JNC LOOP1           ; 若A≥(M2)，则 LOOP1
        MOV  A, M2          ; 若A＜(M2)，则 A←(M2)
LOOP1:  MOV MAX, A          ; 大数 MAX
        RET                 ; 返回
```

（3）"减 1 不等于 0" 转移指令

　　　　　　　　　　　指令编码

DJNZ　Rn, rel　　　　; 11011rrr　相对地址　n=0~7
DJNZ　direct, rel　; 11010101　直接地址　相对地址

　　这组指令的功能是把源操作数减"1"，结果送回源操作数中，结果不为 0 则转移。源操作数有寄存器寻址和直接寻址。这组指令允许用户把内部 RAM 单元用作程序循环计数器。

　　例如，以下的延时程序。

　　　　　　　MOV 50H, ♯0FFH　; 50H←0FFH
　　　　DELAY: DJNZ 50H, DELAY　;重复执行 0FFH 次，即 255 次

3. 调用和返回指令

（1）短调用指令

　　　　　　　　　　指令编码

ACALL addr11 ; A10 A9 A8 10001 A7 A6 A5 A4 A3 A2 A1 A0

　　这条指令无条件地调用首地址由 A10~A0 所指的子程序，执行时把 PC 加"2"以获得下一条指令的地址，把 16 的地址压入堆栈(先低位后高位)，栈指针加 2，并把 PC 的高 5 位和指令第一字节的高 3 位及第二字节相连(PC15 PC14 PC13 PC12 PC11 A10 A9 A8 A7 A6 A5 A4 A3 A2 A1 A0)，以获得到子程序的起始地址，并将它送入 PC。因此所调用的子程序的起始地址必须和该指令的下一个指令的第一个字节在同一个 2KB 页面内的程序存储器中。

　　　　　　$PC \leftarrow (PC)+2$, $SP \leftarrow (SP)+1$
　　　　　　$(SP) \leftarrow (PC)_{7-0}$, $SP \leftarrow (SP)+1$
　　　　　　$(SP) \leftarrow (PC)_{15-8}$, $PC_{10-0} \leftarrow addr11$

（2）长调用指令

　　　　　　　　　　指令编码

LCALL addr16　　; 00010010　A15~A8　A7~A0

　　这条指令无条件地调用位于指定地址的子程序，该指令在运行时先把 PC 加"3"获得下条指令的地址，并把它压入堆栈(先低位后高位)，栈指针加"2"。接着把指令的第二字节和第三字节分别装入 PC 的高位字节和低位字节，然后将从该地址开始执行程序。LCALL 指令可以调用 64KB 范围内程序存储器中的任何一个子程序，执行后不影响任何标志。

　　　　　　$PC \leftarrow (PC)+3$, $SP \leftarrow (SP)+1$
　　　　　　$(SP) \leftarrow (PC)_{7-0}$, $SP \leftarrow (SP)+1$

$$(SP) \leftarrow (PC)_{15-8}, \quad PC_{15-0} \leftarrow addr16$$

(3) 返回指令

从子程序返回指令如下。

     指令编码

  RET ; 00100010

这条指令的功能是从堆栈中退出 PC 的高位字节和低位字节，同时把栈指针减 "2"，并从产生的 PC 值开始执行程序，不影响任何标志。

$$PC_{15-8} \leftarrow ((SP)), \quad SP \leftarrow (SP)-1$$
$$PC_{7-0} \leftarrow ((SP)), \quad SP \leftarrow (SP)-1$$

从中断返回指令为

     指令编码

  RETI ; 00110010

这条指令除了执行 RET 指令的功能外，还清除内部相应的中断状态寄存器（该触发器由 CPU 响应中断时置位，指示 CPU 当前是否在处理高级或低级中断），因此中断服务子程序必须以 RETI 为结束指令。需要注意的是：CPU 在执行 RETI 指令后至少要再执行一条指令，才响应新的中断。此特性常被用做单步执行程序。

$$PC_{15-8} \leftarrow ((SP)), \quad SP \leftarrow (SP)-1$$
$$PC_{7-0} \leftarrow ((SP)), \quad SP \leftarrow (SP)-1$$

(4) 空操作指令

     指令编码

  NOP ; 00000000

该指令在延时等待程序中用于延长一个机器周期的时间而不影响其他任何状态。

表 3-6 给出了控制转移类的各种指令。

表 3-6 控制转移类指令一览表

助　记　符	功　能　说　明	字节数	振荡器周期
LJMP addr16	长转移	3	24
AJMP addr11	绝对转移	2	24
SJMP rel	短转移（相对偏移）	2	24
JMP @A+DPTR	相对 DPTR 的间接转移	1	24
JZ rel	累加器为零则转移	2	24
JNZ rel	累加器为非零则转移	2	24
CJNE A，direct，rel	比较直接寻址字节和 A 不相等则转移	3	24

续表

助 记 符	功 能 说 明	字节数	振荡器周期
CJNE A，#data，rel	比较立即数和 A 不相等则转移	3	24
CJNE Rn，#data，rel	比较立即数和寄存器不相等则转移	3	24
CJNE @Ri，#data，rel	比较立即数和间接寻址 RAM 不相等则转移	3	24
DJNZ Rn，rel	寄存器减"1"不为零则转移	2	24
DJNZ direct，rel	直接寻址字节减"1"不为零则转移	3	24
ACALL addr11	绝对调用子程序	2	24
LCALL addr16	长调用子程序	3	24
RET	从子程序返回	1	24
RETI	从中断返回	1	24
NOP	空操作	1	12

3.3.5 位操作指令

在 MCS-51 系列单片机内有一个布尔处理器，它以进位位 CY（程序状态字 PSW.7）作为累加器 C，以 RAM 和 SFR 内的位寻址区的位单元作为操作数，进行位变量的传送、修改和逻辑等操作。

1. 位变量传送指令

```
                      指令编码
        MOV C, bit    ; 10100010   位地址
        MOV bit, C    ; 10010010   位地址
```

这组指令的功能是将源操作数指出的位变量送到目的操作数的位单元中去。其中一个操作数必须是位累加器 C，另一个可以是任何直接寻址的位。也就是说，位变量的传送必须经过 C 进行。

【例 3.23】 试编程把 56H 位中的内容和 78H 位中的内容相交换。

解 为了实现 56H 和 78H 位地址单元中内容变换，可以采用 00H 位作为暂存寄存器位，相应程序如下。

```
        MOV C, 56H    ; C←(56H)
        MOV 00H, C    ; 暂存于 00H
        MOV C, 78H    ; C←(78H)
        MOV 56H, C    ; 存入 56H 位
        MOV C, 00H    ; 56H 位的原内容送 C
        MOV 78H, C    ; 存入 78H 位
```

在程序中，00H、56H 和 78H 均为位地址。其中，00H 是指 20H 单元中最低位，56H 是指 2AH 单元中它的次高位，78H 是 2FH 单元中的最低位。

2. 位变量修改指令

```
            指令编码
CLR C    ; 11000011
CLR bit  ; 10000101  位地址
CPL C    ; 10110011
CPL bit  ; 10110011  位地址
SETB C   ; 11010011
SETB bit ; 11010010  位地址
```

这组指令将操作数指出的位清零 CLR、置 "1" SETB 和取反 CPL，不影响其他标志。

3. 位变量逻辑操作指令

(1) 位变量逻辑与指令

```
         指令编码
ANL C, bit  ; 10000010  位地址
ANL C, /bit ; 10110000  位地址
```

这组指令的功能是：如果源操作数的逻辑值为 "0"，则进位标志清零，否则进位标志保持不变。操作数前的 "/" 表示用寻址位的逻辑非作源值，并不影响操作数本身值，不影响其他标志值。源操作数只有直接寻址方式。

(2) 位变量逻辑或指令

```
         指令编码
ORL C, bit  ; 01110010  位地址
ORL C, /bit ; 01110010  位地址
```

这组指令的功能是：如果源操作数的逻辑值为 1，则进位标志置位，否则进位标志保持不变。操作数前的 "/" 表示用寻址位的逻辑非作源值，并不影响操作数本身值，不影响其他标志值。源操作数只有直接寻址方式。

例如，使用位操作指令实现选择当前寄存器工作区为 2 区，程序如下。

```
CLR RS0  ; RS0←0
SETB RS1 ; RS1←1
```

使用这种方法可达到灵活切换工作区的目的。

这类指令与位累加器 C 和可位寻址位构成了一个完整的位处理机，大大增强了 MCS-51 单片机的位处理功能。

【**例 3.24**】　用单片机来实现图 3-13 所示的电路的逻辑功能。

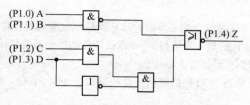

图 3-13　用位处理实现的逻辑电路

　　解　为了使逻辑问题适合用单片机来处理，先选择一些端口位作为输入逻辑变量和输出逻辑变量。

　　设 P1.0＝A，P1.1＝B，P1.2＝C，P1.3＝D，P1.4＝Z，程序如下。

```
MOV C, P1.0      ；读入变量 A
ANL C, P1.1      ；和 B 相与
CPL C            ；将 A 与 B 取反
MOV 00H, C       ；保存中间运算结果到 00H
MOV C, P1.2      ；读入变量 C
ANL C, P1.3      ；和 D 相与

ANL C, /P1.3     ；再和 D 的非相与
ORL C, 00H       ；再和将 A 与 B 取反的值相或
CPL C            ；结果取反
MOV P1.4, C      ；输出运算结果
```

习题

1. 什么是指令系统？MCS - 51 单片机共有多少种指令？
2. 什么是寻址方式？MCS - 51 单片机有哪几种寻址方式？
3. 指出下列指令中画线的操作数的寻址方式？

```
MOV R0, #55H
MOV A, 2AH
MOV A, @R1
MOV @R0, A
DIV A, B
ADD A, R7
MOVX A, @DPTR
MOV DPTR, #0123H
```

```
MOVC A, @A+DPTR
INC DPTR
```

5. 试说明 CJNE、JNB、JB 这类指令的字节数，这几条指令可实现的转移范围有多大？为什么？

6. 请把 MCS‑51 系列单片机的指令系统与 8086 微处理器的指令系统作比较，分析各自的长处。

7. 为什么要进行十进制调整？调整方法是什么？

8. 编程实现两个一字节压缩型 BCD 码的减法。设被减数地址在 R0 中，减数地址在 R1 中，差仍存于被减数地址单元中。

9. 把片外数据存储器 8000H 单元中的数据读到累加器中，应用哪几条指令？

10. 已知内部 RAM 中，(A)＝35H，(R0)＝6FH，(P1)＝0FCH，(SP)＝0C0H。

    分别写出下列各条指令的执行结果。

    (1) MOV R0, A 　　 ; _____

    (2) MOV @R0, A 　　 ; _____

    (3) MOV A, #90H 　 ; _____

    (4) MOV A, 90H 　　 ; _____

    (5) MOV 80H, #81H ; _____

    (6) MOVX @R0, A 　 ; _____

    (7) PUSH A 　　　 ; _____

    (8) SWAP A 　　　 ; _____

    (9) XCH A, R0 　　 ; _____

11. 设 C＝0，A＝66H，请指出下列程序段的执行路线。

```
        JC L1
        CPL C
L1: JC L2
        ...
L2: JB ACC.0, L3
        SETB ACC.0
L3: JNB ACC.3, L4
        CLR ACC.3
L4: JBC ACC.7, L8
        ...
L8:
```

12. 说明下段程序执行过程中，SP 的内容及堆栈中的内容的改变过程。

```
        MOV SP, #20H
        MOV A , #20H
        MOV B, #30H
        PUSH ACC
        PUSH B
```

```
        POP ACC
        POP B
```

13. 试编写一段程序，将累加器 A 的高 4 位由 P1 口的高 4 位输出，P1 口低 4 位保持不变。

14. 试编写一段程序，将 P1 口的高 5 位置位，低 3 位不变。

15. 试编写一段程序，将累加器 A 中的负数转换为其补码。

16. 试编写一段程序，将 R3、R2 中的双字节负数转换成补码。

17. 试编写一段程序，将 R2 中的各位倒序排列后送入 R3 中。

18. 试编写一段程序，将 R2 中的数乘 4(用移位指令)。

第 4 章　汇编语言及程序设计

　　提要　本章主要介绍 MCS-51 单片机的汇编语言和一些常用的汇编语言程序设计方法，并列举一些具有代表性的汇编语言程序实例。通过对程序的设计、调试和完成，可以加深对指令系统的了解和掌握，这是学好单片机的基础。

　　上一章介绍了 MCS-51 单片机的指令系统，这些指令只有按工作要求有序地编排为一段完整的程序，才能起到一定的作用，完成某一特定的任务，这些程序称为汇编语言源程序。MCS-51 单片机的汇编语言与其他微处理器一样，是以助记符的形式书写的程序语言。一条完整的汇编语言指令通常由标号、操作码、操作数和注释组成。伪指令为程序提供了必要的信息与参数。用户编制的源程序必须通过汇编后才能生成机器可以执行的目标程序。

4.1　汇编语言及格式

　　计算机能识别的是用二进制表示的指令，它们被称为代码指令或机器码。机器码虽然能被计算机直接识别，但在书写、阅读、记忆上都很困难，用它来编写程序也很不便。为了解决这一问题，人们用英文字母来代替机器码，这些英文字母称为助记符。汇编语言是用助记符来表示指令的一种计算机语言，它由汇编语句组成，这些语句在书写上有一定的要求，这就是汇编语句的结构。通常把用汇编语言编写的程序称为汇编语言源程序，而把可在计算机上直接运行的机器语言程序称为目标程序。由汇编语言源程序"翻译"为机器语言目标程序的过程称为"汇编"。

4.1.1　汇编语言的特点

　　汇编语言具有如下特点。

　　① 助记符指令和机器指令一一对应。用汇编语言编写的程序效率高，占用存储空间小，运行速度快，而且能反映计算机的实际运行情况。因此，汇编语言能编写出最优化的程序。

　　② 汇编语言编程比高级语言困难。因为汇编语言是面向计算机的，程序设计人员必须对计算机硬件有较深入的了解，才能使用汇编语言编写程序。

　　③ 汇编语言能直接和存储器及接口电路打交道，也能处理中断。汇编语言程序能直接

管理和控制硬件设备。

④ 汇编语言缺乏通用性，程序不易移植。各种计算机都有自己的汇编语言，不同计算机的汇编语言之间不能通用。但是掌握一种计算机的汇编语言，有助于学习其他计算机的汇编语言。

4.1.2 汇编语言的语句格式

各种汇编语言的语法规则是基本相同的，且具有相同的语句格式。下面结合 MCS - 51 汇编语言作具体说明。汇编语言由汇编语句组成，汇编语句在书写的时候，应符合下列结构。

$$［标号：］操作码 ［操作数］［；注释］$$

汇编语言语句的说明如下。

① 汇编语言语句由标号、操作码、操作数、注释 4 部分组成。其中，标号和注释部分可以没有，甚至某些指令的操作数也可没有（如 NOP、RET 等语句）。

② 标号位于语句的开始，由以字母开头的字母和数字组成，它代表该语句的地址。标号与指令间要用冒号"："分开，标号与"："间不能有空格，"："与操作码之间可以有空格。

③ 操作码是指令的助记符，操作数在操作码之后，二者用空格分开。操作数可以是数据，也可以是地址。有多个操作数时，操作数间用逗号分开。

指令中的数据可以是十进制、十六进制、二进制、八进制数和字符串。具体格式如下。

- 十进制数以 D 结尾（可以省略），如 45D 或 45；
- 十六进制数以 H 结尾，如 57H，如果数据以 A～F 开头，其前必须加数字 0，如 ♯0A3H；
- 二进制数以 B 结尾，如 11100011B；
- 八进制数以 O 或 Q 结尾，如 89O 或 89Q；
- 字符串用 ' ' 或 " " 表示，如 'M' 表示字符 M 的 ASCII 码。

④ 注释在语句的最后，以"；"开始，是说明性的文字，与语句的具体功能无关。

例如，语句

```
START: MOV A, #00H  ；将 A 清零
```

在这条指令中，START 为标号，表示该指令的地址；MOV 为操作码，表示指令的功能为数据传送；A 和♯00H 为操作数；将 A 清零为注释，用于说明这条语句的功能。注释内容不参与程序的汇编。

4.1.3 伪指令

伪指令不产生相对应的操作码，但在汇编程序将汇编语言源程序汇编成目标程序时，伪

指令起协助汇编的作用。伪指令用于规定程序地址、建立数据表格等操作。常用的伪指令有以下 6 种。

1. 设置起始地址伪指令 ORG(Origin)

ORG 起始地址

其中，ORG 是该伪指令的操作码助记符，操作数即起始地址应在 64K 的范围内，前者表明为后续源程序经汇编后的目标程序安排存放位置，后者则给出了存放的起始地址值。ORG 伪指令总是出现在每段源程序或数据块的开始，可以使程序、子程序或数据块存放在存储器的任何位置。若在源程序开始处不放 ORG 指令，则汇编将从 0000H 单元开始编排目标程序。ORG 定义空间地址应由小到大，且不能重叠。

【例 4.1】 将目标程序从 2000H 单元开始存放。

解 程序如下。

```
ORG 2000H
    MOV A, 20H
    ...
```

2. 定义字节伪指令 DB(Define Byte)

〈标号:〉DB〈项或项表〉

其中，项或项表是指一个字节、数、字符串或以引号括起来的 ASCII 码字符串（一个字符用 ASCII 码表示，就相当于一个字节）。该指令的功能是把项或项表的数值存入从标号开始的连续单元中。

注意：作为操作数部分的项或项表，若为数值，其取值范围应为 00～0FFH；若为字符串，其长度一般应限制在 80 个字符内。

【例 4.2】 下列伪指令汇编后，存储器相应地址里的内容是什么？

```
    ORG 8000H
SUJU: DB 09, 12H, 'A'
ZIFU: 'ABC'
```

解 存储器相应地址里的内容如下。

```
(8000H)=09H
(8001H)=12H
(8002H)=41H
(8003H)=41H
(8004H)=42H
(8005H)=43H
```

3. 定义字伪指令 DW(Define Word)

〈标号：〉DW〈项或项表〉

DW 的基本含义与 DB 相同，不同的是 DW 定义 16 位数据，常用来建立地址表，16 位数据的高 8 位存低地址，低 8 位存高地址。

【例 4.3】　下面 DW 伪指令汇编后，9000H～9003H 地址里的内容是多少？

```
9000H: DW 5566H, 88H
```

解　9000H～9003H 地址里的内容如下。

(9000H)=55H

(9001H)=66H

(9002H)=00H

(9003H)=88H

4. 预留存储区伪指令 DS(Define Storage)

〈标号：〉DS〈表达式〉

该指令的功能是由标号指定的单元开始，定义一个存储区，以给程序使用。存储区内预留的存储单元数由表达式的值决定。

【例 4.4】　用伪指令实现从 8000H 单元开始，预留连续 16 个存储单元，然后从 8010H 单元开始，按 DB 命令给内存单元赋值，即(8010H)=11H，(8011H)=22H。

解　程序如下。

```
ORG  8000H
SEG:  DS 16
     DB 11H, 22H
```

5. 为标号赋值伪指令 EQU(Equate)

〈标号：〉EQU 数或汇编符号

其功能是将操作数中的地址或数据赋给标号字段的标号，故又称为等值指令。
例如

```
MAN EQU R7    ; MAN 与 R7 等值
DOOR EQU P1    ; DOOR 定义为 P1 口
MOV DOOR, MAN ; 将 MAN 送入 DOOR，即 R7 送入 P1 口
```

6. 数据地址赋值伪指令 DATA

〈标号：〉DATA　数或表达式

DATA 命令的功能和 EQU 类似，但有以下差别。

① 用 DATA 定义的标识符汇编时作为标号登记在符号表中，所以可以先使用后定义；而 EQU 定义的标识符必须先定义后使用。

② 用 EQU 可以把一个汇编符号赋给字符名，而 DATA 只能把数据赋给字符名。

③ DATA 可以把一个表达式赋给字符名，只要表达式是可求值的。

④ DATA 常在程序中用来定义数据地址。

例如

　　　　ATHENS: DATA 2004H;
　　　　汇编后 ATHENS 的值为 2004H。

7. 位地址符号伪指令 BIT

字符名　BIT　位地址

其功能是把位地址赋给字符名称。

例如，

　　　　LED　BIT P1.7;
则汇编后，位地址 P1.7 赋给变量 LED。

8. 源程序结束伪指令 END

〈标号：〉END　〈表达式〉

END 命令通知汇编程序结束汇编。在 END 之后，所有的汇编语言指令均不予以处理，如果没有这条指令，汇编程序通常会给出"警告"提示。

4.1.4　汇编语言程序的汇编

1. 汇编的方法

汇编的方法一般有两种：一种是机器汇编，另一种是人工汇编。

机器汇编是将汇编程序输入开发用计算机后，由汇编程序译成机器码。汇编后对机器码进行下载和仿真调试。机器汇编对程序进行修改十分容易，这是目前最常用的方法。用户可以不知道机器码是什么，就能将源程序调试好。

人工汇编是将源程序由人工查表来译成目标程序。对大部分源程序，总是会有些转移控制操作。对于这样的程序，可以用两次汇编的方法来进行人工汇编。第一次汇编查出各条指令的机器码，并根据初始地址和各条指令的字节数，确定每条指令的所在地址。对于源程序中出现的各种编号，则仍采用原来的符号暂不处理。对于各种符号的名称由于已经明确定义了它们的值，故可以用已定义的值来代替。第二次汇编只需确定指令码中各个标号的具体数值。

2. 汇编语言程序设计特点

用汇编语言进行程序设计与使用高级语言进行程序设计过程是类似的，同样需要按分析问题、确定算法、设计流程图和编写程序的步骤来进行。但是，汇编语言程序设计也有自己的特点。

① 汇编程序设计时，设计者要对数据的存放、寄存器和工作单元的使用做出计划安排。

② 汇编语言程序设计要求设计人员必须对所使用的计算机的硬件结构有较为详细的了解，尤其对寄存器、I/O 端口、中断系统等硬件部件有深入了解，这样才能够在程序设计中正确使用。

③ 汇编语言程序设计的技巧性较高，也比较烦琐，且有软硬件结合的特点。

4.2　汇编语言程序设计

4.2.1　汇编语言程序设计的基本步骤

使用程序设计语言编写程序的过程称为程序设计。在程序设计过程中，应在完成规定功能的前提下，根据实际问题和所使用计算机的特点来确定算法，然后按照尽可能节省数据存放单元、缩短程序长度和加快运算时间 3 个原则编制程序。同时，在程序设计时要按照规定的步骤进行。

程序设计步骤如下。

① 分析问题，确定算法和解题思路。

② 根据算法和解题思路确定出运算步骤和顺序，把运算过程画成框图。

③ 确定数据、工作单元的数量，分配寄存器和存储单元。

④ 根据流程图编写程序。

⑤ 程序调试，找出错误并更正；再调试，直至通过。

⑥ 编写相关说明。

4.2.2　程序的基本结构

由于所处理的问题不同，不同程序的结构也就不尽相同。但是，结构化程序的基本结构只有 3 种，即顺序结构、分支结构、循环结构。任何复杂的程序都可以用上述 3 种结构来表示。3 种基本结构的流程图如图 4-1 所示。

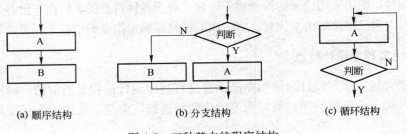

(a) 顺序结构　　　　　　　(b) 分支结构　　　　　　　(c) 循环结构

图 4-1　三种基本的程序结构

1. 程序流程图

真正的程序设计过程应该是流程图的设计，上机编程只是将设计好的程序流程图转换成程序设计语言而已。程序流程图与对应的源程序是等效的，但给人的感觉是不同的。源程序是一维指令流，而流程图是二维的平面图形。在表达逻辑策略时，二维图形要比一维的指令流直观明了，因而更有利于查错和修改。多花一些时间设计程序流程图，可以节约几倍的源程序编辑调试时间。

2. 程序流程图的画法

流程图的画法是先粗后细，只考虑逻辑结构和算法，不考虑或者少考虑具体指令，这样画流程图时就可以集中精力考虑程序的结构，从根本上保证程序的合理性和可靠性。余下的工作是进行指令代换。这样就很容易编出源程序，而且很少大返工。

流程图中经常使用的几种符号如下。

端点符号——"▭"，表示程序的开始或结束。

处理符号——"□"，表示处理过程。

判断符号——"◇"，表示判断。

4.2.3　简单程序设计

简单程序是指程序中没有使用转移类指令的程序段，机器执行这类程序时也只需按照先后顺序依次执行，中间不会有任何分支、循环，也无调用子程序发生，故又称为无分支程序，有时也称为顺序程序。在这类程序中，大量使用了数据传送指令，程序的结构也比较简单，但能解决某些实际问题或可以成为复杂程序的某个组成部分。现以具体程序实例加以说明。

【例 4.5】　拆字程序。将内部数据存储器 50H 单元中的一个 8 位二进制数拆开，分成两个 4 位数，高 4 位存入 61H 单元，低 4 位存入 60H 单元，60H、61H 单元的高 4 位清零。

解　程序如下。

```
        ORG   8000H
CZCX:   MOV   R0, #50H    ;设源数据指针为 R0
        MOV   R1, #60H    ;设目的数据指针为 R1
        MOV   A, @R0      ;取要拆的数
        ANL   A, #0FH     ;高 4 位清零，拆出低 4 位
        MOV   @R1, A      ;存低 4 位
        INC   R1          ;调整目的地址指针
        MOV   A, @R0      ;重新取数
        ANL   A, #0F0H    ;低 4 位清零，拆出高 4 位
        SWAP  A           ;移到低 4 位
        MOV   @R1, A      ;存结果
        SJMP  $           ;停机
```

【例 4.6】　将一个单字节十六进制数转换成 BCD 码。

解　算法分析。单字节十六进制数在 0~255 之间，将其除以 100 后，商为百位数；余数除以 10，商为十位数，余数为个位数。

设单字节数存在 56H，转换后，百位数存放于 R0 中，十位存放于 R1 中，个位数存在 R2 中。具体程序如下。

```
        ORG 4000H
        MOV   A, 56H      ;将单字节数存入 A 中
        MOV   B, #100     ;分离出百位数
        DIV   AB          ;商为百位数
        MOV   R0, A       ;百位数送 R0，余数在 B 中
        XCH   A, B        ;余数送 A
        MOV   B, #10      ;分离出十位和个位
        DIV   AB          ;商为十位数
        MOV   R1, A       ;十位数存入 R1
        MOV   R2, B       ;个位数存入 R2
        SJMP  $           ;暂停
```

4.2.4　分支程序设计

分支程序的特点是程序中含有转移指令。由于转移指令有无条件转移和条件转移之分，因此分支程序也可以分为无条件分支程序和条件分支程序两类。无条件分支程序中含有无条

件转移指令，这类程序十分简单；条件分支程序中含有条件转移指令，这类程序较为普遍，是讨论的重点。

条件分支程序体现了计算机执行程序时的分析判断能力：若某种条件满足，则机器就转移到另一分支上执行程序；若条件不满足，则机器就按原程序继续执行。在 MCS‐51 中，条件转移指令共有 13 条，分为累加器 A 判零条件转移、比较条件转移、减 1 条件转移和位控制条件转移 4 类。因此，MCS‐51 汇编语言源程序的分支程序设计实际上就是如何正确运用这 13 条条件转移指令来进行编程的问题。

分支结构程序可分为单分支程序和多分支程序。

1. 单分支程序

单分支程序是只使用一次条件转移指令的分支程序。

【例 4.7】　一位十六进制数转换为 ASCII 码。设十六进制数在 A 中（A 中的高 4 为 0），转换结果仍存在于 A 中。

解　算法分析。程序中的转换原则是十六进制的 0 至 9，加 30H 即转换为 ASCII，0AH 至 0FH 要加 37H 才能转换为 ASCII 码。具体程序如下。

```
        CJNE A, #10, NO10    ; 等于 10 吗？
NO10:   JC LT10              ; C=1 即 < 10 转移
        ADD A, #07H          ; ≥10，先加 7
LT10:   ADD A, #30H          ; 加 30H
        SJMP $
```

2. 三路分支结构

【例 4.8】　符号函数

$$y=\begin{cases} 1, & x>0 \\ 0, & x=0 \\ -1, & x<0 \end{cases}$$

设其中 x 的值存放于 35H 单元，y 值存于 36H 单元，编程求解此函数。

解　算法分析。由于没有带符号的比较指令，只能按正数比较，即等于 0；1～7FH 为正数；80H～0FFH 为负数。符号函数分支流程图如图 4-2 所示。

```
ORG 8000H
FHHS: MOV A, 35H          ; 取数
      CJNE A, #0, NEQ0    ; ≠0 转移
      MOV A, #00H         ; (A)=0
      SJMP OK
NEQ0: CJNE A, #7FH, ISZF  ; 1～7FH 为正数转移
```

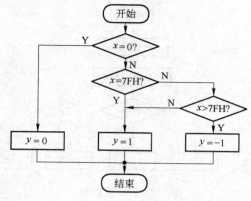

图 4-2　符号函数分支流程图

```
        SJMP GT0            ; 7FH 为正数
ISZF: JNC LT0               ; (A)>7FH 为负数
GT0: MOV A, #01H            ; (A)=1
        SJMP OK
LT0: MOV A, #0FFH           ; (A)=-1 补码
OK: MOV 36H, A              ; 存结果
        SJMP S
```

3. 多种分支结构

在多分支程序中，因为可能的分支会有 N 个，若采用多条"CJNE"指令逐次比较，程序的执行效率会低很多，特别是分支较多时。这时，一般采用跳转表的方法，利用基址寄存器加变址寄存器间接转移指令"JMP @A+DPTR"，可以根据累加器 A 的内容实现多路分支。这类程序又称为散转程序，如图 4-3 所示。

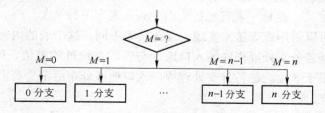

图 4-3　多分支程序转移

【例 4.9】　假设累加器 A 中内容为 0～4，编程实现根据累加器 A 的内容实现不同的处理。

解　程序流程图如图 4-4 所示。

程序清单如下。

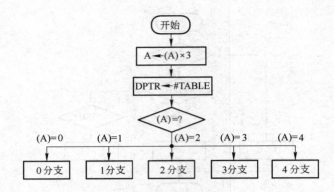

图 4-4　程序流程图

```
START: MOV R0, A        ; 将 A 送 R0
       ADD A, R0        ; A ← (A)×2
       ADD A, R0        ; A ← (A)×3
       MOV DPTR, #TABLE ; 转移表首地址送 DPTR
       JMP @A+DPTR      ; 散转相应分支入口
TABLE: LJMP  FZ0        ; 转向应分 0 的处理入口
       LJMP  FZ1        ; 转向应分 1 的处理入口
       LJMP  FZ2        ; 转向应分 2 的处理入口
       LJMP  FZ3        ; 转向应分 3 的处理入口
       LJMP  FZ4        ; 转向应分 4 的处理入口
```

由于每条长跳转指令"LJMP"要占用 3 个程序存储器单元，所以在此程序中，首先将累加器 A 中的内容置为原来的 3 倍，然后通过"JMP @A+DPTR"指令实现散转，程序中的 FZ0～FZ4 为与 0～4 对应的各处理程序的入口地址。使用散转指令，根据 X 的内容($X=$ 0，1，…)进行程序散转的地址表达式为

$$地址＝表首地址＋表中每元素字节数×X$$

上面的例子还可以采用查表法来实现。与跳转表不同，这个表的内容不是跳转指令，而是地址的偏移量，即各分支处理程序的入口地址与表的基地址的差值，因此也称为差值表。由于表内的差值只限于 8 位，使各分支处理程序入口地址分布范围受到影响。这种方法只能实现少于 255 的分支。

```
       MOV DPTR, #BJTAB ; 设表基地址
       MOVC A, @A+DPTR  ; A 的内容为分支号，查差值表
       JMP @A+DPTR      ; 计算实际地址，跳转
BJTAB: DB FZ0-BJTAB     ; 分支 0 处理程序入口地址—表基地址的差值
       DB FZ1-BJTAB     ; 分支 1
       DB FZ2-BJTAB     ; 分支 2
```

```
        DB FZ3-BJTAB        ;分支 3
        DB FZ4-BJTAB        ;分支 4
FZ0:    ...                 ;分支 0 处理程序
        ...
FZ1:    ...                 ;分支 1 处理程序
        ...
FZ2:    ...                 ;分支 2 处理程序
        ...
FZ3:    ...                 ;分支 3 处理程序
        ...
FZ4:    ...                 ;分支 4 处理程序
```

4.2.5 循环程序设计

所谓循环程序是指计算机反复执行某一段程序，这个程序段通常称为循环体。循环是在一定条件控制下进行，以决定是继续循环执行或是结束循环。程序循环是通过条件转移指令进行控制的。

1. 循环程序的结构

循环程序的结构一般包括下面几个部分。

（1）置循环的初值

用于循环过程的工作单元，在循环开始时应置初值。例如，工作寄存器设置计数初值、累加器 A 清零，以及设置地址指针、长度等。置初值是循环程序中一个重要部分。

（2）循环体（循环工作部分）

重复执行的程序段部分可分为循环工作部分和循环控制部分。循环控制部分每循环一次，检查结束条件，当满足条件时，就停止循环，向下继续执行其他程序。

（3）修改控制变量

在循环程序中，必须给出循环结束条件。常见的是计数循环，当循环了一定的次数后，就停止循环。在单片机中，一般用一个工作寄存器 Rn 或内部 RAM 单元作为计数器，给这个计数器赋初值以作为循环次数，每循环一次，令其减"1"，即修改循环控制变量，当计数器减为零时，就停止循环。

（4）循环控制部分

根据循环结束条件，判断是否结束循环。MCS-51 可采用"DJNZ"指令来自动修改控制变量并能结束循环。

上述 4 个部分有两种组织方式，如图 4-5 所示。

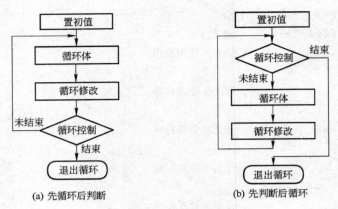

图 4-5　循环组织方式流程图

【例 4.10】　将内部数据 RAM 中 20H～3FH 单元的内容传送到外部数据存储以 2000H 开始的连续单元中去。

解　20H～3FH 共计 32 个单元，需传送 32 次数据。将 R1 作为循环计数器，程序流程图如图 4-6 所示。具体程序如下。

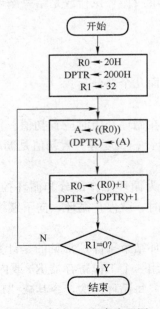

图 4-6　例 4.10 程序流程图

```
START: MOV R0, #20H      ；设置 R0 为内部 RAM 首地址
       MOV DPTR, #2000H  ；设置外部 RAM 首地址
       MOV R1, #32       ；设 R1 为计数器
```

```
LOOP:   MOV A, @R0      ; 取内部 RAM 数
        MOVX @DPTR, A   ; 送外部 RAM
        INC R0          ; 调整内部 RAM 指针, 指向下一个数据
        INC DPTR        ; 调整外部 RAM 指针
        DJNZ R1, LOOP   ; 未完继续
        SJMP $          ; 暂停
```

2. 多重循环程序

如果一个循环中包含了其他的循环程序, 则称该循环程序为多重循环程序。

【例 4.11】　设计 20 ms 延时程序。

解　延时程序与 MCS - 51 指令执行时间有很大的关系。在使用 12 MHz 晶振时, 一个机器周期为 1 μs, 执行一条 "DJNZ" 指令的时间为 2 μs, 20 ms＝2 μs×10 000, 由于 8 位的计数值最大为 256, 这时可用双重循环方法 20 ms＝2 μs×100×100。延时 20 ms 的程序如下。

```
DL20MS: MOV R4, #100    ; 20 ms=2 μs×100×100, 外循环初值=100
DELAY1: MOV R3, #100    ; 内循环初值=100
DELAY2: DJNZ R3, DELAY2 ; 100×2=200=0.2 ms
        DJNZ R4, DELAY1 ; 0.2×100=20 ms
        RET
```

上述程序中, 第 2、4 句要运行 100 次, 100×(1＋2)＝300＝0.3 ms, 该段程序的延时时间约 20.3 ms。若需要延时更长时间, 可采用多重的循环, 如 1 秒延时可用 3 重循环, 而用 7 重循环可延时几年!

【例 4.12】　排序。把片内 RAM 中地址 40H～49H 中的 10 个无符号数逐一比较, 并按从小到大的顺序依次排列在这片单元中。

解　为了把 10 个单元中的数按从小到大的顺序排列, 可从 40H 单元开始, 取前数与后数比较, 如果前数小于后数, 则顺序继续比较下去; 如果前数大于后数则前数和后数交换后再继续比较下去。第一次循环将在最后单元中得到最大的数, 要得到所有数据从小到大的升序排列(冒泡法)需要经过多重循环。程序流程如图 4-7 所示。具体程序如下。

```
START: CLR F0          ; 清除交换标志位 F0
       MOV  R3, #9      ; 十个数据循环次数
       MOV  R0, #40H    ; 数据存放区首址
       MOV A, @R0       ; 取前数
L2:    INC R0
       MOV R2, A        ; 保存前数
       SUBB A, @R0      ; 前数减后数
       MOV A, R2        ; 恢复前数
```

```
        JC L1           ;顺序则继续比较
        SETB F0         ;逆序则建立标志位
        XCH A, @R0      ;前数与后数交换
        DEC R0          ;指向前数单元
        XCH A, @R0
        INC R0          ;仍指向后数单元
L1:     MOV A, @R0      ;取下一个数
        DJNZ R3, L2     ;依次重复比较
        JB F0, START    ;交换后重新比较
        RET
```

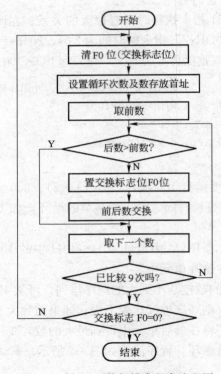

图 4-7　例 4.12 数据排序程序流程图

3. 编写循环程序时应注意的问题

从上面几个例子，不难看出，循环程序的结构大体上是相同的，在编写这类程序时有以下几个问题要注意。

① 在进入循环之前，应合理设置循环初始变量。

② 循环体只能执行有限次，如果无限执行的话，称为"死循环"，应尽量避免。

③ 不能破坏或修改循环体，尤其应避免从循环体外直接跳转到循环体内。

④ 多重循环的嵌套，应当是图 4-8(a)、(b)所示的两种形式，应避免图(c)的情况。由此可见，多重循环是从外层向内层一层层进入，从内层向外层一层层退出。

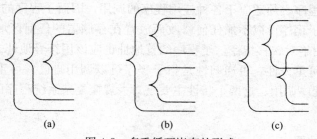

图 4-8　多重循环嵌套的形式

⑤ 循环体内可以直接转移到循环体外或外层循环中，实现一个循环由多个条件控制结束的结构。

⑥ 循环体的编程要仔细推敲，合理安排。对其进行优化时，应主要放在缩短执行时间上，其次是程序的长度。

4.2.6　子程序设计

子程序结构也是汇编语言程序重要的程序组织形式。恰当地使用子程序，可以使整个程序结构清楚，便于阅读和理解，并可减小源程序和机器语言代码的长度。虽然每调用一次子程序都要附加保护断点、现场等操作，增加了程序的执行时间，但从总的方面来说，付出的代价是值得的。

1. 子程序的概念

在一个程序中，往往有许多地方需要执行同样的运算或操作。例如，求各种函数、加、减、乘、除运算、代码转换及延时程序等。这些程序是在程序设计中经常可以用到的。如果编程过程中每遇到这样的操作都编写一段程序，则会使编程工作变得十分烦琐，也会占用大量的程序存储器。通常将这些能完成某种基本操作并具有相同操作的程序段单独编制成子程序，以供不同程序或同一程序反复调用。在程序中需要执行这种操作的地方执行一条调用指令，转到子程序中完成规定操作，并返回原来程序中继续执行下去，这就是所谓的子程序结构。

在程序设计中恰当地使用子程序有如下优点。

① 不必重复书写同样的程序，提高编程效率。

② 编程的逻辑结构简单，便于阅读。

③ 缩短了源程序和目标程序的长度，节省了程序存储器空间。

④ 使程序模块化、通用化，便于交流、共享资源。

⑤ 便于按某种功能调试。

2. 子程序应具备的特性

① 通用性。子程序必须适应于各种应用程序的调用，因而子程序的参数应是可变的。

② 可浮动性。子程序可以不加任何修改而放置在存储器的任何区域。这就要求在子程序设计中应避免使用绝对转移指令，子程序的首地址也应该用符号地址。

③ 可递归性和可重入性。可递归性是指子程序可以调用自己，可重入性是指一个子程序可以同时被多个程序调用。这两个特性主要是对大规模复杂系统程序的要求，对一般应用可不作要求。

3. 调用子程序的要点

（1）子程序结构

用汇编语言编制程序时，要注意以下两个问题。

① 子程序开头的标号区段一定要有一个使用户了解其功能的标志，该标志即子程序的入口地址，以便在主程序中使用绝对调用指令 "ACALL" 或长调用指令 "LCALL" 调用子程序。

② 子程序结尾必须使用一条子程序返回指令 "RET"，它具有恢复主程序断点的功能，以便断点出栈送至 PC，继续执行主程序。一般来说，子程序的调用指令和子程序的返回指令要成对使用。

（2）参数传递

汇编语言程序的子程序结构中，参数的传递要靠程序设计者自己安排数据的存放和工作单元的选择问题。

（3）现场保护

进入子程序后，应注意除了要处理的参数数据和要传递回主程序的参数之外，有关的内部 RAM 单元和工作寄存器的内容，以及各标志的状态都不应因调用子程序而改变，这就存在现场保护问题。方法是：一进入子程序，就将子程序中所使用的或会被改变内容的工作单元的内容压入堆栈；在子程序完成处理将要返回前，把堆栈中的数据弹出到原来对应的工作单元，恢复原来状态，再返回。对于所使用的工作寄存器的保护可用改变工作寄存器组的方法。

（4）子程序接口说明文件

子程序接口说明对子程序结构没有实质的影响，它是一些说明子程序功能的文字，便于程序的使用及程序的调试和修改。一般来说，子程序接口的说明主要包括下面几方面。

① 子程序名称。

② 子程序中所使用的寄存器和工作单元。

③ 入口参数及格式。详细说明各入口参数的意义，若传递的是地址或通过堆栈传递的数据，还应说明在内部 RAM 或堆栈中的参数的格式、顺序、意义等。

④ 出口参数及格式。

⑤ 子程序中所使用的寄存器和工作单元。

⑥ 子程序调用的其他子程序名称。

（5）需要思考和注意的问题

① 能否从一个子程序内部直接跳转到另一个子程序执行。

② 能否使用转移指令从主程序跳到子程序。

③ 能否使用转移指令从子程序跳回主程序。

上述问题，如果从堆栈角度思考，将不难得到正确的结论。

4. 子程序参数传递

子程序调用时，要特别注意主程序与子程序之间的信息交换问题。在调用一个子程序时，主程序应先把有关参数（子程序入口条件）放到某些特定的位置，子程序在运行时，可以从约定的位置得到有关参数。同样子程序结束前，也应把处理结束（出口条件）送到约定位置。返回后，主程序便可以从这些位置得到需要的结果，这就是参数传递。参数传递大致可分为以下几种方法。

（1）子程序无需传递参数

这类子程序所需的参数是子程序赋予的，不需要主程序给出。例如，调用例 4.11 的 20 ms 延时子程序 DL20MS，只要在主程序中用"ACALL DL20MS"指令即可。子程序根本不需要主程序提供入口参数，从进入子程序开始到返回主程序，这个过程 CPU 耗时约 20 ms。

（2）用累加器和工作寄存器传递参数

这种方法要求所需的入口参数，在转入子程序之前将它们存入累加器 A 和工作寄存器 R0～R7 中。在子程序中就用累加器 A 和工作寄存器 R0～R7 中的数据进行操作，返回时，出口参数即操作结果也就存放在累加器 A 和工作寄存器 R0～R7 中。参数传递采用这种方法最直接最简单，而且运算速度高，但是工作寄存器数量有限，不能传递更多的参数。

【例 4.13】　通过调用子程序实现延时 100 ms。

解　子程序和主程序如下。

```
        ；子程序名称：DL1MS
        ；功能：延时 1～256 ms，fosc=12 MHz
        ；入口参数：R3=延时的 ms 数（二进制表示）
        ；出口参数：无
        ；使用寄存器：R2、R3
        ；调用：无
DL1MS:  MOV R2, #250
  LOOP: NOP              ；内层循环为 1 ms=250×(1+1+2)=1 000 μs
        NOP              ；NOP 为 1 μs
```

```
            DJNZ R2, LOOP   ; DJNZ 为 2 μs
            DJNZ R3, DL1MS
            RET
                    ; 主程序
            ...
            PUSH PSW        ; 保护程序状态字
            MOV PSW, #08H   ; 选择工作寄存器组 1
            MOV R3, #100    ; 入口参数 100
            ACALL DL1MS     ; 调用子程序
            POP PSW         ; 恢复程度状态字
```

（3）通过操作数地址传递参数

子程序中所需要的参数存放在数据存储器 RAM 中。调用子程序之前的入口参数为 R0、R1 或 DPTR 间接指出的地址，出口参数（即操作结果）仍为 R0、R1 或 DPTR 间接指出的地址。一般内部 RAM 由 R0、R1 作地址指针，外部 RAM 由 DPTR 作地址指针。这种方法可以节省传递数据的工作量，可实现变字长运算。

【例 4.14】 n 字节求补子程序。

解 参考程序如下。

```
            ; 子程序名称：QUBU
            ; 入口参数：(R0)=求补数低字节指针
                       (R7)=n-1 字节
            ; 出口参数：(R0)=求补后的高字节指针
            ; 使用寄存器：R0、R7
            ; 调用：无
    QUBU:   MOV A, @R0      ; 取低字节数
            CPL A           ; 取反
            ADD A, #01H     ; 加 1
            MOV @R0, A      ; 取补后送回
    NEXT:   INC R0          ; 调整数据指针
            MOV A, @R0      ; 取下一个数
            CPL A           ; 取反
            ADDC A, #0      ; 加 1 并加上地位的进位
            MOV @R0, A      ; 取补后送回
            DJNZ R7, NEXT   ; R7 为主程序传递的参数，即 n-1
            RET
```

（4）用堆栈传递参数

堆栈可以作为传递参数的工具。使用堆栈进行参数传递时，主程序使用"PUSH"指令

把参数压入堆栈中，子程序可以通过堆栈指针来间接访问堆栈中的参数，并且可以把出口参数送回堆栈中。返回主程序后，可以使用"POP"指令得到这些参数。这种方法的优点是简单易行，并可传递较多的参数。

　　注意：通过堆栈传递参数时，不能在子程序的开头通过压入堆栈来保护现场，而应在主程序中先保护现场，然后压入要传递的参数。另外，在子程序返回后，应使堆栈恢复到原来的深度，这样才能保证后续堆栈操作的正确性，如恢复现场等，并且不会因为每调用一次子程序，堆栈深度就会加深，而使堆栈发生溢出。

4.3　汇编语言程序设计举例

4.3.1　查表程序

　　在很多情况下，通过查表程序可以简化计算、简化程序的多分支结构，从而提高程序的运行效率。查表所使用的数据表格是按一定顺序排列的常数，存放在程序存储器中。

　　MCS－51 指令系统用于查表的指令有以下两条。

```
MOVC A, @A+DPTR
MOVC A, @A+PC
```

　　用这两条"MOVC"指令查表，即访问 ROM 中的常数区，读取其中的一个字节。查表通常包括 3 步操作。如果用 DPTR 作基址寄存器的话，那么首先应将表格的首地址送入DPTR；其次向 A 中装入欲读字节的检索号（偏移量），这一步有时要通过计算进行；最后执行"MOVC A，@A＋DPTR"指令。若表格长度不超过 256 个字节，则 DPTR 值固定为表格的首地址即可。因为 A 的内容可取 0～255 间的任何值，所以可查到该表的任一元素。若表格长度超过 256 个字节，或数据结构比较复杂，则可变更 DPTR 值。

　　以 PC 内容为基地址查表，只适用于"本地"的较小表格，因为用户不可随意改变 PC的内容。但其优点是不影响数据指针，这一点在 DPTR 别有他用时非常得力。用 PC 查表也有 3 步，即累加器中装入检索号（偏移量），补偿查表指令执行时 PC 值与表首的差距，执行"MOVC A，@A＋PC"指令。

　　【例 4.15】　　将存于 R0 中的一位十六进制数（R0 高 4 位为 0）转换为七段显示码，并将结果送 P1 口显示。设七段显示器为共阴极接法。

　　解　参考程序如下。

```
HTLED: PUSH ACC        ;保护现场
       MOV A, R0       ;取 R0 中的数
       ADD A, #5       ;TABLE 离 MOVC 指令差 5 字节
```

```
        MOVC A, @A+PC      ；查表，取出七段显示码
        MOV P1, A          ；(2 字节)
        POP ACC            ；恢复现场(2 字节)
        RET                ；(1 字节)
TABLE:  DB 40H, 79H, 24H, 30H
        DB 19H, 12H, 02H, 78H
        DB 00H, 18H, 08H, 03H
        DB 46H, 21H, 06H, 0EH
```

有时把大型多维矩阵式表格、非线性校正参数等以线性(一维)向量形式存放在程序存储器中。欲查该表中的某项数据，必须把矩阵的下标变量转换成所查项的存储地址。对于一个起始地址为 BASE 的 $m \times n$ 矩阵来说，下标行变量为 I、列变量为 J 的元素的存储地址可由下式求得。

$$元素地址 = BASE + (n \times I) + J$$

下面介绍的一段程序可对不多于 255 项的任何数组进行查表操作。表内各项以汇编指令"DB"(数据字节)来定义，并将作为查表于程序本身的一个组成部分包含在汇编后的目的码中。

【例 4.16】 程序存储器中有一个 5 行×8 列的表格，要求把下标行变量为 I，列变量为 J 的元素读入到累加器中。

解 参考程序如下。

```
        I EQU 3                ；行坐标(0～4)
        J EQU 4                ；列坐标(0～7)
TABIJ:  MOV A, #I              ；取下标行变量
        MOV B, #8              ；每行 8 个元素
        MUL AB                 ；8×I
        ADD A, #J              ；8×I+J
        MOV DPTR, #BASE
        MOVC A, @A+ DPTR       ；查表
        RET
        ...
        ...
BASE:   DB 01, 02, 03, 04, 05, 06, 07, 08  ；元素(0, 0)～(0, 7)
        DB 11, 12, 13, 14, 15, 16, 17, 18  ；元素(1, 0)～(1, 7)
        DB 01, 02, 03, 04, 05, 06, 07, 08  ；元素(2, 0)～(2, 7)
        DB 01, 02, 03, 04, 05, 06, 07, 08  ；元素(3, 0)～(3, 7)
        DB 01, 02, 03, 04, 05, 06, 07, 08  ；元素(4, 0)～(4, 7)
```

4.3.2 数制转换程序

人们日常习惯使用十进制数，而计算机的键盘输入和输出数据显示常采用二进制编码的十进制数（即 BCD 码）或 ASCII 码。因此，各种代码之间的转换经常用到，除了用硬件逻辑电路转换之外，程序设计中常采用算法处理和查表方式。

【例 4.17】 ASCII 码转换为 4 位二进制数。

解 编程说明。由 ASCII 编码表可知，转换方法为：先将 ASCII 码减 30H，若大于等于 10，则再减 7。参考程序如下。

功能：ASCII 码转换为 4 位二进制数。

入口：(R0)=ASCII 码。

出口：(R0)=转换后的二进制数。

```
ASCBIN: MOV A, R0        ; 将 ASCII 码送 A
        CLR C            ; CY 清零
        SUBB A, #30H     ; ASCII 码减去 30H
        MOV R0, A        ; 得二进制数
        SUBB A, #10      ; 与 10 比较
        JC AEND          ; 小于则结束
        MOV A, R0        ; 二进制数送 A
        SUBB A, #07H     ; 大于等于再减 7
        MOV R0, A        ; 得二进制数
AEND:   RET
```

4.3.3 算术运算程序

运算程序是一种应用程序，包括各种有符号或无符号数的加、减、乘、除运算程序。这里只举例说明这类程序设计的方法。

【例 4.18】 16 位数加 1 子程序。

解 由于 8 位的 CPU 不能直接处理 16 位的加法，所以需编程实现。参考程序如下。

功能：16 位数加 1。

入口：(R7、R6)=16 位数。

出口：(R7、R6)=加 1 后的 16 位数

```
ADD1: MOV A, R6     ; 取低 8 位数
      ADD A, #1     ; 低 8 位数＋1
      MOV R6, A     ; 低 8 位+ 1 送回 R6
```

```
MOV A, R7        ；取高 8 位数
ADDC A, #0       ；高 8 位数再加低 8 位的进位 CY
MOV R7, A        ；高 8 位加 1 送回 R7
RET
```

【例 4.19】　多字节无符号数的加法。

解　编程说明。多字节运算一般是按从低字节到高字节的顺序依次进行。参考程序如下。

```
功能：多字节无符号数加法。
入口：(R0)＝被加数低位地址指针；
      (R1)＝加数低位地址指针；
      (R2)＝字节数。
出口：(R0)＝和数高位地址指针。
     ADDMB: CLR C          ；进位位 CY 清 0
      LOOP: MOV A, @R0      ；取被加数
            ADDC A, @R1     ；则两数相加，带进位
            MOV @R0, A      ；结果送回原单元
            DEC R0          ；调整被加数指针
            DEC R1          ；调整加数指针
            DJNZ R2, LOOP   ；未加完转 LOOP
            JNC NOCY        ；无进位转 NOCY
            MOV @R0, #01H   ；有进位则增加 1 字节的内容为 1
            SJMP ENDA       ；转结束
      NOCY: DEC R0          ；高位指针回位
      ENDA: RET
```

说明：

① 要考虑低字节向高字节的进位情况，最低两字节相加，无低位来的进位，因此在进入循环之前应对进位标志清零。最高位两字节相加若有进位，则和数将比加数和被加数多出一个字节。

② 此程序执行后，被加数将被冲掉。

【例 4.20】　双字节无符号数乘法。

解　编程说明。MCS-51 指令系统中只有单字节乘法指令，因此双字节相乘需分解为 4 次单字节相乘。若被乘数 (ab) 和乘数 (cd) 分别表示为 $(az+zb)$ 和 $(cz+zd)$。其中，a，b，c，d 都是 8 位数，z 表示 8 位 "0"，其乘积表示为

$$(az+zb)(cz+zd)=\overline{ac}zz+z\overline{ad}z+z\overline{bc}z+zz\overline{bd}$$

式中，$\overline{ac}$，$\overline{ad}$，$\overline{bc}$，$\overline{bd}$ 为相应的两个 8 位数的乘积，占 16 位，可用 4 次乘法指令并求和，以便得到 4 字节的乘积。

当被乘数 R5(高)、R4(低),乘数 R3(高)、R2(低)时,其算法如下。

$$\left\{\begin{array}{llll} \overline{R5\times R3}H & \overline{R5\times R3}L \\ & \overline{R5\times R2}H & \overline{R5\times R2}L \\ & \overline{R4\times R3}H & \overline{R4\times R3}L \\ & & \overline{R4\times R2}H & \overline{R4\times R2}L \end{array}\right.$$

流程图如图 4-9 所示,参考程序如下。

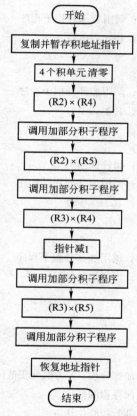

图 4-9 双字节无符号乘法程序流程图

功能:双字节无符号数乘法。

入口:R5(高)、R4(低),被乘数;

　　　R3(高)、R2(低),乘数。

出口:(R1)= 积的低位字节地址指针。

```
MULB1N: MOV A, R1        ;将积的指针暂存在 R6
        MOV R6, A        ;
```

```
              MOV R7, #04H        ; 积有 4 个单元
    CLEAR:    MOV @R1, #00H       ; 积单元清零
              INC R1              ;
              DJNZ R7, CLEAR      ; 4 个单元清零
              MOV A, R6           ;
              MOV R1, A           ; 恢复积的指针 R1
    MUL1:     MOV A, R2           ; (R2)×(R4)
              MOV B, R4           ;
              MUL AB              ;
              ACALL ADDM          ; 调用加部分积子程序
              MOV A, R2           ; (R2)×(R5)
              MOV B, R5           ;
              MUL AB              ;
              ACALL ADDM          ; 调用加部分积子程序
              MOV A, R3           ; (R3)×(R4)
              MOV B, R4           ;
              MUL AB              ;
              DEC R1              ; 指针调回
              ACALL ADDM          ; 调用加部分积子程序
              MOV A, R3           ; (R3)×(R5)
              MOV B, R5           ;
              MUL AB              ;
              ACALL ADDM          ; 调用加部分积子程序
              MOV A, R6           ; 恢复地址指针
              MOV R1, A           ;
              RET
```

子程序如下。

```
    ADDM:     ADD A, @R1          ; 加部分积，A 为部分积低位
              MOV @R1, A          ; 保存积的低位
              MOV A, B            ; 部分积高位送 A
              INC R1              ; 指针加 1
              ADDC A, @R1         ; 加高位部分积
              MOV @R1, A          ; 保存积
              INC R1              ; 指针加 1
              MOV A, @R1          ; 更高位加上一次的进位
              ADDC A, #0          ; 加进位
              MOV @R1, A          ; 送回结果
```

```
        DEC R1              ；指针减 1
        RET                 ；返回
```

4.3.4 数字滤波程序

在单片机应用系统的信号中，常含有各种噪声和干扰，影响了信号的真实性，因此应采取适当的方法消除噪声和干扰。数字滤波就是一种有效的方法。常用的数字滤波方法有算术平均值法、滑动平均值法等。下面以算术平均值法为例讲述数字滤波程序问题。

【例 4.21】 片外 RAM 中从 ADIN 处开始存放 16 个字节数据信号，编程实现用算术平均值法进行滤波。结果存放在累加器 A 中。

解 编程说明。算术平均值法就是通过求 16 个字节数据信号的算术平均值的方法进行滤波。参考程序如下。

功能：求 16 字节算术平均值。

入口：ADIN 指针，指向 16 字节外部数据。

出口：(R5)=16 字节外部数据的算术平均值。

```
AV16D:  MOV R7, #16         ；设置计数器
        MOV DPTR, #ADIN     ；指向数据区
        MOV R5, #0          ；(R6、R5)用于存放累加结果
        MOV R6, #0
LOOP:   MOVX A, @DPTR       ；取外部数据
        ADD A, R5           ；加部分和低位
        MOV R5, A           ；送回
        MOV A, R6           ；取高位
        ADDC A, #0          ；加低位的进位
        MOV R6, A           ；送回
        INC DPTR            ；调整外部数据指针
        DJNZ R7, LOOP       ；共加 16 个数
        MOV R7, #4          ；右移 4 次，相当于除以 16
LOOP1:  CLR C               ；清进位
        MOV A, R6           ；先移高 4 位
        RRC A               ；带进位右移 1 位
        MOV R6, A           ；送回
        MOV A, R5           ；后移低 4 位
        RRC A               ；带进位右移 1 位
        MOV R5, A           ；送回
        DJNZ R7, LOOP1      ；共移 4 次
```

```
        RET
```

在算术平均值滤波程序中，数据个数 m 的取值一般为 2^m，这样便于计算，顺序将累加和右移 m 次即可。为确保精度，本程序采用双字节数加法，采取右移 4 次的方法达到求平均数的目的。

4.3.5　排序与检索程序

【例 4.22】　在指定的数据区中找出最大值。

解　编程说明。设数据区的首地址在 R0 中，数据区字节长度在 R7 中，将找到的最大值存入 A 中。参考程序如下。

```
功能：在数据区中找最大值。
入口：R0 指向数据区的首地址，R7 为数据区字节长度。
出口：最大值存入 A 中。
        MOV A, #0              ; 置最大值为 0
LOOP:   CJNE A, @R0, PDDX      ; 数值比较
PDDX:   JNC AISB               ; A 的值大，准备比较下一个
        MOV A, @R0             ; A 的值小，大值送 A
AISB:   INC R0                 ; 调整数据指针
        DJNZ R7, LOOP
        RET
```

4.3.6　布尔处理程序

MCS-51 微处理器的一个最大特点就是它有很强的布尔处理能力，即对布尔变量（位变量）的处理能力，所以它最擅长开关量控制。

大部分硬件设计都是用组合逻辑实现复杂功能的。虽然所用硬件各式各样，但目的只有一个，那就是解若干布尔变量的逻辑函数所代表的问题。例如，最常见的汽车头尾信号灯、电梯运行等都主要是用开关量控制的。

【例 4.23】　求解下式给出的 $U \sim Z$ 等 6 个布尔变量的逻辑函数：$Q = U \cdot (V + W) + (X \cdot \overline{Y}) + \overline{Z}$。

解　这种等式可用卡诺图法或代数法化简。但随着逻辑关系复杂程度的增长，化简过程的难度也越来越大，甚至在设计过程中对函数的微小调整也会要求重新进行烦琐的化简过程。然而若用 MCS-51 的布尔指令解这样的随机逻辑函数，那就最简明不过了。

设 U 和 V 为不同输入口的输入引脚信号，W 和 X 是两个状态位，Y 和 Z 是程序中先前设置的软件标志。上述逻辑函数的逻辑电路图如图 4-10 所示，参考程序如下。

```
U   BIT P1.1
V   BIT P2.2
W   BIT TF0
X   BIT IE1
Y   BIT 20H.0
Z   BIT 21H.1
Q   BIT P3.3
    MOV C, v      ; 读输入变量
    ORL C, W      ; 左或门输出
    ANL C, U      ; 上与门输出
    MOV F0, C     ; 暂存中间变量
    MOV C, X      ; 读变量
    ANL C, /Y     ; 下与门输出
    ORL C, F0     ; 启用中间变量
    ORL C, /Z     ; 考虑最后一个变量
    MOV Q, C      ; 输出计算结果
```

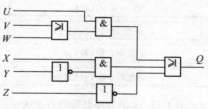

图 4-10 例 4.23 逻辑函数的逻辑电路图

4.4 浮点数运算程序设计

前面介绍了定点数的运算方法。定点数有一个致命的缺点：数的表示范围太小。例如，双字节整数在无符号时，只能表示 0～65 535 之间的整数；在有符号时，只能表示 $-32\,768$～$+32\,767$ 之间的整数，它们都不能表示小数，而表示小数时则不能表示大于或等于 1 的数。采用定点混合小数，虽然可表示小数和大于 1 的数，但它的表示范围仍太小。在实际使用时，数据的范围一般都比较大。例如测量电阻时，其阻值可能为 $1\,\text{m}\Omega$～$1\,000\,\text{M}\Omega$，即为 $10^{-3}\,\Omega$～$10^9\,\Omega$，其最小值和最大值之比为 10^{12}。所以，需要有一种能表示较大范围数据的表示方法，即浮点数，它的小数点位置可按数值的大小自动变化。

4.4.1 浮点数的表示

一般浮点数均采用 $\pm M \times C^E$ 的形式来表示，其中 M 称为尾数，它一般取为小数，$0 \leqslant$

$M<1$，E 为阶码，它为指数部分，它的基为 C。C 可取各种数，对于十进制数，它一般取 10，而对二进制数，C 一般取 2。对于十进制数，可以很方便地把它转换成十进制浮点数。例如，十进制数 1 234 可写成 $0.123\,4\times10^4$，0.009 87 可写成 0.987×10^{-2}。对于微机系统来说，常用的浮点数均为 $C=2$。在浮点数中，有一位专门用来表示数的符号，阶码 E 的位数取决于数值的表示范围，一般取一个字节，而尾数则根据计算所需的精度，取 2～4 个字节。

浮点数同定点数一样，也有各种各样表示有符号数的方法，其中数的符号常和尾数放在一起考虑，即把 $\pm M$ 作为一个有符号的小数，它可采用原码、补码等各种表示方法，而阶码可采用各种不同的长度，并且数的符号也可放于不同地方。所以浮点数具有各种不同的表示方法。下面只介绍几种常用的表示方法。

1. 4 字节浮点数的表示法

微机中常用的一种浮点数采用如图 4-11 所示的格式。

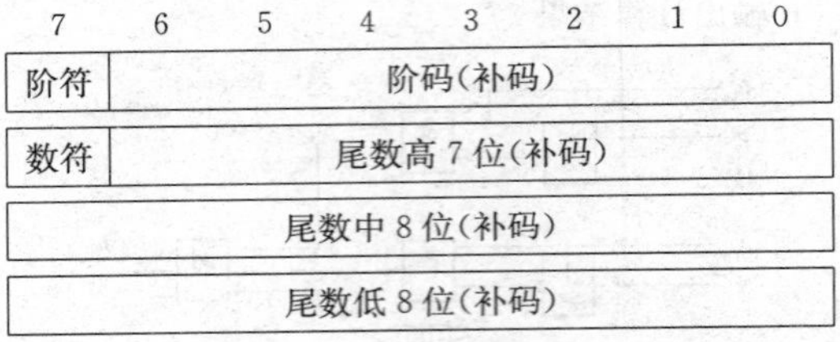

图 4-11　4 字节浮点数的表示法

浮点数总长为 32 位(4 字节)，其中阶码 8 位，尾数 24 位。阶码和尾数均为 2 的补码形式。阶码的最大值为 $+127$，最小值为 -128，这样上述 4 字节浮点数能表示的最大值近似为 $1\times2^{127}=1.70\times10^{38}$，能表示的最小值(绝对值)近似为 $0.5\times2^{-128}=1.47\times10^{-39}$，即能表示的数的范围为 $\pm(1.47\times10^{-39}\sim1.70\times10^{38})$，这时该范围内的数具有同样的精度。

浮点数的有效数字位数取决于尾数的数值位长度，上述浮点数有 3 字节尾数，去掉符号位，共有 23 位二进制数字，接近于 7 位十进制数($2^{23}=8\,388\,608$)。

2. 3 字节浮点数表示法

上述浮点数的精度较高(接近 7 位十进制数)，但是由于字节较多，运算速度比较慢，往往不能满足实时控制和测量的需要，并且实际使用时所需的精度一般并不要求这么高。例如，一般高精度仪表为 0.1%～0.01%，这只相当于 4 位十进制数，而有些工业控制中所需的精度要求更低，但它们对运算速度的要求往往比较高，常要求在几毫秒内完成全部运算。在许多工业控制用微机系统中，因为一般浮点数的运算速度太慢，不能满足实时控制的要求，而不得不采用定点运算来代替浮点运算。这样，有必要寻找一种精度稍低，但运算速度较快的浮点数表示方法。满足此要求的有一种 3 字节浮点数格式，其表示法如图 4-12 所示。

图 4-12　3 字节浮点数的表示法

浮点数总长为 24 位（3 字节），其中阶码 7 位，数的符号在阶码所在字节的最高位，尾数为 16 位。阶码采用二进制补码形式，尾数采用原码表示，以加快乘除运算的速度。7 位阶码可表示的最大值为 $+63$，最小值为 -64。上述 3 字节浮点数能表示的最大值近似为 $1 \times 2^{63} = 9.2 \times 10^{18}$，能表示的最小值（绝对值）近似为 $0.5 \times 2^{-64} = 2.7 \times 10^{-20}$，即能表示的数的范围为 $\pm (2.7 \times 10^{-20} \sim 9.2 \times 10^{18})$。浮点数的有效数字位数取决于尾数的字长（16 位），约相当于 4 位半十进制数（$2^{16} = 65\,536$）。

由于这种浮点数表示法的运算速度较快，需要的存储容量也较小，并且数的范围和精度能满足绝大多数应用场合的需要。在后面的程序中采用了这种浮点数表示方法。

3. 规格化浮点数和规格化子程序

为了保证运算精度，必须尽量增加尾数的有效值位数。一个数的有效值位数是指从第一个非零数字位开始的全部数值位数。例如，二进制数"00010100"的有效数值位为 5 位，而"1010000"的有效数值位为 8 位。这样，应使浮点数中的尾数的第一位数字不等于零，满足这一条件的数称为规则化浮点数，这时 $0.5 \leqslant M < 1$。

对于用二进制原码表示的尾数，规格化数的尾数的第一位数字应为"1"。对于补码表示的尾数，其情况比较复杂：对正数，尾数的第一位数字应为"1"；对负数，尾数的第一位数字应为"0"。

任何数（除零外）只要它的数值处于浮点数的表示范围之内，均可以化成规格化浮点数。在微机中，常用尾数等于零而阶码为最小值的数字来表示零。例如，在上述 3 字节浮点数的表示格式中，零可表示为 40H、00H、00H 三字节十六进制数。

在实际应用中，需要有一个程序来完成把一个非规格化数变为规格化数的操作。在进行规格化操作时，对原码表示的数，一般是先判断尾数的最高位数值位是"0"还是"1"。如果是"0"，则把尾数左移一位，阶码减"1"，再循环判断；如果是"1"，则结束操作。由于零无法规格化，一旦尾数为"0"，则应把阶码置为最小值。如果在规格化过程中，阶码减"1"变成最小值时，不能再继续进行规格化操作（否则发生阶码下溢出）。由于这种规格化操作采用左移操作，故一般常称为左规格化操作。图 14-13 是尾数为原码表示的浮点数规格化操作的框图。

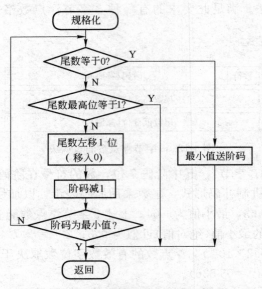

图 4-13　浮点数规格化操作程序流程图

【例 4.24】　左规格化子程序。

解　参考程序如下。

功能：对 (R0) 指向的 3 字节浮点数进行规格化，浮点数格式见图 4-12 所示的 3 字节浮点数格式。

入口：未规格化的 3 字节浮点数存放在 (R0) 指向单元。

出口：规格化的浮点数存放在 (R0) 指向的单元。

```
NORM:  MOV A, @R0
       MOV C, A.7
       MOV F0, C              ；保存数的符号位
       INC R0
       MOV C, A.6             ；扩展阶码为双符号位
       MOV A.7, C
       MOV R2, A
NORM1: MOV A, @R0
       INC R0
       JNZ NORM3
       MOV A, @R0
       JNZ NORM4
       DEC R0                 ；尾数为 0
       DEC R0
```

```
              MOV A, #40H                    ; 置阶码为最小值 40H
      NORM2: MOV C, F0
              MOV A.7, C
              MOV @R0, A
              RET
      NORM3: JB A.7, NORM5
      NORM4: CLR C                            ; 尾数左移一位
              MOV A, @R0
              RLC A
              MOV @R0, A
              DEC R0
              MOV A, @R0
              RLC A
              MOV @R0, A
              INC R0
              DEC R2                          ; 阶码减 1
              CJNE R2, #0C0H, NORM3           ; 判断阶码是否太小
      NORM5: DEC R0                           ; 是规格化数
              DEC R0
              MOV A, R2
              SJMP NORM2
```

4.4.2　浮点数的运算

浮点数的加减法比定点数要困难得多。执行加减法前，必须先对准小数点，然后才能像定点小数加减法运算那样进行尾数加减法操作，结果数的阶码等于对准小数点后的任一个操作数的阶码。由于结果数不一定为规格化数，因此必须对结果进行规格化操作。

1. 对阶

当两个浮点数的阶码相等时，它们的尾数可直接进行加减运算。如果阶码不相等，则首先要对阶，使它们的阶码相等，从而使小数点对齐，才能进行尾数的加减运算。

对阶应该是小的加码向大的阶码对齐。如果采用大阶对小阶，那么减小大的阶码时，必须把它的尾数左移，这就会使尾数超过"1"，无法表示为小数，左移时将丢失尾数的高位有效数字，引起错误。故只能采用小阶对齐大阶，即增大小的阶码，同时把它的尾数右移，保持数值大小不变，直到小阶等于大阶为止。

例如，把 4 位十进制浮点数 0.5715×10^1（5.715）与 0.7428×10^{-1}（0.074 28）相加，应

先对准小数点，即让两个数的阶码相等，这里应先把 $0.742\ 8 \times 10^{-1}$ 化为 $0.007\ 4 \times 10^1$（注意低位数字被丢失），然后执行 $(0.571\ 5 + 0.007\ 4) \times 10^1 = 0.578\ 9 \times 10^1$。

在执行加减运算时，如果有一个操作数为零，则不需要执行对阶操作，可直接使置零的阶码等于另一个操作数的阶码。

2. 结果的规格化操作

在执行尾数的加减运算后，其结果可能产生溢出，这时应把尾数右移一位，并把阶码加"1"（右规格化）。另外，也有可能是尾数太小，小于 0.5，从而使最高数值位不为"1"，这时应执行左规格化。在规格化过程中，阶码可能产生上溢出或下溢出，这时应对它们加以处理。规格化操作是一个比较常用的操作。

3. 浮点数运算子程序库及 C 语言的应用

由于用汇编语言进行浮点运算十分复杂和烦琐，但在有些应用中又必须采用，通常采用两种方法解决浮点运算问题，一是采用标准的 MCS‑51 浮点运算子程序库，这些子程序库都经过测试和验证，能可靠、快速地解决浮点运算问题，使用时只要了解所调用子程序的入口、出口及使用寄存器等要求即可得到浮点运算的结果。二是在一些对速度要求不是十分严格、系统的资源较多的应用系统中，采用 C 语言编程，浮点运算的问题 C 语言本身就已解决了。随着技术的发展，单片机的速度越来越快，专为单片机开发的 C 语言的效率越来越高，所以应用 C 语言编程也越来越多。

习题

1. 程序设计语言有哪几种？各有什么异同？汇编语言有哪两类语句？各有什么特点？
2. 在汇编语言程序设计中，为什么要采用标号来表示地址？标号的构成原则是什么？使用标号有什么限制？注释段起什么作用？
3. MCS‑51 汇编语言有哪几条常用伪指令？各起什么作用？
4. 汇编语言程序设计分哪几步？各步骤的任务是什么？
5. 汇编语言源程序的机器汇编过程是什么？第二次汇编的任务是什么？
6. 外部 RAM 中从 1000H 到 10FFH 有一个数据区，现在将它传送到外部 RAM 中 2500H 单元开始的区域中，编写有关程序。
7. 外部 RAM 中有首地址"SOU"开始的长度为"LEN"的数据块，要求将数据传送到内部 RAM 以"DEST"地址开始的区域，直到遇到字符"$"（"$"也要传送）或整个字符串传送完毕。
8. 设 20H 单元有一个数，其范围是 0~20，编程序实现根据该单元的内容转入不同的程序入口 IN0，IN1，…，IN20。
9. 二进制数转换为 BCD 数。16 位二进制数 80FFH 存放在 DPTR 中，将其转换为 BCD 数，存放于内部 RAM 的 22H（万位）、21H（千、百位）、20H（十、个位）单元中。

10. 把 R0 中 8 位二进制数的各二进制位用 ASCII 码表示，即"0"用 30H 表示，"1"用 31H 表示。转换得到的 8 个 ASCII 码存放在内部 RAM 的 30H 开始的单元中。

11. 设系统晶体振荡频率为 12 MHz，请编写延时 50 ms 的延时子程序。

12. 分析下列程序中各条指令的作用，并说明运行后相应寄存器和内存单元的结果。

```
MOV A, #34H    ; _____
MOV B, #0ABH   ; _____
MOV 34H, #78H  ; _____
XCH A, R0      ; _____
XCH A, @R0     ; _____
XCH A, B       ; _____
SJMP $
```

13. 使用查表法求 A 中数的平方，如果 A 中存放的是 0~9 之间的数，结果存放在 A；否则 A 中存放 0FFH。

```
      CJNE A, #10H, PD       ; 判定是否是 0~9 之间的数
  PD: _____ BIG       ; 不是 0~9 之间的数转 BIG
      _____           ; 是 0~9 之间的数，调整差值
      _____           ; 查表
      AJMP WAIT              ;
 BIG: MOV A, 0FFH
WAIT: SJMP WAIT
 TAB: DB 0, 1, 4, 9, 16, 25, 36, 49, 64, 81
```

14. 编程实现下列无符号数乘法运算：R0、R1×R3 结果送至 R6、R5、R4。

第 5 章　定时器/计数器

提要　本章介绍了定时器/计数器的结构、功能、定时与对外计数的工作模式，详细讨论了定时器/计数器 4 种工作方式的原理与使用、定时器 T2 的结构、工作方式及工作原理、定时器/计数器对输入信号的要求、定时器/计数器初值的求法、运行中读定时器/计数器、门控制位 GATE 的功能和使用方法，以及定时器/计数器的应用。

在工业检测、控制等许多场合都要用到计数或定时功能。例如，对外部脉冲进行计数、产生精确的定时时间、作为串行通信口的波特率发生器。MCS-51 单片机内有两个可编程的定时器/计数器，以满足这方面的需要。它们具有两种工作模式（计数器模式和定时器模式）及 4 种工作方式（方式 0、方式 1、方式 2 和方式 3），其控制字、状态字均在相应的特殊功能寄存器中，通过对相应的特殊功能寄存器的编程，用户可方便地选择适当的工作模式和工作方式。在 8X52 子系列单片机中增加了一个性能更好的定时器/计数器 T2。

5.1　定时器/计数器的结构

5.1.1　定时方法概述

在单片机的应用中，可供选择的定时方法有以下几种。

（1）软件定时

软件定时依靠执行一个循环程序以进行时间延迟。软件定时的特点是时间精确，且不需外加硬件电路，但软件定时要占用 CPU，增加 CPU 开销，因此软件定时的时间不宜太长。此外，软件定时方法在某些情况下无法使用。

（2）硬件定时

对于时间较长的定时，常使用硬件电路完成。硬件定时的特点是定时功能全部由硬件电路完成，不占 CPU 时间，但需通过改变电路中的元件参数来调节定时时间，在使用上不够灵活方便。

（3）可编程定时器定时

这种定时方法是通过对系统对时钟脉冲的计数来实现的。计数值通过程序设定，改变计数值也就改变了定时时间，使用起来既灵活又方便。此外，由于采用计数方法实现定时，因此可编程定时器都兼有计数功能，可以对外来脉冲进行计数。

在单片机应用中，定时与计数的需求较多，单片机多数有定时器/计数器的功能部件。例如，MCS‑51 单片机内部就有两个 16 位定时器/计数器，对于其 8X52 子系列又增加一个增强型 16 位定时器/计数器。

5.1.2 定时器/计数器的结构

MCS‑51 单片机内部设置了两个 16 位可编程的定时器/计数器 T0 和 T1，它们具有计数器方式和定时器方式两种模式及 4 种工作方式，其状态字均在相应的特殊功能寄存器中。通过对控制寄存器的编程，用户可以方便地选择适当的工作模式。对每个定时器/计数器(T0 和 T1)，在特殊功能寄存器 TMOD 中都有一个控制位，它选择 T0 和 T1 是定时器还是计数器。

MCS‑51 单片机的微处理器与 T0 和 T1 的关系，如图 5‑1 所示，定时器/计数器 T0 由 TL0、TH0 构成。其中，TMOD 用于控制和确定各定时器/计数器的工作模式和工作方式；TCON 用于控制定时器/计数器 T0 和 T1 的启动和停止计数，同时包含定时器/计数器的状态。它们属于特殊功能寄存器，其内容依靠软件设置。系统复位时，寄存器的所有位都被清零。

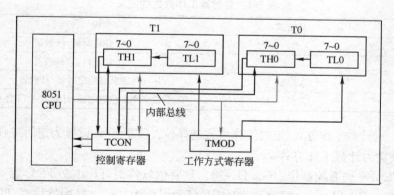

图 5‑1 定时器/计数器结构框图

1. 计数功能

所谓计数功能是指对外部事件进行计数。外部事件的发生以输入脉冲表示，因此计数功能的实质就是对外来脉冲进行计数。MCS‑51 单片机有 T0(P3.4)和 T1(P3.5)两个信号引脚，分别是这两个计数器的计数输入端。外部输入的脉冲在负跳变时有效，计数器加 1(加法计数)。

2. 定时功能

定时功能也是通过计数器的计数来实现的，不过这时的计数脉冲来自单片机的内部，即每个机器周期产生一个计数脉冲，也就是每个机器周期计数器加"1"。由于一个机器周期等于12个振荡器脉冲周期，因此计数频率为振荡频率的1/12。如果单片机采用12 MHz晶体，则计数频率为1 MHz，即每微秒计数器加"1"。这样，不但可以根据计数值计算出定时时间，也可以反过来按定时时间的要求计算出计数器的预置值。

3. 工作方式寄存器 TMOD

TMOD 用于控制 T0 和 T1 的工作方式，其各位定义如图 5-2 所示。

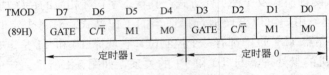

图 5-2　TMOD 寄存器的定义

各位功能如下。

● M1、M0——工作方式控制位。这两位可构成如表 5-1 所示的 4 种工作方式。

表 5-1　定时器工作方式的定义

M1	M0	工作方式	说　明
0	0	0	13 位定时器/计数器
0	1	1	16 位定时器/计数器
1	0	2	可重装 8 位定时器/计数器
1	1	3	T0 分成两个 8 位定时器/计数器，T1 停止计数

● $C/\overline{T}$——计数工作方式/定时工作方式选择位。$C/\overline{T}=0$，设置为定时工作方式；$C/\overline{T}=1$，设置为计数工作方式。

● GATE——选通控制位。GATE=0，只要用软件对 TR0(或 TR1)置"1"就可启动定时器；GATE=1，只有 $\overline{INT0}$(或 $\overline{INT1}$)引脚为"1"，且用软件对 TR0(或 TR1)置"1"才可启动定时器工作。

TMOD 的所有位在系统复位后清零。TMOD 的地址为 89H，不能位寻址，只能用字节方式设置工作方式。值得注意的是：当只改变某一个定时器/计数器时，应采取适当的办法防止对另一个定时器/计数器工作方式的改变。

4. 控制寄存器 TCON

TCON 用于控制定时器的启动、停止，以及标明定时器的溢出和中断情况。TCON 的字节地址为 88H，位地址为 88H～8FH，TCON 的低 4 位与外部中断有关，具体将在第 7 章中介绍。TCON 各位的定义如图 5-3 所示。

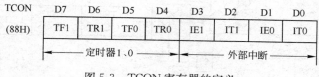

图 5-3　TCON 寄存器的定义

① TR0 为定时器 T0 的运行控制位，该位由软件置位和复位。当 GATE(TMOD 的 D3 位)为"0"时、TR0 为"1"时允许 T0 计数，TR0 为"0"时禁止 T0 计数；当 GATE (TMOD 的 D3 位)为"1"时，仅当 TR0 等于"1"且 $\overline{INT0}$(P3.2)输入为高电平时才允许 T0 计数，TR0 为"0"或 $\overline{INT0}$ 输入低时都禁止 T0 计数。

② TF0 为定时器 T0 的溢出标志位。当 T0 被允许计数以后，T0 从初值开始加"1"计数，最高位产生溢出时置"1"TF0，并向 CPU 请求中断，当 CPU 响应时，由硬件清零 TF0；TF0 也可以由程序查询或清零。

③ TR1 为定时器 T1 的运行控制位。该位由软件置位和复位。当 GATE(TMOD 的 D7 位)为"0"时，TR1 为"1"时允许 T1 计数，TR1 为"0"时禁止 T1 计数。当 GATE (TMOD 的 D7 位)为"1"时，仅当 TR1 为"1"且 $\overline{INT1}$(P3.3)输入为高电平时才允许 T1 计数。TR1 为"0"且 $\overline{INT1}$ 输入低电平时禁止 T1 计数。

④ TF1 为 T1 的溢出标志位。当 T1 被允许计数以后，T1 从初值开始加"1"计数，最高位产生溢出时置"1"TF1，并向 CPU 请求中断，当 CPU 响应时，由硬件清零 TF1；TF1 也可以由程序查询或清零。

5.2　定时器/计数器的工作方式

由上述内容可知，TMOD 中的 M1、M0 具有 4 种组合，从而构成了定时器/计数器 4 种工作方式，这 4 种工作方式除了方式 3 以外，其他 3 种方式的基本原理都是一样的。

下面分别介绍这 4 种工作方式的特点及工作情况。由于 T0 和 T1 结构完全一样，以下的应用同样适合于 T1(方式 3 除外)。

5.2.1　工作方式 0

T0 在工作方式 0 的逻辑结构如图 5-4 所示。在这种工作方式下，16 位的计数器(TH0 和 TL0)只用了 13 位构成 13 位定时器/计数器，TL0 的高 3 位未用；当 TL0 的低 5 位计满时，向 TH0 进位，而 TH0 溢出后对中断标志位 TF0 置"1"，并申请中断。T0 是否溢出可用软件查询 TF0 是否为"1"。

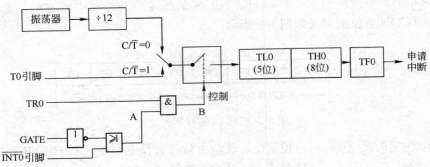

图 5-4　T0 工作方式 0 的逻辑结构图

　　当 GATE＝0 时，$\overline{\text{INT0}}$引脚被封锁，且仅由 TR0 便可控制（图中的 B 点）T0 的开启和关闭；当 GATE＝1 时，T0 的开启与关闭取决于$\overline{\text{INT0}}$和 TR0 相"与"的结果，即只有$\overline{\text{INT0}}$＝1 和 TR0＝1 时，T0 才被开启。

　　在一般应用中，通常使 GATE＝0，从而由 TR0 的状态控制 T0 的开闭，TR0＝1，打开 T0；TR0＝0，关闭 T0。在特殊的应用场合，如利用定时器测量接于$\overline{\text{INT0}}$引脚输入的正脉冲的宽度，即$\overline{\text{INT0}}$引脚由"0"变"1"电平时，启动 T0 定时且测量开始；一旦外部脉冲出现下降沿，亦即$\overline{\text{INT0}}$引脚由"1"变"0"时就关闭 T0，此时定时器 T0 的值就为$\overline{\text{INT0}}$引脚输入的正脉冲的宽度。

　　在图 5-4 中，C/$\overline{\text{T}}$＝0 时控制开关接通内部振荡器，即处于定时工作方式。T0 对机器周期加"1"计数，其定时时间为

$$t＝(2^{13}－\text{T0 初值})×\text{机器周期}$$

　　C/$\overline{\text{T}}$＝1 时控制开关接通外部输入信号，当外部输入信号电平发生从"1"到"0"的跳变时，计数器加"1"，即处于计数工作方式。

　　定时器启动后，定时或计数脉冲加到 TL0 的低 5 位，从预先设置的初值（时间常数）开始不断增"1"，TL0 计满后，向 TH0 进位。当 TL0 和 TH0 都计满后，置位 T0 的定时器计数满标志 TF0，以此表明定时时间或计数次数已到，以供查询或在开中断的条件下向 CPU 请求中断。如果需再次定时或计数，需要用指令重置时间常数。

5.2.2　工作方式 1

　　T0 在工作方式 1 的逻辑结构如图 5-5 所示。由图 5-5 可知，它与工作方式 0 的差别仅在于工作方式 1 是以 16 位计数器参加计数，工作方式 0 之所以用 13 位计数方式是为了和 MCS－51 单片机的前一个 MCS－48 系列单片机相兼容，所以定时器的工作方式 0 已很少使用。定时时间与初值的关系为

$$t＝(2^{16}－\text{T0 初值})×\text{机器周期}$$

工作方式 1 下计数寄存器为 16 位，若晶振频率为 12 MHz，则工作方式 1 下的最大定时时间为 65.536 ms。即计数器初值设置为 0000H，经过 $2^{16}=65\,536$ 个机器周期后定时器将产生溢出，故定时时间为 1 μs$\times$65 536$=$65.536 ms。

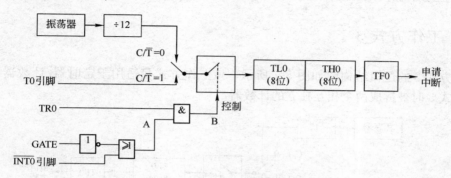

图 5-5　T0 工作方式 1 的逻辑结构图

5.2.3　工作方式 2

T0 在工作方式 2 的逻辑结构图如图 5-6 所示。

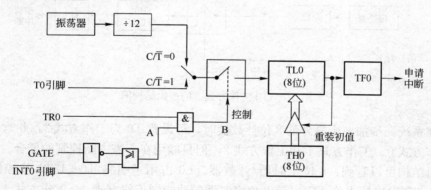

图 5-6　T0 工作方式 2 的逻辑结构图

定时器/计数器构成一个能重复装初值的 8 位计数器。在工作方式 0、工作方式 1，若用于重复定时或计数，则每次计满溢出后，计数器变为全"0"，故需要用软件重新装入初值。而工作方式 2 可在计数器计满时自动装入初值。工作方式 2 把 16 位的计数器拆成两个 8 位计数器，TL0 用作 8 位计数器，TH0 用来保存初值，每当 TL0 计满溢出时，可自动将 TH0 的初值再装入 TL0 中，继续计数，循环重复。工作方式 2 的定时时间为 TF0 溢出周期，即

$$t=(2^8-\text{T0 初值})\times\text{机器周期}$$

用于计数器工作方式时,最大计数长度(TH0 初值＝0)为 $2^8＝256$(个外部脉冲)。

这种工作方式可省去用户软件中重装初值的程序,并可产生相当精度的定时时间,特别适合于产生周期性脉冲及作为串行口波率发生器(见第 6 章),缺点是计数长度太小。

5.2.4 工作方式 3

工作方式 3 的逻辑结构图如图 5-7 所示,该工作方式只适用于定时器/计数器 T0。T0 在工作方式 3 时被拆成两个相互独立的计数器。

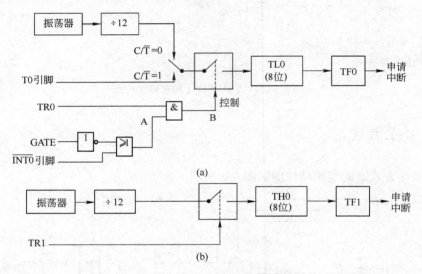

图 5-7 T0 工作方式 3 的逻辑结构图

一般在系统需增加一个额外的 8 位计数器时,可设置 T0 为工作方式 3,此时 T1 虽仍可定义为工作方式 0、工作方式 1 和工作方式 2,但只能用在不需中断控制的场合。

从逻辑结构可以看到:8 位定时器/计数器 TL0 占用了引脚 T0、$\overline{INT0}$ 及控制位 TR0、GATE、C/$\overline{T}$ 和溢出标志位 TF0,该 8 位定时器的功能同工作方式 0、工作方式 1;另一个 8 位定时器 TH0 只能完成定时功能,并使用了定时器/计数器 1 的控制启动位 TR1 和溢出标志位 TF1。此时,定时器/计数器 1 不能设置为工作方式 3,如果将其设置为工作方式 3,则将停止计数。

工作方式 3 是为了在使用串行口时,需要两个独立的计数器而特别提供的。因为此时把定时器 1 规定用作串行通信的波特率发生器,并设定为工作方式 2,使用时只要将计数初值送到计数寄存器即开始工作,启动后不需要软件干预,也不使用溢出标志。

5.3 定时器/计数器 T2

定时器/计数器 T2 是 MCS - 51 系列中 8XC52/54/58 新增的第 3 个 16 位定时器/计数器，它是一个 16 位的具有自动重装载和捕获能力的定时器/计数器。在 T2 定时器/计数器的内部，除了两个 8 位计数器 TL2、TH2 和控制寄存器 T2CON 及 T2MOD 之外，还设有捕获寄存器 RCAP2L(低字节)和 RCAP2H(高字节)。T2 具有的定时功能是对内部机器周期计数；T2 的计数功能是对外部引脚 T2(P1.0)的输入脉冲计数，外部脉冲频率不超过振荡器频率的 1/24。T2 的工作情况和时序关系与 T0、T1 一样，其定时器/计数器功能由专用寄存器 T2CON 中的 C/$\overline{T2}$位选择。

5.3.1 T2 的特殊功能寄存器

1. 控制寄存器 T2CON

图 5-8 所示为定时器/计数器 T2 控制寄存器 T2CON(地址 0C8H，可位寻址)的组成情况，其各位意义如下。

T2CON	D7	D6	D5	D4	D3	D2	D1	D0
(0C8H)	TF2	EXF2	RCLK	TCLK	EXEN2	TR2	C/$\overline{T2}$	CP/$\overline{RL2}$

图 5-8 T2CON 寄存器的定义

- TF2(T2CON.7)——定时器 2 溢出标志。溢出时由硬件置"1"，但必须由软件清零。RCLK 或 TCLK 为"1"时将禁止 TF2 置位。
- EXF2(T2CON.6)——定时器 2 外部标志。当 EXEN2 位为"1"、T2EX 引脚上的负跳变引起捕捉操作或重装操作时被硬件置"1"。EXF2 标志也可以请求中断，该标志也必须用软件清零。
- RCLK(T2CON.5)——接收时钟标志。若为"1"，串行口将用定时器 2 的溢出脉冲作为其方式 1 和方式 3 的发送时钟；若为"0"，串行口即用定时器 1 为其接收时的波特率发生器。
- TCLK(T2CON.4)——发送时钟标志。若为"1"，串行口将用定时器 2 的溢出脉冲作为其方式 1 和方式 3 的发送时钟；若为"0"，定时器 1 的溢出将作为这两种方式下的发送时钟。
- EXEN2(T2CON.3)——定时器 2 的外部允许标志。当其置"1"时，若定时器 2 未用作串行口的时钟，则 T2EX 引脚上的负跳变信号将引起捕捉操作或重装操作。当 EXEN2＝0 时，T2EX 引脚上的信号不起作用。

- TR2(T2CON.2)——定时器 2 的启停控制位。逻辑 "1" 为启动，"0" 为停止。
- C/$\overline{T2}$(T2CON.1)——定时器 2 的定时/计数功能选择位。此位为 "1"，即把定时器 2 设定成下降沿触发的外部事件计数器；为 "0"，则选中内部定时功能。
- CP/$\overline{RL2}$(T2CON.0)——捕捉/重装标志。在 EXEN2 为 "1" 的情况下，若 CP/$\overline{RL2}$ 位为 "1"，则 T2EX 引脚上的负跳变引起捕捉操作；若该位为 "0"，则 T2EX 上的负跳变或定时器 2 的溢出将触发自重装操作。但若 RCLK 或 TCLK 位为 "1"，则 CP/$\overline{RL2}$ 位不起作用。这时一旦定时器 2 溢出，该定时器即被强制进行重装操作。

2. 方式控制寄存器 T2MOD

图 5-9 所示为定时器/计数器 T2 方式控制寄存器 T2MOD(地址 0C9H，不可位寻址)的组成情况，该寄存器只定义了两位，系统复位后为 0。其两位的意义如下。

T2MOD (OC9H)	D7	D6	D5	D4	D3	D2	D1	D0
	—	—	—	—	—	—	T2OE	DCEN

图 5-9 T2MOD 寄存器的定义

- T2OE——定时器/计数器 T2 的输出允许位。当 T2OE＝1 时，允许时钟输出至 T2(P1.0)。该位只对 8XC84/58 有定义。
- DCEN——向下计数允许位。当 DCEN＝1 时，允许定时器/计数器 T2 向下计数，否则向上计数。

3. 数据寄存器 TH2、TL2

有一个 16 位的数据寄存器，是由高 8 位寄存器 TH2 和低 8 位寄存器 TL2 所组成。它们只能按字节寻址，相应的字节地址为 0CDH 和 0CCH。

4. 捕获寄存器 RCAP2H、RCAP2L

定时器/计数器 T2 中的捕获寄存器是一个 16 位的数据寄存器，是由高 8 位寄存器 RCAP2H 和低 8 位寄存器 RCAP2L 所组成。它们只能按字节寻址，相应的字节地址为 0CBH 和 0CAH。捕获寄存器 RCAP2H 和 RCAP2L 用来捕获计数器 TH2 和 TL2 的计数状态或用来预置计数初值。

5.3.2 T2 的工作方式

如前所述，定时器 2 有捕捉、自重装和串行口波特率发生器 3 种运行方式。表 5-2 所列为这些方式通过 T2CON 的控制位进行选择的结果。

表 5-2　定时器 2 的运作方式

RCLK 或 TCLK	CP/$\overline{\text{RL2}}$	TR2	选 中 方 式
0	0	1	16 位自重装
0	1	1	16 位捕捉
1	×	1	波特率发生器
×	×	0	不 运 行

1. 捕捉方式（Capture Mode）

图 5-10 所示为 T2 捕获工作方式的逻辑结构图。根据 EXEN2 标志的不同状态，捕捉方式可分为以下两种情况。一种是 EXEN2＝0，由图 5-10 可见，T2EX 引脚上的信号不被传递。这时 T2 为 16 位定时器或计数器。计数溢出时 TF2 标志置"1"，可用来请求中断。另一种是 EXEN2＝1，T2 除进行上述工作外，其计数寄存器 TH2 和 TL2 的现行值，还可在 T2EX 上的负跳变信号作用下，分别被捕获在 RCAP2H 和 RCAP2L 寄存器中。该负跳变信号将使外部标志 EXF2 置"1"，后者和 TF2 同样申请中断。

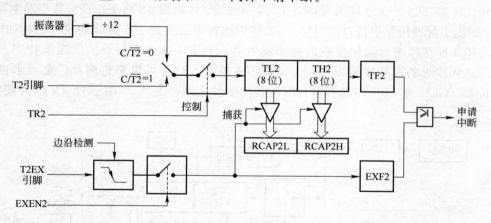

图 5-10　T2 捕获方式的逻辑结构图

2. 自动重装载方式（Auto-reload Mode）

图 5-11 所示为 T2 自动重装载工作方式的逻辑结构图。这里也可根据 EXEN2 的状态进行两种情况的分析。

EXEN2＝0，当 16 位计数寄存器发生溢出时，不但 TF2 标志被硬件置"1"，而且 RCAP2H 和 RCAP2L 寄存器内由软件预置的值也被重新装入 TH2 和 TL2 中。

EXEN2＝1，在保留上述功能的情况下，T2EX 引脚上的外来负跳变输入信号也可触发 16 位自动重装载操作，并使 EXF2 标志置"1"。

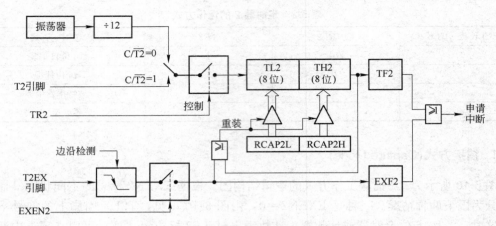

图 5-11　T2 自动重装载方式的逻辑结构图

3. 波特率发生器方式（Band Rate Generator Mode）

　　RCLK 或 TCLK 为 1 或两者均为 1 时，定时器/计数器 T2 将工作在波特率发生器方式，即 T2 的溢出脉冲用作串行口的时钟。T2 作为波特率发生器工作方式的逻辑结构如图 5-12 所示。RCLK 选择串行通信接收波特率发生器，TCLK 选择串行通信发送波特率发生器，而且发送和接收的波特率可以不同，此时 T2 的输入时钟可以来自内部，也可来自外部。RCLK 和 TCLK 为"0"时选择 T1 作为波特率发生器，为"1"时选择 T2 作为波特率发生器。

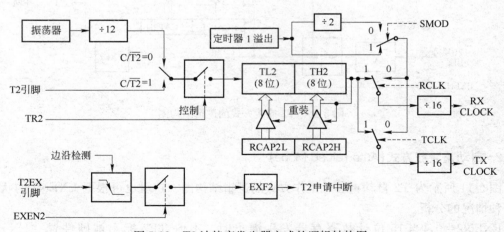

图 5-12　T2 波特率发生器方式的逻辑结构图

　　当 T2 用作波特率发生器时，TH2 的溢出不使 TF2 置"1"，不产生中断。此时，若 EXEN2 为"1"，则 T2EX 引脚的负跳变时将 EXF2 置"1"，可申请中断，但不会发生重装或捕获操作,这时引脚 T2EX 可以作为一个附加的外部中断源。

当 T2 用作波特率发生器时,一般不再读写 TH2、TL2、RCAP2H、RCAP2L 等寄存器。

5.4　定时器/计数器的编程和应用

5.4.1　定时器/计数器对输入信号的要求

定时器/计数器的两个作用是用来精确地确定某一段时间间隔(作定时器用)或累计外部输入的脉冲个数(作计数器用)。当用作定时器时,在其输入端输入周期固定的脉冲,根据定时器/计数器中累计(或事先设定)的周期固定的脉冲个数,即可计算出所定时间的长度。

当 MCS - 51 内部的定时器/计数器被选定为定时器工作模式时,计数输入信号是内部时钟脉冲,每个机器周期产生一个脉冲使计数器加"1"。因此,定时器/计数器的输入脉冲的周期与机器周期一样,为时钟振荡频率的 1/12。当采用 12 MHz 频率的晶体时,计数速率为 1 MHz,输入脉冲的周期间隔为 1 微秒。由于定时的精度决定于输入脉冲的周期,因此需要高分辨率的定时器,应尽量选用频率较高的振荡器。

当定时器/计数器用作计数器时,计数脉冲来自响应的外部输入引脚 T0 或 T1。当输入信号产生由"1"至"0"的跳变(即下跳变)时,计数器的值加"1"。每个机器周期的 S5P2 期间,对外部输入进行采样。如果在第一个周期中采样的值为"1",而在下一个周期中采样的值为"0",则在紧跟着的再下一个周期 S3P1 的期间,计数器加"1"。由于确认一次下跳变要花两个机器周期,即 24 个振荡周期,因此外部输入的计数脉冲的最高频率为振荡器频率的 1/24。例如,选用 6 MHz 频率的晶体,允许输入的脉冲频率为 250 kHz;如果选用 12 MHz 频率的晶体,则可输入 500 kHz 的外部脉冲。

对于外部输入信号的占空比并没有什么限制,但为了确保某一给定的电平在变化之前能被采样一次,则这一电平至少要保持一个机器周期。故对输入信号的基本要求如图 5-13 所示。

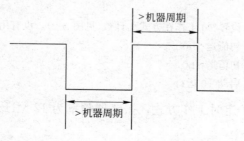

图 5-13　定时器/计数器对输入信号的基本要求

5.4.2 定时器/计数器初值的求法

MCS-51 单片机的定时器/计数器采用增量式计数。也就是说，当运行于定时方式时，每隔一个机器周期定时器自动加"1"；当运行于计数器方式时，每当引脚出现下跳沿，计数器自动加"1"。无论是作定时用还是计数用，当 T0 或 T1 加满后再加"1"时回零，同时定时器的溢出标志(TF0 或 TF1)置"1"。而当允许中断时，TF0 或 TF1 可以申请中断并在中断服务程序中做相应的操作，TF0 或 TF1 也可用作程序来判断定时是否计数满的标志。

怎样确定定时或计数初值(又称为时间常数)，以便达到要求的定时时间或计数值呢？下面介绍确定初值的具体方法。

对于定时器/计数器的 4 种不同工作方式，T0 或 T1 的计数位数不同，因而最大计数值也不同。例如，设最大的计数值为 X，则 4 种工作方式下的 X 分别为

方式 0：$X=2^{13}=8\ 192$。

方式 1：$X=2^{16}=65\ 536$。

方式 2：$X=2^8=256$。

方式 3：由于 T0 分成两个 8 位计数器，所以两个 X 均为 256。

因为定时器/计数器是作"加 1"计数，并在计满溢出时 TF0 或 TF1 置"1"产生中断或被查询，因此对外计数时初值 Y 的计数公式为

$$Y=X-\text{计数值}$$

当定时器/计数器作为定时器其计数值等于所需定时的时间除以机器周期，而机器周期等于 12 除以振荡器频率。所以作为定时时初值 Y 的计数公式为

$$Y=X-\text{所需定时的时间}\times\frac{\text{振荡器频率}}{12}$$

【例 5.1】 T0 运行于对外计数方式，工作方式 1(即 16 位计数方式)，要求外部引脚出现 5 个脉冲后 TF0 置"1"。求计数初值 Y，并编写初始化程序。

解 初值 $Y=X-\text{计数值}$，即 $Y=65\ 536-5=65\ 531=0\text{FFFBH}$。

初始化程序如下。

```
MOV TMOD, #05H ；设置 T0 工作在方式 1 计数(见图 5-2)，没有用到的位都设为"0"(约定)。
MOV TH0, #0FFH ；初值送 TH0
MOV TL0, #0FBH ；初值送 TL0
SETB TR0       ；启动 T0 运行
```

【例 5.2】 T1 运行于定时工作方式，振荡器频率为 12 MHz，要求定时 100 μs。求不同工作方式时的定时初值。

解 因为

$$机器周期 = \frac{12}{振荡器频率} = \frac{12}{12\,\text{MHz}} = 1\,\mu s$$

所以要计数的机器周期个数为 100。各方式下的初值分别为

方式 0(13 位方式)：$Y = 8\,192 - 100 = 8\,092 = 1F9CH$

方式 1(16 位方式)：$Y = 65\,536 - 100 = 65\,436 = 0FF9CH$

方式 2、3(8 位方式)：$Y = 256 - 100 = 156 = 9CH$

应注意定时器在工作方式 0 的初值装入方法。由于方式 0 是 13 位定时/计数方式，对 T0 而言，高 8 位初值装入 TH0，低 5 位初值装入 TL0 的低 5 位(TL0 的高 3 位无效)。所以对于本题，要装入 1F9CH 初值时，排成二进制 00011111100、11100B。在装入初值时，必须把 11111100B 装入 TH0，而把 00011100B 装入 TL0。

通过上面求定时/计数初值的分析可见，不同工作方式的最大计数值或定时机器周期数分别为 8\,192、65\,536、256；当振荡器频率 fosc = 12 MHz 时，方式 1 的最长定时时间为 65.536 ms。需要注意的是，最大计数的初值不是 0FFFFH，而是 0000H，需把 TH 和 TL 都预置成 00H 初值即可。

5.4.3　运行中读定时器/计数器

在读取运行中的定时器/计数器时，需要特别加以注意，否则读取的计数值有可能出错。原因是 CPU 不可能在同一时刻同时读取 TH0 和 TL0 内容。例如，先读 TL0 后读 TH0，由于定时器在不断运行，读 TH0 前，若恰好产生 TL0 溢出向 TH0 进位的情形，则读得的计数值误差为 255。

一种可能解决读错问题的方法是：先读 TH0 后读 TL0，再读 TH0，若两次读得 TH0 相同，则可以确定读得的内容是正确的；若前后两次读得的 TH0 有变化，则再重复上述过程，这次重复读得的内容就应该是正确的。

下面是能正确读取运行中 T0 的计数值的子程序，子程序出口是将读取的计数值的 TH0 和 TL0 存放在 R0 和 R1 内。

```
RDT0: MOV A, TH0        ; 读 TH0
      MOV R0, TL0        ; 读 TL0
      CJNE A, TH0, RDT0 ; 比较 2 次读得的 TH0，不同时重读
      MOV R1, A          ; 相同后，TH0 送 R1
      RET
```

5.4.4　门控制位 GATE 的功能和使用方法

门控制位 GATE0 使定时器/计数器 T0 的启动计数受 $\overline{INT0}$ 控制(见图 5-5)，当 GATE0

为"1"、TR0 为"1"时，只有 $\overline{INT0}$ 引脚输入高电平时，T0 才被允许计数。利用 GATE0 的这个功能(对于 GATE1 也是一样)，可测试引脚 $\overline{INT0}$(P3.2)上正脉冲的宽度(机器周期数)，其方法如图 5-14 所示。

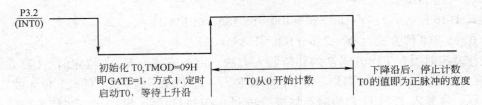

图 5-14　门控制位 GATE 的功能和使用方法

【例 5.3】　利用定时器/计数器 T0 的门控制位 GATE 测量 $\overline{INT0}$ 引脚上出现的脉冲宽度。

解　采用 T0 定时方式工作，由外部脉冲通过 $\overline{INT0}$ 引脚控制计数器闸门的开关，每次开关通过计数器的脉冲信号(机器周期)是一定的，计数值乘以机器周期就是脉冲宽度。编程时设 T0 工作在方式 1、定时且置 GATE＝1，TR0＝1。计数初值取 00H。当 $\overline{INT0}$ 出现高电平时开始计数，$\overline{INT0}$ 为低电平时停止计数，读出值 T0。测试过程如图 5-14 所示。参考程序如下。

```
             ORG 8000H
START: MOV TMOD, #09H    ; GATE=1,方式 1、定时
       MOV TL0, #00H     ; T0 清零
       MOV TH0, #00H     ;
WAIT1: JB P3.2, WAIT1    ; 等待 INT0 变低
       SETB TR0          ; 启动定时
WAIT2: JNB P3.2, WAIT2   ; 等待 INT0 变高，启动定时
WAIT3: JB P3.2, WAIT3    ; 一旦 INT0 再变低
       CLR TR0           ; 停止计数
       MOV R0, TL0       ; 读取计数结果 TL0
       MOV R1, TH0       ; 读取计数结果 TH0
       SJMP $
```

5.4.5　定时器/计数器的应用

定时器/计数器是单片机应用系统中经常使用的部件之一。定时器/计数器的使用方法对程序编制、硬件电路及 CPU 的工作都有直接影响。下面将通过一些实例来说明定时器的具体应用方法。

1. 方式 1 的应用

【例 5.4】　利用定时器 T0 的工作方式 1，使定时器产生 1 ms 的定时，在 P1.0 端输一个周期为 2 ms 的方波。设振荡器频率为 12 MHz。

解　因振荡器频率为 12 MHz，则机器周期为 1 μs。时间常数为 $Y = 65\,536 - 1\,000 = 64\,536 = 0FC18H$。

参考程序如下。

```
          ORG 1000H
MAIN: MOV TMOD, #01H      ；设 T0 工作在方式 1、定时
          MOV TL0, #18H        ；T0 设初值
          MOV TH0, #0FCH
          SETB TR0            ；启动 T0
WAIT: JNB TF0, WAIT      ；等待定时 1 ms 到
          CLR TF0            ；清标志
          CPL P1.0          ；P1.0 取反（每 1 ms 都翻转，则形成周期为 2 ms 的方波）
          SJMP MAIN
```

说明：本题的参考程序有几处可改进的地方，如定时精度的改进等，请读者思考并改进。

2. 方式 2 的应用

【例 5.5】　设重复周期大于 1 ms 的低频脉冲信号从引脚 T0(P3.4)输入。要求 P3.4 每发生一次负跳变时，P1.0 输出一个 500 μs 的同步负脉冲，同时由 P1.1 输出一个 1 ms 的同步正脉冲，设晶振频率为 6 MHz，其波形如图 5-15 所示。

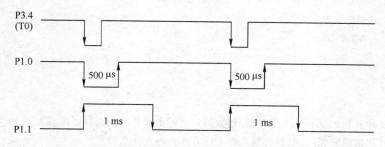

图 5-15　利用定时器/计数器产生同步脉冲

解　先将定时器 T0 设为方式 2 计数器功能，初值为 0FFH。当 T0 有外部负跳变后，计数脉冲计满溢出，TF0 置"1"；经程序查询 TF0 后改变定时器 T0 为方式 2 的 500 μs 定时(定时初值为 06H)，并且 P1.0 输出"0"，P1.1 输出"1"。T0 第一次计数溢出后，

P1. 0 恢复为"1"，T0 第二次计数溢出后，P1. 1 恢复为"0"，T0 重复外部计数。参考程序如下。

```
            ORG 2000H
    START:  SETB P3. 4        ; P3.4 初值为 1
            SETB P1. 0        ; P1.0 初值为 1
            CLR P1. 1         ; P1.1 初值为 0
    LOOP:   MOV TMOD, #06H    ; 设 T0 方式 2、外部计数
            MOV TH0, #0FFH    ; 计数值为 01 就溢出
            MOV TL0, #0FFH
            SETB TR0          ; 启动计数器
    WT01:   JBC TF0, PUL1     ; 检测外部下跳变信号
            AJMP WT01
    PUL1:   CLR TR0
            MOV TMOD, #02H    ; 重置 T0 方式 2、500 μs 定时
            MOV TH0, #06H
            MOV TL0, #06H
            SETB P1. 1        ; P1.1 置 1
            CLR P1. 0         ; P1.0 清零
            SETB TR0          ; 启动定时器`
    D5B1:   JBC TF0, Y5B1     ; 检测首次 500 μs
            AJMP D5B1
    Y5B1:   SETB P1. 0        ; P1.0 置 1
    D5B2:   JBC TF0, Y5B2     ; 第二次检测 500 μs
            AJMP D5B2
    Y5B2:   CLR P1. 1         ; P1.1 恢复为 0
            CLR TR0
            AJMP LOOP
```

习题

1. MCS-51 单片机内部有几个定时器/计数器？它们由哪些专用寄存器组成？
2. 8051 单片机的定时器/计数器有哪几种工作方式？各有什么特点？
3. 定时器/计数器作定时用时，其定时时间与哪些因素有关？作计数用时，对输入信号频率有何限制？
4. 定时器 T2 与 T0、T1 相比有哪些结构上的改变？增加了哪些特殊功能寄存器？请叙述 T2 的 3 种工作方式的主要工作原理。
5. 用定时器 T1 作计数器，要求记 1 500 个外部脉冲后溢出。请设置 TMOD 的内容，并计算出初值（TH1、TL1 的初值）。

6. 编程实现利用定时器 T1 产生一个 50 Hz 的方波，由 P1.3 输出，设晶体振荡器频率为 12 MHz。

7. 试编程使 P1.0 和 P1.1 分别输出周期为 2 ms 和 200 ms 的方波，设晶体振荡器频率为 6 MHz。

8. 设晶体振荡器频率为 6 MHz。试编程实现：当 T0 作为外部计数器每计数 500 个脉冲后，使 T1 开始 6 ms 定时，假设 500 个脉冲的时间间隔远大于 6 ms。

9. 设晶体振荡器频率为 6 MHz。编程实现：使用定时器 T0 工作在方式 2、定时，在 P1.4 输出周期为 100 μs，占空比为 4 : 1 的矩形脉冲。

第 6 章　串行通信接口

提要　本章在介绍串行通信基本知识及几种主要的串行通信标准的基础上，着重讨论了MCS-51单片机串行口的结构、4种工作方式及串行通信波特率计算，利用串行口进行 I/O 的扩展，单片机的串行异步通信的程序设计，总线型主从方式下多机通信原理及程序实现。

随着单片机的发展，其应用已从单机逐渐转向多机或联网发展，而多机应用的关键又在于单片机之间的相互数据通信。MCS-51 单片机内都有一个功能较强的全双工的串行通信口，该串行口有 4 种工作方式，波特率可用软件设置，由片内的定时器/计数器产生。串行口接收、发送数据均可触发中断系统，使用十分方便。MCS-51 的串行口除了可以用于数据通信之外，还可以用于 I/O 扩展。

6.1　串行通信基础

6.1.1　基本通信方式

在实际工作中，CPU 与外部设备之间常常要进行信息交换，一台计算机与其他计算机之间也往往要交换信息，所有这些信息交换均可称为通信。

1. 并行通信和串行通信

在计算机系统中，CPU 与外部通信的基本通信方式有并行通信和串行通信两种：一种是并行通信—数据的多位同时传送，另一种是串行通信—数据一位一位的传送。通常根据信息传送的距离决定采用哪种通信方式。例如，在 PC 机与打印机通信时，可采用并行通信方式；当距离较大时，可采用串行通信方式。MCS-51 单片机具有并行和串行两种基本通信方式。

并行通信是指数据的各位同时进行传送（发送或接收）的通信方式。其优点是控制简单、传递速度快；缺点是数据有多少位，就至少需要多少根传送线。例如，MCS-51 单片机与一些并行外设之间的数据传送就属于并行通信，图 6-1(a)所示为 MCS-51 单片机或其他 CPU 与外设的 8 位或多位数据并行通信的连接方法，控制信号和状态信号线可以有(1 根或多根)也可以没有。并行通信通常用在电路板内或机箱内部短距离的快速通信。

　　串行通信是指数据一位一位按顺序传送的通信方式。它的突出优点是最少只需一对传送线,这样就大大降低了传送成本,特别适用于远距离通信;其缺点是控制较为复杂,传送速度较低。图 6-1(b)所示为串行通信方式的连接方法,控制信号和状态信号线可以有(1 根或多根)也可以没有。

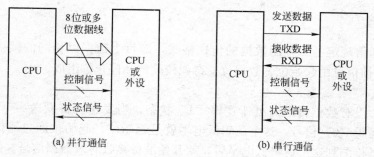

图 6-1　基本通信方式示意图

2. 串行数据通路形式

串行数据通信共有以下几种数据通路形式。

（1）单工通信（Simplex）

单工形式的数据或信号传送是单向的。通信双方中一方固定为发送端,另一方则固定为接收端。单工形式的串行通信,只需要一条数据或信号通道,如图 6-2(a)所示。例如寻呼台到寻呼机的通信。

（2）全双工通信（Full-duplex）

全双工形式的数据或信号传送是双向的,且可以同时发送和接收数据或信号。因此,全双工形式的串行通信至少需要两条数据或信号通道,如图 6-2(c)所示。例如打电话的双方的通信。

（3）半双工通信（Half-duplex）

半双工形式的数据或信号传送也是双向的,但任何时刻只能由其中的一方发送数据或信号,另一方接收数据或信号。因此半双工形式既可以使用一条数据通道,也可以使用两条数据通道,如图 6-2(b)所示是采用一条数据通道,两个开关同时向上时,A 发 B 收;两个开关同时向下时,B 发 A 收。

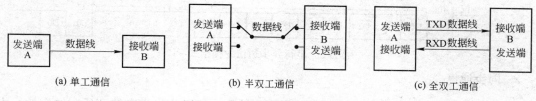

图 6-2　串行数据通信的通路形式

6.1.2　异步通信和同步通信

串行通信是指将多位的二进制数据位，依据一定的顺序逐位进行传送的通信方法。在串行通信中，有两种基本的通信方式，即异步通信和同步通信。

1. 异步通信

异步串行通信规定了二进制数据的传送格式，即每个数据以相同的帧格式传送，如图6-3 所示。每一帧信息由起始位、数据位、奇偶校验位和停止位组成。

（1）起始位

在通信线上没有数据传送时处于逻辑"1"状态，当发送设备发送一个二进制数据时，首先发出一个逻辑"0"信号，这个逻辑低电平就是起始位。起始位通过通信线传向接收设备，当接收设备检测到这个逻辑低电平后，就开始准备接收有效数据信号。因此，起始位所起的作用是表示二进制数据传送开始。

（2）数据位

当接收设备收到起始位后，紧接着就会收到数据位。数据位的个数可以是 5、6、7 或 8 位的数据。在字符数据传送过程中，数据位从最小有效位（最低位）开始传送。

（3）奇偶校验位

数据位发送完之后，可以发送奇偶校验位。奇偶校验位用于有限差错检测，通信双方在通信时须约定相同的奇偶校验方式。就数据传送而言，奇偶校验位是冗余位，用于检错，其检错的能力虽有限但很容易实现。

（4）停止位

在奇偶位或数据位（当无奇偶校验时）之后发送的是停止位，它可以是 1 位、1.5 位或 2 位。停止位是一个二进制数据的结束标志。

在异步通信中，二进制数据以图 6-3 所示的格式一个接一个的传送。在发送间隙即空闲时，通信线路总是处于逻辑"1"状态（高电平），每个二进制数据的传送均以逻辑"0"（低电平）开始。

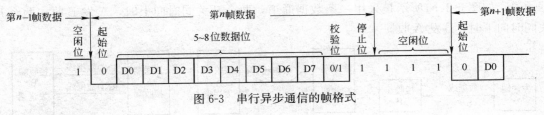

图 6-3　串行异步通信的帧格式

2. 同步通信

在异步通信中，每一个字符（5～8 位）要用起始位和停止位作为字符开始和结束的标志，占用了约 20％的时间。所以在数据块传送时，为了提高通信速度，常去掉这些标志，而采用同步传送。同步通信不像异步通信，依靠起始位在每个字符数据开始时使发送和接收同步，而是通过同步字符在每个数据块传送开始时使收/发双方同步。同步通信的通信格式如图 6-4 所示。

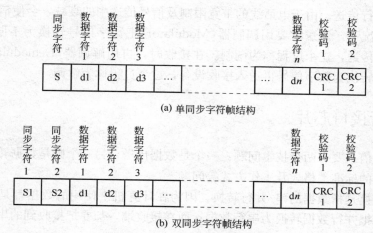

(a) 单同步字符帧结构

(b) 双同步字符帧结构

图 6-4　同步通信的字符帧格式

在同步通信中，同步字符可以用统一标准格式，也可由用户约定。在单同步字符帧结构中，同步字符常采用 ASCⅡ码中规定的 SYN(即 16H)代码；在双同步字符帧结构中，同步字符一般采用国际通用标准代码 EB90H。

同步通信的数据传输速率较高，通常可达 115 Kb/s 或更高。同步通信的缺点是，要求发送时钟和接收时钟保持严格同步，故发送时钟除了应和发送波特率保持一致外，还要求把它同时传送到接收端去。

3. 波特率(Baud Rate)

波特率，即数据传送速率，表示每秒钟传送二进制代码的位数，它的单位是 b/s(位/秒)。设数据传送的速率每秒为 120 个字符，每个字符包含 10 个代码位(1 个起始位，1 个停止位，8 个数据位)，这时传送的波特率为 10×120 b/s＝1 200 波特(bps)；每一位代码的传送时间为波特率的倒数，即 $1/1\ 200 \approx 0.833$(ms)。

异步通信的传送速率在 50 到 56 000 波特之间，常用于计算机到外设，以及双机和多机之间的通信等。

4. 传送编码

因为在通信线路上传送的是"0"、"1"两种状态，而传送的信息中有字母、数字和字符等，这就需用二进制数对所传送的字符进行编码。常用的编码种类有美国标准信息交换代码

ASCⅡ码和扩展的 BCD 码、EBCDIC 码等。

5. 信号的调制与解调

当异步通信的距离较近时，通信终端之间可以直接通信；当传输距离较远时，通常是用电话线或光纤进行传送。由于电话线的带宽限制及信号传送中的衰减，会使信号发生明显的畸变。在这种情况下，发送时要用调制器（Modulator）把数字信号转换为不同的频率信号，并加以处理后再传送，这个过程称为调制。在接收时，再用解调器（Demodulator）检测此频率信号，并把它转换为数字信号再送入接收设备，这个过程称为解调。

6.1.3 串行接口芯片

串行数据通信主要有两个技术问题：一个是数据传送，另一个则是数据转换。数据传送主要解决传送中的标准、格式及工作方式等问题。

所谓数据转换是指数据的串/并行转换。因为在计算机中使用的数据都是并行数据，所以在发送端，要把并行数据转换为串行数据；而在接收端，却要把接收到的串行数据转换为并行数据。

为了实现数据的转换，应使用串行接口芯片。这种接口芯片也称为通用异步接收发送器（UART），典型 UART 的基本组成如图 6-5 所示。

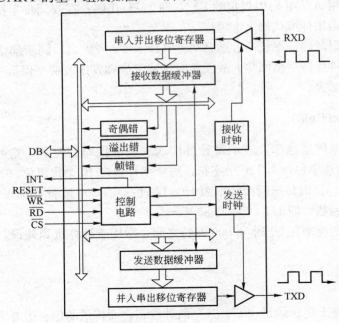

图 6-5 UART 硬件组成框图

　　UART 的基本组成部分是接收器、发送器、控制器和接收发送时钟等。尽管 UART 芯片的型号不同，但它们的基本组成和主要功能却大致相同。下面综述 UART 的主要功能。

　　(1) 数据的串行化/反串行化

　　所谓串行化就是把并行数据变换为串行数据。所谓反串行化就是把串行数据变换为并行数据。在 UART 中，完成数据串行化的电路属发送器，而实现数据反串行化处理的电路则属接收器。

　　(2) 格式信息的插入和滤除

　　格式信息是指异步通信格式中的起始位、奇偶位和停止位等。在串行化过程中，按格式要求把格式信息插入，和数据位一起构成串行数据位串，然后进行串行数据传送。在反串行化过程中，则把格式信息滤除而保留数据位。

　　(3) 错误检测

　　错误检测的目的在于检测数据通信过程是否正确。在串行通信中由于线路的干扰等原因可能出现各种错误，常见的包括奇偶错、溢出错和帧错等。

　　为了使计算机能进行串行数据通信，就需要使用串行接口芯片 UART。多数 UART 芯片功能很强，有的已经把一些通信协议集成进来，但要完成串行数据通信通常都要软件配合。串行通信的软、硬件一般要比并行通信复杂。

6.2　串行通信总线标准及其接口

　　在单片机应用系统中，数据通信主要采用的是异步串行通信方式。在设计通信接口时，必须根据应用需求选择标准接口，并考虑电平转换、传输介质等问题。

　　异步串行通信常用接口主要有以下几种。

- TTL 电平直接连接；
- RS－232C；
- RS－422、RS－485；
- 20 mA 电流环。

采用标准接口后，能够方便地把单片机和单片机、外部设备有机地连接起来，构成一个测控系统。为了保证通信可靠性的要求，在选择接口标准时，应注意以下两点。

　　(1) 通信速度和通信距离

　　通常的标准串行接口的电气特性，都有满足可靠传输时的最大通信速度和传送距离指标，但这两个指标之间具有相关性，适当地降低传输速度，可以提高通信距离，反之亦然。例如，采用 RS－232C 标准进行单向数据传输时，数据传输速度为 20 kbit/s，可靠的传输距离为 15 英尺。而采用 RS－422 标准时，最大传输速度可达 10 Mbit/s，最大传输距离为 300 m，适当降低数据传输速度，传送距离可达 1 200 m。

　　(2) 抗干扰能力

　　通常选择的标准接口在保证不超过其使用范围时都有一定的抗干扰能力，以保证可靠的信号传输。但在一些工业测控系统中，通信环境往往十分恶劣，因此在通信介质选择、接口标准选择时，要充分注意其抗干扰能力，并采取必要的抗干扰措施。例如，在长距离传输时，使用 RS - 422 标准能有效地抑制共模信号干扰，使用 20 mA 电流环技术，能大大降低对噪音的敏感程度。

　　在高噪音污染的环境中，通过使用光纤介质可减少噪音的干扰，通过光电隔离提高通信系统的安全性也是一种行之有效的方法。

6.3　MCS - 51 的串行接口

　　MCS - 51 内部含有一个可编程全双工串行通信接口，具有 UATR 的全部功能。该接口电路不仅能同时进行数据的发送和接收，也可作为一个同步移位寄存器使用。下面对它的内部结构、工作方式和波特率进行讨论。

6.3.1　串行口的结构

1. 串行口的结构

　　MCS - 51 通过两条独立的收发信号引脚 RXD(P3.0，串行数据接收端)和引脚 TXD (P3.1，串行数据发送端)实现全双工通信。串行发送与接收的速率与移位时钟同步。MCS - 51 用定时器 T1 溢出率经 2 分频(或不分频)再经 16 分频后作为串行发送或接收的移位脉冲(对于 52 子系列还可用定时器 T2)，移位脉冲的速率即是波特率。串行口的结构如图 6-6 所示。

　　从图 6-6 中可看出，接收器是双缓冲结构，在前一个字节被从接收缓冲器 SBUF 读出之前，第二个字节即开始被接收(串行输入至接收移位寄存器)；但是在第二个字节接收完毕而前一个字节在 SBUF 中未被 CPU 读取时，前一个字节被后一个字节覆盖而丢失。

　　对于发送缓冲器，因为发送时 CPU 是主动的，所以不会产生重叠错误，一般不需要用双缓冲器结构来保持最大传送速率。

　　串行口的发送和接收都是以特殊功能寄存器 SBUF 的名义进行读或写的，当向 SBUF 发"写"命令后(执行"MOV SBUF，A"指令)，发送控制器在发送时钟 TXC 作用下自动在发送字符前后添加起始位、停止位和其他控制位，然后在 SHIFT(移位)脉冲控制下一位一位地从 TXD 引脚上串行发送一帧数据，发送完便使发送中断标志位 TI 置"1"。

　　在满足串行口接收中断标志位 RI(SCON.0)＝0 的条件下，置允许接收位 REN (SCON.4)＝1 就会启动接收过程，串行口的接收过程基于采样脉冲(接收时钟的 16 倍)对

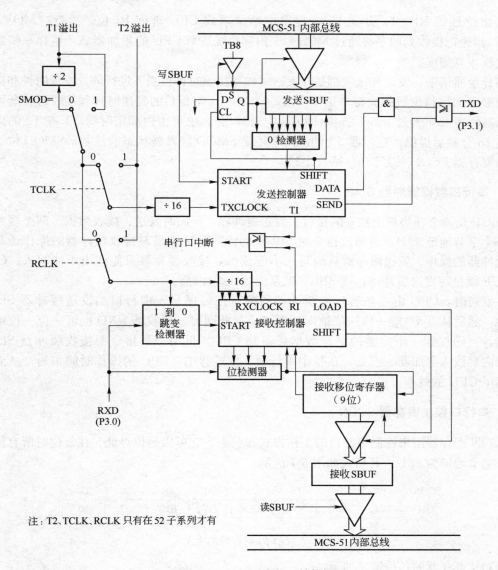

图 6-6 MCS-51 串行口结构框图

RXD 线的监视。当"1 到 0 跳变检测器"连续 8 次采样到 RXD 线上的低电平时，该检测器便可确认 RXD 线上出现了起始位。此后，接收控制器就从下一个数据位开始改为对第 7、8、9 三个脉冲采样 RXD 线，并遵守"三中取二"的原则来决定所检测的值是"0"还是"1"。采用这一检测的好处在于抑制干扰和提高信号接收的可靠性，因为采样信号总是在每个接收位的中间位置，这样不仅可以避开信号两端的边沿失真，也可防止接收时钟频率和发送时钟频率不完全同步所引起的接收错误。接收电路连续接收到一帧字符后就自动去掉起始位和终止位且使 RI＝1，并向 CPU 提出中断请求或 CPU 查询 RI 位，执行"MOV A，SBUF"指令把接收到的字符通过 MCS-51 内部总线送至 CPU 的累加器 A，这样一帧数据接收过程才算完成。

在异步通信中，发送和接收都是在发送时钟和接收时钟控制下进行的。发送时钟和接收时钟都必须同字符位数的波特率保持一致，MCS-51 串行口的发送时钟和接收时钟既可由主振荡器频率 fosc 经过分频后提供（图 6-6 中未画出），也可由内部定时器 T1 或 T2 的溢出率经过 16 分频后提供。定时器 T1 的溢出率还受 SMOD 触发器状态的控制，SMOD 位于电源控制寄存器 PCON 的最高位（见表 2-5）。

2. 串行口数据缓冲器 SBUF

SBUF 是两个在物理上独立的接收、发送缓冲器，可同时发送、接收数据。两个缓冲器只用一个字节地址 99H，可通过指令对 SBUF 的读写来区别是对接收缓冲器的操作还是对发送缓冲器的操作。发送缓冲器只能写入不能读出，接收缓冲器只能读出不能写入。CPU 写 SBUF 就是写发送缓冲器，读 SBUF 就是读接收缓冲器。

在发送时，CPU 由一条写发送缓冲器的指令把数据写入串行口的发送缓冲器 SBUF（发）中，然后从 TXD 端一位一位地向外发送。与此同时，接收端 RXD 也可一位一位地接收数据，直到收到一个完整的字符数据后通知 CPU，再用一条指令把接收缓冲器 SBUF（收）的内容读入累加器。可见，在整个串行收、发过程中，CPU 的操作时间很短，从而大大提高了 CPU 的效率。

3. 串行口控制寄存器 SCON

SCON 寄存器用来控制串行口的工作方式和状态，它可以是位寻址。在复位时所有位被清零，字节地址为 98H。其格式如图 6-7 所示。

SCON	D7	D6	D5	D4	D3	D2	D1	D0
(98H)	SM0	SM1	SM2	REN	TB8	RB8	TI	RI

图 6-7　SCON 寄存器的定义

SCON 寄存器的各位定义如下。
- SM0、SM1——串行口工作方式选择位（具体定义见表 6-1）。
- SM2——多机通信控制位，主要用于工作方式 2 和工作方式 3。在方式 2 和方式 3 中，当 SM2＝1，则接收到第 9 位数据（RB8）为"0"时不置位接收中断标志 RI（即 RI＝0），并且将接收到的前 8 位数据丢弃；RB8 为"1"时，才将接收的前 8 位数据送入 SBUF，并置位 RI 产生中断请求。当 SM2＝0 时，则不论第 9 位数据为"1"或为"0"，都将前 8 位数据装入 SBUF 中，并产生中断请求。在方式 0 时，SM2 必须为"0"。

- REN——允许接收控制位。REN＝0，则禁止串行口接收；若 REN＝1，则允许串行口接收。
- TB8——发送数据第 9 位，用于在方式 2 和方式 3 时存放发送数据第 9 位。TB8 由软件置位或清零。
- RB8——接收数据第 9 位，用于在方式 2 和方式 3 时存放接收数据第 9 位。在方式 1 下，若SM2＝0，则 RB8 用于存放接收到的停止位方式；方式 0 下，不使用 RB8。
- TI——发送中断标志位，用于指示一帧数据是否发送完。在方式 0 下，发送电路发送完第 8 位数据时，TI 由硬件置位；在其他方式下，在发送电路开始发送停止位时置位，这就是说，TI 在发送前必须由软件清零，发送完一帧数据后由硬件置位。因此，CPU 查询 TI 状态便可知一帧信息是否已发送完毕。
- RI——接收中断标志位，用于指示一帧信息是否接收完。在方式 0 下，RI 在接收电路接收到第 8 位数时由硬件置位；在其他方式下，RI 是在接收电路接收到停止位的中间位置时置位的。RI 也可供 CPU 查询，以决定 CPU 是否需要从 SBUF（接收）中提取接收到的字符或数据。RI 也由软件清零。

在进行串行通信时，当一帧发送完时，有时须用软件来设置 SCON 的内容。当由指令改变 SCON 的内容时，改变内容是在下一条指令的第一个周期的 S1P1 状态期间才锁存到 SCON 寄存器中，并开始有效。如果此时已开始进行串行发送，那么 TB8 送出去的仍是原有的值而不是新值。

在进行串行通信时，当一帧发送完毕时，发送中断标志置位，向 CPU 请求中断；当一帧接收完毕时，接收中断标志置位，也向 CPU 请求中断。若 CPU 允许中断，则要进入中断服务程序。CPU 事先并不能区分是 RI 请求中断还是 TI 请求中断，只有在进入中断服务程序后，通过查询 RI、TI 来区分，然后进入相应的中断处理程序。

4. 电源控制寄存器 PCON

PCON 主要是为 CHMOS 型单片机的电源控制设置的专用寄存器，单元地址为 87H，不能位寻址。其最高位是 SMOD，为波特率选择位。在方式 1、方式 2 和方式 3 时，串行通信的波特率和 SMOD 有关。当 SMOD＝1 时，通信波特率乘 2；当 SMOD＝0 时，波特率不变。PCON 中的其他各位用于 MCS-51 的电源控制。

6.3.2　串行口的工作方式 0

MCS-51 的串行口有 4 种工作方式，它是由 SCON 中的 SM1 和 SM0 来决定的，如表 6-1 所示。

表 6-1　串行口的工作方式

SM0	SM1	工作方式	方式简单描述	波 特 率
0	0	0	移位寄存器 I/O	主振频率/12
0	1	1	8 位 UART	可　　变
1	0	2	9 位 UART	主振频率/32 或主振频率/64
1	1	3	9 位 UART	可　　变

　　串行口的工作方式 0 为移位寄存器输入、输出方式，可外接移位寄存器，以扩展 I/O 口，也可外接同步输入输出设备。

1. 方式 0 输出

　　数据从 RXD 引脚串行输出，TXD 引脚输出移位脉冲，波形如图 6-8(a)所示。当一个数据写入串行口发送缓冲器时，串行口即将 8 位数据以 fosc/12 的固定波特率从 RXD 引脚输出，低位在先，TXD 为移位脉冲信号输出端。发送完 8 位数据后中断标志位 T1 置"1"。

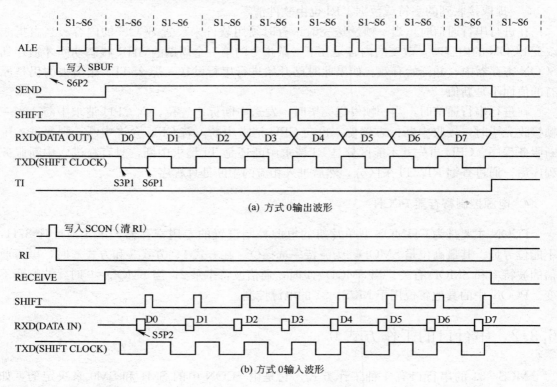

(a) 方式 0 输出波形

(b) 方式 0 输入波形

图 6-8　串行口方式 0 输入、输出波形

2. 方式 0 输入

REN 为串行口接收器允许接收控制位，REN＝0，禁止接收；REN＝1，允许接收。当串行口置为方式 0，并置"1"REN 位，串行口处于方式 0 输入，引脚 RXD 为数据输入端，TXD 为移位脉冲信号输出端，接收器也以 fosc/12 的固定波特率采样 RXD 引脚的数据信息，当接收器接收到 8 位数据时中断标志 RI 置"1"，波形如图 6-8(b)所示。

SCON 中的 TB8、RB8 在方式 0 中没用，方式 0 发送或接收完 8 位数据由硬件将中断标志位 TI 或 RI 置"1"，CPU 响应 TI 或 RI 中断，标志位必须由用户程序清零。如果 CPU 执行"CLR TI、CLR RI"等指令可清零 TI 或 RI。方式 0 时 SM2 位(多机通信控制位)必须为"0"。

3. 方式 0 用于扩展 I/O 口

工作方式 0 为同步移位寄存器输入/输出方式，常用于扩展 I/O 口，串行数据通过 RXD(P3.0)端输入或输出，而同步移位时钟由 TXD(P3.1)端送出，作为外接器件的同步时钟信号。例如，通过 74LS164 可扩展并行输出口，通过 74LS165 可扩展输入口。在这种方式下，收发的数据为 8 位，低位在前，无起始位/奇偶位和停止位。波特率为晶体振荡器频率的 1/12，若晶体振荡器频率为 12 MHz，则波特率为 1 Mb/s。

6.3.3　串行口的工作方式 1

SM0、SM1 两位为"01"时，串行口以方式 1 工作，方式 1 时串行口被控制为波特率可变的 8 位异步通信接口。方式 1 的波特率由下式确定。

$$方式 1 的波特率 = \frac{2^{SMOD}}{32} \times 定时器 \ T1 \ 的溢出率$$

式中，SMOD 为 PCON 寄存器的最高位的值(0 或 1)。

1. 方式 1 发送

串行口以方式 1 发送时，数据位由 TXD 端输出，发送一帧信息为 10 位，1 位起始位"0"，8 位数据位(低位在先)和 1 位停止位"1"。CPU 执行一条写发送缓冲器 SBUF 的指令，就启动发送。当发送完数据位后，将中断标志位 TI 置"1"。方式 1 发送数据时的波形，如图 6-9(a)所示。

2. 方式 1 接收

串行口方式 1 接收时(REN＝1，SM0＝0，SM1＝1)，以所选波特率的 16 倍的速率采样 RXD 引脚状态，当采样到 RXD 端从"1"到"0"的跳变时复位接收时钟，位采样脉冲第 7、8、9 共 3 次采样的值按"三取二"的原则确定其值，以提高接收可靠性。当检测到起始位有效时，开始接收一帧其余的信息。一帧信息为 10 位，1 位起始位，8 位数据位（低位在先），1 位停止位。当满足以下两个条件时将数据送至 SBUF：①RI＝0；②收到的停止位为"1"或 SM2＝0 时，停止位进入 RB8，且置"1"中断标志 RI。若这两个条件不满足，数据将丢失。因此，中断标志必须由用户的中断服务程序（或查询程序）清零。通常情况下，串行口以方式 1 工作时，SM2＝0。方式 1 接收数据时的波形如图 6-9(b)所示。

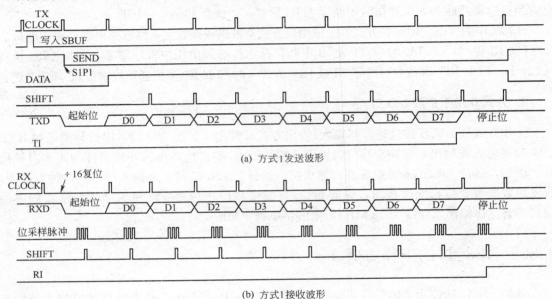

(a) 方式 1 发送波形

(b) 方式 1 接收波形

图 6-9　串行口方式 1 发送、接收波形

6.3.4　串行口的工作方式 2

当 SM0、SM1 两位为 10 时，串行口工作于方式 2，此时串行口被定义为 9 位异步通信接口。方式 2 的波特率由下式确定。

$$方式 2 的波特率＝\frac{2^{SMOD}}{64}×振荡器频率$$

1. 方式 2 发送

发送数据由 TXD 端输出，发送一帧信息为 11 位，1 位起始位"0"，8 位数据位（低位在先），1 位可编程为"1"或"0"的第 9 位数据，1 位停止位"1"。增加的第 9 位数据即 SCON 中的 TB8(SCON.3 位)的值，TB8 由软件置"1"或清零，可以作为多机通信中的地址或数据的标志位，也可以作为数据的奇偶校验位。串行口方式 2 发送数据的时序波形如图 6-10(a)所示。

下面的发送程序中，以 TB8 作为偶校验位，处理方法是数据写入 SBUF 之前，先将数据的奇偶校验位 P 写入 TB8。

```
CLR TI              ；发送中断标志 TI 清零
MOV A, R0           ；取数据
MOV C, P            ；奇偶校验位 P 送 TB8，偶校验
MOV TB8, C
MOV SBUF, A         ；数据写入发送缓冲器，启动发送
```

2. 方式 2 接收

SM0、SM1 两位为 10，且 REN 为 1 时，允许串行口以方式 2 接收数据。数据由 RXD 端输入，接收一帧信息为 11 位，即 1 位起始位 "0"，8 位数据位，1 位附加的第 9 位数据（RB8），1 位停止位 "1"。当接收器采样到 RXD 端从 "1" 到 "0" 的跳变，并判断起始位有效后，开始接收一帧信息。在接收器收到第 9 位数据后，当 RI＝0 且 SM2＝0 或接收到的第 9 位数据位为 "1" 时，接收到的数据送入 SBUF（接收缓冲器），第 9 位数据送入 RB8 并将 RI 置 "1"。若不满足上述条件，接收的信息被丢失。串行口方式 2 接收数据的时序波形如图 6-10（b）所示。

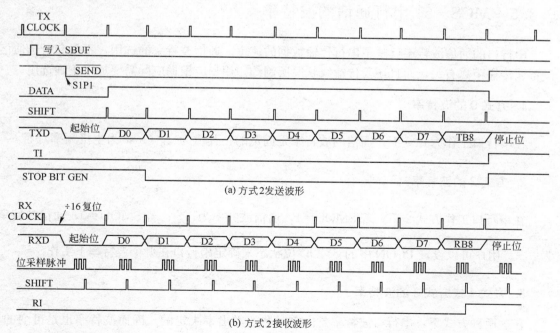

(a) 方式 2 发送波形

(b) 方式 2 接收波形

图 6-10　串行口方式 2 发送、接收波形

若附加的第 9 位数据为偶校验位，在接收程序中应做校验处理，可采用如下程序。

```
        CLR RI              ; 收到一帧数据后清 RI
        MOV A, SBUF         ; 前 8 位数据送 A
        MOV C, P            ; 正确的偶校验应该是 P=0 且 RB8=0 或 P=1 且 RB8=1
        JNC PD0             ; P=0 则判断 RB8 是否为 0
        JNB RB8, ERROR      ; P=1 则判断 RB8 是否为 1, ERROR 为出错处理程序标号
        AJMP POK            ;
PD0: JB RB8, ERROR          ; P=0, RB8=1 则出错
POK: MOV @R0, A             ; 将正确接收的 8 位数据保存
ERROR:  ...                 ; 出错处理入口(可根据需要作丢弃或要求重发等处理)
```

6.3.5　串行口的工作方式 3

　　当 SM0、SM1 两位为 11 时，串行口工作在方式 3。方式 3 为波特率可变的 9 位异步通信方式，除了波特率外，方式 3 和方式 2 完全相同。方式 3 的波特率由下式确定。

$$方式 3 的波特率 = \frac{2^{\text{SMOD}}}{32} \times 定时器 \text{ T1 的溢出率}$$

6.3.6　MCS - 51 串行通信的波特率

　　串行口的通信波特率反映了串行传输数据的速率。通信波特率的选用，不仅和所选通信设备、传输距离有关，而且还受传输线状况所制约。用户应根据应际需要加以正确选用。

1. 方式 0 的波特率

　　在串行口工作方式 0 下，通信的波特率是固定的，其值为 $\frac{\text{fosc}}{12}$（fosc 为主机频率）。

2. 方式 2 的波特率

　　在串行口工作方式 2 下，若 SMOD=1，通信波特率为 $\frac{\text{fosc}}{32}$；若 SMOD=0，通信波特率为 $\frac{\text{fosc}}{64}$。用户可以设置 PCON 中的 SMOD 位状态来确定串行口在哪个波特率下工作。

3. 方式 1 或方式 3 的波特率

　　在这两种方式下，串行口波特率是由定时器的溢出率决定的，因而波特率也是可变的，相应公式为

$$方式 1 或方式 3 的波特率 = \frac{2^{\text{SMOD}}}{32} \times 定时器 \text{ T1 的溢出率}$$

定时器 T1 溢出率的计算公式为

$$定时器 T1 的溢出率 = \frac{fosc}{12} \times \left(\frac{1}{2^K - 初值} \right)$$

定时器 T1 通常采用方式 2，即 8 位自动重装方式，式中的 K 为 8。方式 1 或方式 3 下所选的波特率可通过下列计算来确定初值，该初值是定时器 T1 初值化时置 TH1 的值。

$$方式 1 或方式 3 的波特率 = \frac{2^{SMOD}}{32} \times \frac{fosc}{12 \times [256 - (TH1)]}$$

如果把定时器 T1 设置成 16 位定时方式，则可得到很低的波特率。但在这种情况下，须开放定时器 T1 的中断，由其中断服务程序负责重置定时器 T1 计数的初始值。

为避免计算出错，波特率和定时器 T1 初值的关系已算出并列表，具体如表 6-2 所示。

表 6-2　常用波特率与其他参数选取关系

串行口工作方式	波特率	fosc	SMOD	定时器 T1		
				C/$\overline{T}$	模　式	定时器初值
方式 0	1 MHz	12 MHz	×	×	×	×
方式 2	375 K	12 MHz	1	×	×	×
	187.5 K	12 MHz	0	×	×	×
方式 1、方式 3	62.5 K	12 MHz	1	0	2	0FFH
	19.2 K	11.059 2 MHz	1	0	2	0FDH
	9.6 K	11.059 2 MHz	1	0	2	0FDH
	4.8 K	11.059 2 MHz	0	0	2	0FAH
	2.4 K	11.059 2 MHz	0	0	2	0F4H
	1.2 K	11.059 2 MHz	0	0	2	0E8H
	600	11.059 2 MHz	0	0	2	0D0H
	110	12 MHz	0	0	1	0FEE4H

4. 定时器 T2 用作波特率发生器

在 52 子系列中，若把专用寄存器 T2CON(图 5-8) 的 RCLK 和 TCLK 两位置 "1"，则定时器 T2 将如图 5-12 所示，作波特率发生器方式。这种方式类似于自动重装方式，当 T2 的值递增至 "0" 时，捕捉寄存器 RCAP2H 和 RCAP2L 内原预置的 16 位值将被重新装入 TH2 和 TL2 中。这时串行口方式 1 和方式 3 的波特率等于定时器 2 溢出率的 1/16。

定时器 T2 用作波特率发生器时，最常见的是以定时方式运行，即 T2CON 中的 C/$\overline{T2}$ 位被清零，但是应当注意以下几点。

① 通常情况下，每经过一个机器周期定时器计数值增 "1"（计数率为晶振频率的 1/12）。然而作波特率发生器时，定时器 2 的计数值每经过一个时钟周期增 "1"，即计数频率为主振荡器频率的 1/2。故方式 1 和方式 3 的波特率为

$$方式 1 或方式 3 的波特率 = \frac{1}{16} \times \frac{fosc}{2} \times \frac{1}{[65\,536 - (RCAP2H, RCAP2L)]}$$

式中，(RCAP2H，RCAP2L) 为捕捉寄存器的内容，即为 16 位无符号整数值。

② 当定时器 2 作波特率发生器运行时，TH2 内容递增至"0"并不使 TF2 标志置"1"，故不产生中断请求，因此无需禁止其中断。

③ 如果 EXEN2 位被写成"1"，则 T2EX 引脚上所发生的"1"至"0"的跳变将使 EXF2 标志置"1"，但这不导致 RCAP2H 和 RCAP2L 的内容被重新装入 TH2 和 TL2 中。这就是说，当定时器 T2 作波特率发生器时，T2EX 引脚可作为附加的外部中断输入用。

④ 定时器 T2 正在作波特率发生器定时运行期间，不应对 TH2 或 TL2 进行读或写操作，因为写操作可能会与重装操作发生冲突。

6.4 串行口应用举例

6.4.1 利用串行口工作方式 0 扩展 I/O 口

由上一节可知，MCS-51 单片机的串行口在工作方式 0 状态下，使用移位寄存器芯片可以扩展一个或多个 8 位并行 I/O 口。所以，若串行口别无他用，就可用来扩展并行 I/O 口，这种方法不但占用片外 RAM 地址，而且还能简化单片机系统的硬件结构。但缺点是操作速度较慢，扩展芯片越多，速度越慢。

1. 用 74LS165 扩展并行输入口

图 6-11 是利用两片 74LS165 扩展两个 8 位并行输入口的电路。74LS165 是可并行置入的 8 位移位寄存器，当移位/置入端 S/L 由"1"变为"0"时，并行输入端的数据被置入各寄存器。当 S/L＝1 且时钟禁止端(15 脚)为低时，在时钟脉冲的作用下，数据从右到左依次向 Q$_H$ 方向移动，图中 SIN 为串行输入端。

下面的程序是从 16 位扩展口读入一组数据，即 2 个字节的并行输入信息，并把它们存放到内部 RAM 的 60H、61H 单元。

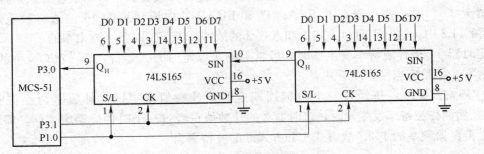

图 6-11 利用 74LS165 扩展并行输入口

```
MOV R1, #60H          ;设置数据存放指针
```

```
        SETB P1.0              ；S/L初始状态设为"1"
        CLR P1.0               ；"1"变"0"时并行置入数据
        SETB P1.0              ；允许串行移位
        MOV SCON, #10H         ；设工作方式 0，并启动接收
        MOV R0, #02H           ；设置每组字节数为 2
  WAIT: JNB RI, WAIT           ；等待接收一帧有效数据
        CLR RI                 ；清接收标志，准备下次接收
        MOV A, SBUF            ；读入数据
        MOV @R1, A             ；送内部 RAM 区
        INC R1                 ；调整指针
        DJNZ R0, WAIT          ；若未读完一组则继续
```

2. 用 74LS164 扩展并行输出口

图 6-12 是利用两片 74LS164 扩展两个 8 位并行输出口的电路。74LS164 是 8 位串入并出移位寄存器，由于其无输出控制端，故在串行输入过程中，输出端会不断地变化，所以一般应在 74LS164 和输出装置之间加接输出控制门，以保证串行输入结束后再输出数据。

下面的程序将内部 RAM 区中 30H 和 31H 单元的内容通过串行口由 74LS164 并行送出。每 8 位输出可用于控制显示一个 8 段 LED 数码管，需要用几个 LED 数码管，就扩展几片 74LS164 即可。

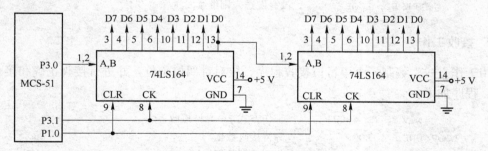

图 6-12　利用 74LS164 扩展并行输出口

```
        MOV R6, #02H           ；设置发送字节数
        MOV R0, #30H           ；设置片内 RAM 指针
        MOV SCON, #00H         ；设置串行口方式 0
  SEND: MOV A, @R0             ；读入数据
        MOV SBUF, A            ；启动串行口发送
  WAIT: JNB TI, WAIT           ；未发送完一帧，等等
        CLR TI                 ；清发送中断标志
        INC R0                 ；调整指针
        DJNZ R6, SEND          ；判断是否发送完
```

6.4.2　用串行口进行异步单工通信

1. 发送工作

编写程序：把片内 RAM 中 40H～4FH 单元的数据由串行口发送出去，定义为工作方式 2，TB8 作为奇偶校验位，在数据写入发送缓冲器之前，先将数据的奇偶位写入 TB8，这时第 9 位数据作为奇偶校验用。具体程序如下。

```
        MOV SCON, #80H      ; 设定串行口工作方式 2
        MOV PCON, #80H      ; 波特率为 fosc/32
        MOV R0, #40H        ; 设片内 RAM 指针
        MOV R2, #16         ; 数据长度计数送 R2
LOOP:   MOV A, @R0          ; 取数据
        MOV C, P            ; 奇偶校验位送 TB8
        MOV TB8, C
        MOV SBUF, A         ; 由串行口发送数据
WAIT:   JNB TI, WAIT        ; 判断是否发送完一帧数据
        CLR TI              ; 清发送中断标志
        INC R0              ; 调整指针
        DJNZ R2, LOOP       ; 没有发送完则继续发送
```

2. 接收工作

用工作方式 2 编制一个串行口接收程序，核对奇偶校验位，并进行接收正确和接收错误处理。程序如下。

```
        MOV SCON, #90H      ; 工作方式 2，允许接收
LOOP:   JNB RI, LOOP        ; 等待接收数据
        CLR RI              ; 收到一帧数据后清 RI
        MOV A, SBUF         ; 读入一帧数据
        JB PSW.0, ONE       ; 判接收的 A 的奇偶位是否为 1
        JB RB8, ERR         ; A 的奇偶位为 0，RB8 为 1，则接收出错
        SJMP RIGHT
ONE:    JNB RB8, ERR        ; A 的奇偶位为 1，RB8 为 0，则接收出错
RIGHT:...                   ; 接收正确，继续
        ...
ERR:... ...                 ; 接收错误处理程序
```

当接收到一帧字符时，从 SBUF 送到累加器 A 中会产生接收端的奇偶值 P（即 PSW.0），

而保存在 RB8 中的值为发送端的奇偶值,若接收正确,这两个奇偶值应相等,否则接收字符有错,需通知对方重发或进行其他处理。

3. 应用举例

假定甲、乙两个 MCS‐51 单片机以方式 1 进行串行数据通信,其波特率为 1 200 bps。甲机发送,发送数据在外部数据 RAM 中 2000H~202FH 单元。乙机接收,并把接收到的数据块首、末地址及数据依次存入外部数据 RAM 中 3000H 开始的区域中。甲、乙两机的连接如图 6-13 所示。

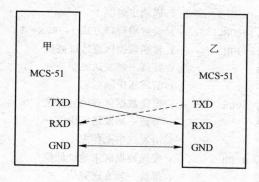

图 6-13 甲、乙两机的连接示意图

设晶振频率为 6 MHz,通信速率为 1 200 波特,SMOD=0,即波特率不倍增。

分析

- 计算定时器 1 的计数初值为

$$方式 1 的波特率 = \frac{2^{SMOD}}{32} \times 定时器 T1 的溢出率$$

$$1\,200 = \frac{2^{SMOD}}{32} \times \frac{fosc}{12 \times [256 - (TH1)]}$$

求得定时器 1 的初值为 TH1=243=0F2H

- 串行发送的内容包括数据块的首、末地址和数据两部分内容。对数据块首、末地址以查询方式传送,而数据则以中断方式传送。因此在程序中要先禁止串行中断,后允许串行中断。

- 数据的传送是在中断服务程序中完成的,数据为 ASCII 码形式,其最高位作奇偶校验位使用。MCS‐51 单片机的 PSW 中有奇偶校验位 P,当累加器 A 中"1"的个数为奇数时,P=1。但如果直接把 P 的值送入 ASCII 码的最高位,变成了偶校验,与要求不符。为此应把 P 值取反后送入最高位才能达到奇偶校验的要求。

下面是发送和接收的参考程序。甲机发送主程序如下。

```
        ORG 0023H
        LJMP SINT
        ORG 0030H
        MOV TMOD, #20H          ; 设置定时器 1 工作方式 2
        MOV TL1, #0F2H          ; 定时器 1 计数初值得
        MOV TH1, #0F2H          ; 计数重装值
        SETB EA                 ; 中断总允许
        CLR ES                  ; 禁止串行中断
        MOV PCON, #00H          ; SMOD 清零，波特率不倍增
        SETB TR1                ; 启动定时器 1
        MOV SCON, #50H          ; 设置串行口方式 1，REN= 1
        MOV SBUF, #40H          ; 发送数据区首地址高位
SOUT1:  JNB TI, $               ; 等待一帧发送完毕
        CLR TI                  ; 清发送中断标志
        MOV SBUF, #00H          ; 发送数据区首地址低位
SOUT2:  JNB TI, $               ; 等待一帧发送完毕
        CLR TI                  ; 清发送中断标志
        MOV SBUF, #20H          ; 发送数据区末地址低位
SOUT3:  JNB TI, $               ; 等待一帧发送完毕
        CLR TI                  ; 清发送中断标志
        MOV SBUF, #2FH          ; 发送数据区末地址低位
SOUT4:  JNB TI $                ; 等待一帧发送完毕
        CLR TI                  ; 清发送中断标志
        MOV DPTR, #2000H        ; 数据区地址指针
        MOV R7, #30H            ; 设置 R7 为数据个数计数器
        SETB ES                 ; 开放串行中断
        AJMP $                  ; 等待中断
```

下面是甲机中断发送服务程序。

```
        ORG  0100H
SINT:   MOVX A, @DPTR           ; 读数据
        CLR TI                  ; 清发送中断
        MOV C, P                ; 奇偶标志赋予 C
        CPL C                   ; C 取反
        MOV ACC. 7, C           ; 送 ASCⅡ码最高位
        MOV SBUF, A             ; 发送数据字符
        CJNE R7, #00H, SEND     ; 发送完转 SEND
        INC DPTR                ; 调整数据指针
        AJMP BACKA              ; 未送完返回主程序
```

```
SEND: CLR ES                 ; 禁止串行中断
      CLR TR1                ; 定时器 1 停止计数
BACKA: RETI                  ; 中断返回
```

乙机接收主程序如下。

```
      ORG 0023H
      LJMP BINT
      ORG 0030H
      MOV TMOD, #20H         ; 设置定时器 1 工作方式 2
      MOV TH1, #0F2H         ; 定时器 1 计数初值
      MOV TH1, #0F2H         ; 计数重装值
      SETB EA                ; 中断总允许
      CLR ES                 ; 禁止串行中断
      MOV PCON, #00H         ; SMOD 清零，波特率不倍增
      SETB TR1               ; 启动定时器 1
      MOV SCON, #50H         ; 设置串行口方式 1，REN=1
      MOV DPTR, #3000H       ; 数据存放首地址
      MOV R7, #34H           ; 接收数据个数，其中 4 个为首、末地址
SIN1: JNB RI, $              ; 等待接收
      CLR RI                 ; 清接收中断标志
      MOV A, SBUF            ; 接收数据区首地址高位
      MOVX @DPTR, A          ; 存首地址
      INC DPTR               ; 调整地址指针
SIN2: JNB RI, $              ; 等待接收
      CLR RI                 ; 清接收中断标志
      MOV A, SBUF            ; 接收数据区首地址低位
      MOVX @DPTR, A          ; 存首地址低位
      INC DPTR               ; 调整地址指针
SIN3: JNB RI, $              ; 等待接收
      MOV A, SBUF            ; 接收数据区末地址高位
      MOVX @DPTR, A          ; 存末地址高位
      INC DPTR               ; 调整地址指针
SIN4: JNB RI, $              ; 等待接收
      CLR RI                 ; 清接收中断标志
      MOV A, SBUF            ; 接收数据区末地址低位
      MOVX @DPTR, A          ; 存末地址低位
      INC DPTR               ; 调整地址指针
      SETB ES                ; 开放串行中断
      AJMP $                 ; 等待中断
```

乙机中断接收服务程序如下。

```
        ORG 0100H
BINT:   MOV A, SBUF         ; 接收数据
        MOV C, P            ; 奇偶标志送 C
        JNC ERROR           ; C 为 0，则转接收出错处理程序
        ANL A, #7FH         ; 删去最高位，即校验位
        MOVX @DPTR, A       ; 存数据
        CLR RI              ; 清接收中断标志
        CJNE R7, #00H, BEND ; 接收转 BEND1
        INC DPTR            ; 调整地址指针
        AJMP BACKB          ; 没收完，返回主程序
BEND:   CLR ES              ; 接收完，则禁止串行中断
        CLR TR1             ; 定时器 1 停止计数
BACKB:  RETI                ; 中断的返回
ERROR:  ...                 ; 接收出错处理程序（略）
```

6.5 多机通信

MCS-51 单片机串行通信口控制寄存器 SCON 中的 SM2 为方式 2 或方式 3 的多机通信控制位。当串行口以方式 2 或方式 3 工作时，若 SM2 设为 1，此时只有当串行口接收到的第 9 位数据 RB8＝1 时，才置"1"中断标志 RI，若接收到的 RB8＝0，则不产生中断标志，信息被丢掉。利用串行口的这个特性，可方便地实现多机通信。

设在一个多机系统中有一个 MCS-51 单片机做主机和 3 个由 MCS-51 单片机为从机的系统，如图 6-14 所示。

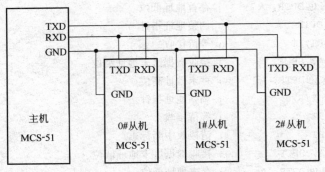

图 6-14 多机通信连接示意图

从机的地址分别为 00H、01H 和 02H，从机系统由初始化程序（或相关处理程序）将串行口设定为方式 2 或方式 3 接收，即 9 位异步通信方式，且置"1"SM2 和 REN，允许串行

口中断。在主机和某一个从机通信之前，先将从机地址发送给各个从机系统，接着才传送数据或命令，主机发出的地址信息的第 9 位为"1"，数据(包括命令)信息的第 9 位为"0"。当主机向各从机发送地址时，各从机的串行口接收到的第 9 位的信息即 RB8 为"1"，则置中断标志位 RI 为"1"，各从机响应中断，执行中断服务程序，判断主机送来的地址是否和本机(从机)地址相符合，若为本机(从机)的地址，则该从机清零 SM2 位，准备接收主机的数据或命令；若地址不相符，则保持 SM2 为"1"状态，接着主机发送数据，此时各从机串行口接收到的 RB8＝0，只有与前面地址相符合的从机系统(即已将 SM2 清零的从机)才能激活中断标志位 RI，从而进入中断服务程序，在中断服务程序中接收主机的数据或执行主机的命令，实现和主机的信息传送；其他的从机因 SM2 保持为"1"，又 RB8＝0 不激活中断标志 RI，所接收的数据丢失不做处理，从而实现主机和从机间的通信。

图 6-14 所示的多机系统是总线型主从式通信系统，由主机控制多机之间的通信，从机和从机之间的通信只能经主机才能实现。

综上所述，现把多机通信的过程总结如下。

- 把全部从机的串行口初始化为工作方式 2 或方式 3，置位 SM2，允许中断。
- 主机置位 TB8，发送要寻址的从机地址。
- 所有从机均接收主机发送的地址，并各自进入中断服务程序，进行地址比较。
- 被寻址的从机确认后，把自身的 SM2 清零，并向主机返回地址供主机校对。
- 核对无误后，主机向被寻址的从机发送命令，通知从机是进行数据接收还是进行数据发送。
- 主从机之间进行数据通信。

【例】 总线型主从式通信系统程序设计。

解 (1) 主机向 02 号从机发送 30H～3FH 单元内的数据。

```
        ORG 8000H
MAIN:   MOV SCON, #98H      ; 串行口方式2，令 SM2=0、REN=1, TB8=1
MCALL:  MOV SBUF, #02H      ; 呼叫 02 主机
CJDZ:   JBC TI, WDZ
        SJMP CJDZ
WDZ:    JBC RI, YDDZ        ; 等待应答地址
        SJMP L2
YDDZ:   MOV A, SBUF         ; 取出应答地址
        XRL A, #02H         ; 判断是否 02 号机应答？
        JZ RIGHT            ; 若是 02 号机，转发送数据
        AJMP MCALL          ; 若不足 02 号机，重新呼叫
RICHT:  CLR TB8             ; 联络成功，清除地址标志
        MOV R0 #30H         ; 数据区首址送 R0
        MOV R2, #16         ; 字节数送 R2
```

```
LOOP:   MOV A, @R0          ; 取发送数据
        MOV SBUF, A         ; 启动发送
WTI:    JBC TI, NEXD        ; 判发送中断标志
        SJMP WTI
NEXD:   INC R0              ; 调整地址指针
        DJNZ R2, LOOP       ; 未发完继续发送
        AJMP MAIN
```

(2) 从机(02 号)响应主机呼叫的联络程序。

```
        ORG 8000H
        MOV R0, #30H        ; 从机数据区首址
        MOV R2, #16         ; 接收字节长度
C02:    MOV SCON, #0B0H     ; 串行口工作方式 2, SM2=1, REN=1
WTZJ:   JBC RI, QDZ         ; 等待主机发送
        SJMP WTZJ
QDZ:    MOV A, SBUF         ; 取出呼叫地址
        XRL A, #02H         ; 判断是否呼叫本机(02 号)
        JNZ WTZJ            ; 不是本机, 继续等待
        CLR SM2             ; 是本机, 清 SM2
        MOV SBUF, #02H      ; 向主机发应答地址
SDZ:    JBC TI, WZD         ; 等待本机发完地址
        SJMP SDZ            ; 未发完继续
WZD:    JBC RI, ZCOK        ; 等待主机发送数据
        SJMP WDZ
ZCOK:   JNB RB8, RIGHT      ; 再判断联结成功否
        SETB SM2            ; 未联络成功, 恢复等待主机发送
        SJMP WTZJ
RIGHT:  MOV A, SBUF         ; 联络成功, 取主机发来的信息
        MOV @ R0, A         ; 数据送缓冲区
        INC R0              ; 调整地址指针
        DJNZ R2, WZD        ; 未接收完继续接收主机数据
        AJMP C02
```

习题

1. 8051 串行口设有几个控制寄存器? 它们的作用是什么?
2. MCS‐51 单片机的串行口共有哪几种工作方式? 各有什么特点和功能?
3. MCS‐51 单片机 4 种工作方式的波特率应如何确定?
4. 简述 MCS‐51 串行口发送和接收数据的过程。

5. MCS-51 串行口控制寄存器 SCON 中 SM2 的含义是什么？主要在什么方式下使用？

6. 简述 MCS-51 单片机总线型主从式多机通信的原理，并指出 TB8、RB8、SM2 各起什么作用？

7. 请用查询法编写程序实现串行口工作方式 1 下的发送程序。设单片机主频为 11.059 2 MHz，波特率为 1 200 bps、发送数据缓冲区在外部 RAM，起始址为 1000H，数据块长度为 30B，采用偶校验（其他条件自设）。

8. 以 8051 串行口按工作方式 3 进行串行数据通信。假定波特率为 2 400 bps，数据为 8 位，偶校验，以中断方式传送接收数据，请编写接收通信程序（其他条件自设）。

第7章 中断系统

　　提要　本章在介绍中断定义和作用基础上，着重讨论了MCS-51单片机的中断系统结构、中断的管理方法、如何扩充外部中断源及中断系统应用举例。中断是现代计算机必须具备的重要功能，也是计算机发展史上的一个重要里程碑。

　　中断系统在计算机系统中起着十分重要的作用，一个功能很强的中断系统能大大提高计算机处理外界事件的能力。MCS-51单片机的中断系统是8位单片机中功能较强的一种，可以提供5个中断请求源，具有两个中断优先级，可实现两级中断服务程序嵌套。用户可以用关中断指令（或复位）来屏蔽所有的中断请求，也可以用开中断指令使CPU接收中断申请。每一个中断源可以用软件独立地控制为开中断或关中断状态，每一个中断源的中断优先级别均可用软件设置。建立准确的中断概念和灵活掌握中断技术是本章的重点。

7.1　中断的定义和作用

　　中断是指计算机暂时停止原程序执行转而为外部设备服务（执行中断服务程序），并在服务完后自动返回原程序执行的过程。中断由中断源产生，中断源在需要时可以向CPU提出"中断请求"。"中断请求"通常是一种电信号，CPU一旦对这个电信号进行检测和响应便可自动转入该中断源的中断服务程序执行，并在执行完后自动返回原程序继续执行，而且中断源不同中断服务程序的功能也不同。因此，中断又可以定义为CPU自动执行中断服务程序并返回原程序执行的过程。中断原理示意图如图7-1所示。

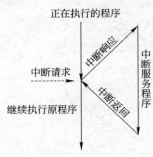

图 7-1　中断原理示意图

7.1.1　中断的作用

上面中断的定义只是从资源共享的意义上引出了中断的概念。正是基于资源共享的特点，使中断技术在计算机中还能实现更多的功能，其中主要有以下几个方面。

（1）实现 CPU 与外设的速度配合

由于许多外部设备速度较慢，无法与 CPU 进行直接的同步数据交换，为此可通过中断方法来实现 CPU 与外设的协调工作。在 CPU 执行程序过程中，当需要进行数据输入/输出时，先启动外设，然后 CPU 继续执行程序。与此同时，外设在为数据输入/输出传送做准备。当准备完成后，外设发出中断请求，请求 CPU 暂停正在执行的程序，转去完成数据的输入/输出传送。传送结束后，CPU 再返回继续执行原程序，而外设则为下次数据传送做准备。这种以中断方法完成的数据输入/输出操作，在宏观上看似乎是 CPU 与外设在同时工作，因此就有了 CPU 与外设并行工作这种说法。

采用中断技术，不但能实现主机和一台外设并行工作，而且还可以实现主机和多台外设并行工作。这样不但提高了 CPU 的利用率，而且也提高了数据的输入/输出效率。

（2）可以提高实时数据的处理时效

在实时控制系统中，被控系统的实时参量、越限数据和故障信息都必须被计算机及时采集，以进行处理和分析判断，以便在规定的时间里对系统实施正确调节和控制。因此，计算机对实时数据的处理时效常常是被控系统的生命，是影响产品质量和系统安全的关键。CPU 有了中断功能，系统的失常和故障都可以通过中断立刻通知 CPU，使系统可以迅速采集实时数据和故障信息，并对系统做实时处理。

（3）故障处理

若计算机在运行过程中出现了事先预料不到的情况或故障（如掉电、存储出错、溢出等），可以利用中断系统自行处理，而不必停机。

7.1.2　中断源

引起中断的原因或能发出中断申请的来源，称为中断源。通常的中断源有以下几种。

- 外部输入/输出设备，如 A/D、打印机等。
- 数据通信设备，如双机或多机通信。
- 定时时钟。
- 故障源，如掉电保护请求等。
- 为调试程序而设置的中断源。

7.1.3　中断系统的功能

中断系统具有以下功能。

（1）实现中断并返回

当某一个中断源发出中断请求时，CPU 应决定是否响应这个中断请求（当 CPU 正在执行更重要的工作时，可暂不响应中断）。若响应这个中断请求，CPU 必须在现行的指令执行完后，保护现场和断点，然后转到需要处理的中断源的服务程序入口，执行中断服务程序。当中断处理完后再恢复现场和断点，使 CPU 返回去继续执行主程序。

（2）实现中断嵌套

CPU 实现中断嵌套的先决条件是要有可屏蔽中断功能，其次要有能对中断进行控制的指令。CPU 的中断嵌套功能可以使它在响应某一中断源中断请求的同时再去响应更高中断优先权的中断请求，而把原中断服务程序暂时束之高阁，等处理完这个更高中断优先权的中断请求后再来响应。

当 CPU 正在处理一个中断源请求时，发生了另一个优先级比它高的中断源请求。如果 CPU 能够暂停对原来的中断源的处理程序，转而去处理优先级更高的中断源请求，处理完以后，再回到原低级中断处理程序，这样的过程称为中断嵌套。具有这种功能的中断系统称为多级中断系统。没有中断嵌套功能的则称为单级中断系统。具有二级优先级中断服务程序嵌套的中断过程如图 7-2 所示。

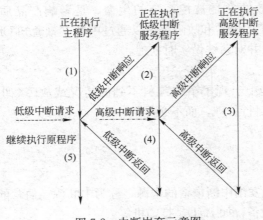

图 7-2　中断嵌套示意图

（3）进行中断优先级排队

一个 CPU 通常可以和多个中断源相连，故总会发生在同一时间有两个或两个以上的同优先级中断源同时请求中断的情况，这就要求 CPU 能按轻重缓急给每个中断源的中断请求赋予一个中断自然优先级。这样，当多个同级中断源同时向 CPU 请求中断时，CPU 就可以通过中断自然优先级排队电路率先响应中断优先级高的中断请求而把中断自然优先级低的中断请求暂时搁置起来，等处理完自然优先级高的中断请求后再来响应自然优先级低的中断。MCS-51 内部集成的中断自然优先级顺序查询逻辑电路，可以对它的 5 个同级中断源进行优先级排队。

7.2　MCS-51 单片机中断系统

7.2.1　MCS-51 单片机的中断系统结构

MCS-51 单片机的中断系统由与中断有关的特殊功能寄存器、中断入口、顺序查询逻辑电路等组成，其结构框图如图 7-3 所示。

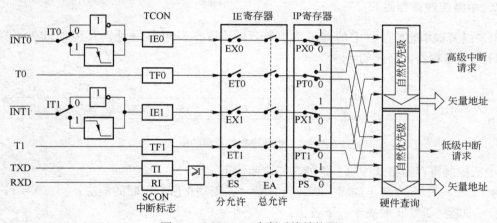

图 7-3　MCS-51 中断系统结构图

1. 中断源

MCS-51 提供 5 个中断源（8052 为 6 个中断源），每个中断源可编程为高级或低级两个优先级之一。

- $\overline{\text{INT0}}$：外部中断 0 请求输入端，低电平或负跳变有效。此中断由 P3.2 引脚的第二个功能实现输入，在每个机器周期的 S5P2 状态采样，并置位/复位 TCON 中的 IE0（TCON.1）中断请求标志位。
- $\overline{\text{INT1}}$：外部中断 1 请求输入端，低电平或负跳变有效。由 P3.3 引脚的第二个功能实现输入，在每个机器周期的 S5P2 状态采样，并置位/复位 TCON 中的（TCON.3）中断请求标志。
- TF0、TF1：定时器/计数器 0 和定时器/计数器 1 溢出中断。这属于内部中断，当定时器/计数器回零溢出时,由硬件自动置位/复位 TCON 中的 TF0(TCON.5)或 TF1(TCON.7)中断请求标志位。

- TI/RI:串行发送/接收中断,当完成一串行帧的发送/接收时,由内部硬件置位 SCON 中的串行中断请求标志 TI(发送)或 RI(接收),必须由用户软件复位 TI 或 RI。
- 8052 的定时器/计数器 2 中断:当定时器 2 回零溢出时,由内部硬件自动置位 T2CON 中的 TF2 中断请求标志,若 EXEN2=1 且 T2FX(P1.1 的第二个功能输入) 引脚上出现负跳变而造成捕获或重装载时,由内部硬件自动置位 T2CON 中的 EXT2 请求中断,都必须由软件复位。

8051 的 5 个中断源,通过对中断控制寄存器 IE 的编程来控制每一个中断源的请求是否被响应,通过中断优先寄存器 IP 的编程确定每一个中断源的优先级。

2. 中断控制寄存器 IE

IE 在特殊功能寄存器中的地址为 0A8H。该寄存器可位寻址,其位地址为 0A8H~ 0AFH。IE 寄存器的格式如下。

IE	D7	D6	D5	D4	D3	D2	D1	D0
(0A8H)	EA	×	ET2	ES	ET1	EX1	ET0	EX0

图 7-4 中断控制寄存器的格式

中断控制寄存器格式中每一位的功能说明如下。

- EA——允许/禁止全部中断。当 EA=0,则禁止所有中断的响应;当 EA=1,则各中断是否禁止取决于以下各位。
- ET2——定时器/计数器 2 的溢出和捕获中断允许/禁止位。当 ET2=1 时允许,当 ET2=0 时禁止。
- ES——串行口中断允许/禁止位。当 ES=1 时允许,当 ES=0 时禁止。
- ET1——定时器/计数器 1 中断允许/禁止位。当 ET1=1 时允许,当 ET1=0 时禁止。
- EX1——INT1中断允许/禁止位。当 EX1=1 时允许,当 EX1=0 时禁止。
- ET0——定时器/计数器 0 中断允许/禁止位。当 ET0=1 时允许,当 ET0=0 时禁止。
- EX0——INT0中断允许/禁止位。当 EX0=1 时允许,当 EX0=0 时禁止。

对中断允许的软件控制可分为两级。由 EA 位的置位/复位实现对所有中断源请求的控制,当置 EA=1 时,通过各允许位的置位/复位控制各中断的允许。

3. 中断优先级与优先级寄存器 IP

MCS-51 的中断系统具有两级优先级管理,每一中断源均可通过对中断优先级寄存器

IP 的设置选择高优先级或低优先级。低优先级能被高优先级中断，高优先级不能被低优先级中断，也不能被同级中断。为实现此要求，在中断系统中设有两个不可寻址的优先级状态触发器：一个用来指出正在服务的高优先级中断，以屏蔽所有其他新的中断请求；另一个则指示正在服务的低优先级中断，以屏蔽除高优先级中断请求以外的所有新中断请求。

中断优先级寄存器 IP 在特殊功能寄存器中的地址为 0B8H。该寄存器可位寻址，其位地址是 0B8H～0BFH。

IP 的格式与各控制位的定义如图 7-5 所示。

IP （0B8H）	D7	D6	D5	D4	D3	D2	D1	D0
	×	×	PT2	PS	PT1	PX1	PT0	PX0

图 7-5　中断优先级寄存器的格式

规定各位置"1"时，该中断源设置为高优先级；置"0"时，该中断源设置为低优先级。中断优先级寄存器格式中的每一位的功能说明如下。

- PT2——定时器/计数器 2 中断优先级定义位。当 PT2＝1 时为高优先级，当 PT2＝0 时为低优先级。
- PS——串行口中断优先级定义位。当 PS＝1 时为高优先级，当 PS＝0 时为低优先级。
- PT1——定时器/计数器 1 中断优先级定义位。当 PT1＝1 时为高优先级，当 PT1＝0 时为低优先级。
- PX1——$\overline{INT1}$ 中断优先级定义位。当 PX1＝1 时为高优先级，当 PX1＝0 时为低优先级。
- PT0——定时器/计数器 0 中断优先级定义位。当 PT0＝1 时为高优先级，当 PT0＝0 时为低优先级。
- PX0——$\overline{INT0}$ 中断优先级定义位。当 PX0＝1 时为高优先级，当 PX0＝0 时为低优先级。

同一优先级的中断源，是由内部查询的顺序来确定其优先次序的。内部查询的顺序如图 7-6 所示。

被查询的标志位	中断源	同级优先顺序
IE0	$\overline{INT0}$	最高
TF0	T0	
IE1	$\overline{INT1}$	
TF1	T1	
RI+TI	串行口	
TF2+EXF2	T2	最低

图 7-6　同级中断的优先顺序

7.2.2 中断管理

CPU 在每个机器同期的 S5P2 状态采样中断请求标志，而在下一个机器周期对采样到的中断请求进行查询。如果在前一个机器周期的 S5P2 采样到有中断请求，则在查询周期内便会按中断优先级及优先顺序响应最高优先级的中断请求，并控制程序转向对应的中断服务程序。在下列情况下中断将被封锁。

① 同级或高优先级中断在处理中；

② 当前机器周期不是指令的最后一个机器周期；

③ 当前正在执行的是返回指令(RETI)或是对 IE、IP 寄存器的读/写指令，因为这些指令执行完后，必须至少再执行完一条指令才会响应中断。

上述 3 个条件中任一条都将封锁 CPU 对中断请求的响应，中断查询结果将被取消。

中断查询是在每一个机器周期中重复进行的，所查询的中断请求是前一个机器周期中采样到的中断请求标志。如果采样到的中断请求标志位已被置"1"，但因上述条件之一而被封锁，或上述封锁条件已被撤销后中断请求标志已复位时，被拖延的中断请求就不再被响应。也就是说，对已被置位的中断请求标志不做记忆，每个查询周期均对前一个机器周期所采样的中断请求标志进行查询。

当中断请求被响应时，由硬件生成长调用指令(LCALL)，将当前的 PC 值自动压栈保护，但 PSW 寄存器内容并不压栈，然后将对应的中断入口地址装入 PC，程序转向中断服务程序处理被响应的中断。

中断服务程序从对应的向量地址开始，一直执行到返回指令 RETI 为止。RETI 指令将复位响应中断时置位的优先级状态触发器，然后从堆栈中弹出顶上的两个字节到 PC，程序返回到原来被中断时的程序继续执行。

当 CPU 响应中断后，会自动将对应的中断源入口地址送程序计数器 PC，该中断入口地址是固定的。各中断源的中断服务程序入口地址如表 7-1 所示。

表 7-1 各中断源的中断服务程序入口地址

被查询的标志位	中 断 源	入口地址	被查询的标志位	中 断 源	入口地址
IE0	INT0	0003H	TF1	T1	001BH
TF0	T0	000BH	RI+TI	串行口	0023H
IE1	INT1	0013H	TF2+EXF2	T2	002BH

由于复位后，程序计数器 PC 的初值为 0000H(从 0000H 开始取指执行)，在使用中断的程序中，完整的程序结构如下所示。

```
ORG 0000H
LJMP MAIN          ;跳过中断地址表，转主程序
ORG 0003H
```

```
        LJMP INTOF              ；转 INT0 中断服务
        ORG 000BH
        LJMP T0F                ；转 T0 中断服务
        ORG 0013H
        LJMP INT1F              ；转 INT1 中断服务
        ORG 001BH
        LJMP T1F                ；转 T1 中断服务
        ORG 0023H
        LJMP SIOF               ；转串口中断服务
        ORG 0030H
MAIN:   MOV SP, #5FH            ；主程序
```

显然从 0003H～000BH，8 个字节是不够存放 INT0 中断服务程序的，其他的中断也一样。所以，一般中断入口处均使用跳转指令（如 LJMP），转到各自对应的中断服务程序入口处。

由于各个中断入口地址相隔甚近，不便于存放各个较长的中断服务程序，故通常在中断入口地址开始的两三个单元中，安排一条转移类指令，以转入到安排在那儿的中断服务程序。以 INT0 中断为例，其过程如图 7-7 所示。

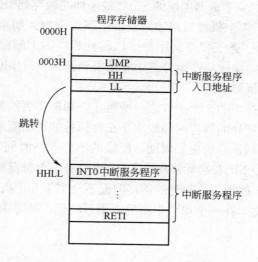

图 7-7　由中断入口进入中断服务程序示意图

7.2.3　外部中断方式的选择

外部中断的触发有两种触发方式：电平触发方式和边沿触发方式。

（1）电平触发方式

若外部中断定义为电平触发方式，外部中断申请触发器的状态随着 CPU 在每个机器周

期采样到的外部中断输入线的电平变化而变化，这样能提高 CPU 对外部中断请求的响应速度。当外部中断源被设为电平触发方式时，在中断服务程序返回之前，外部中断请求输入必须无效(即变回高电平)，否则 CPU 返回主程序后会再次响应中断。所以，电平触发方式适合于外部中断输入以低电平输入且中断服务程序能清除外部中断请求源的情况。例如，8255产生的输入输出中断请求，中断请求使 INTR 升高，对 8255 实行一次相应的读写操作，中断线自动下降，只要把 8255 的中断请求信号线经反相器加到 MCS-51 的外部中断输入脚，就可以实现 8255 和 MCS-51 间在应答方式下的数据传送。

(2) 边沿触发方式

外部中断若定义为边沿触发方式，外部中断申请触发器能锁存外部中断输入线上的负跳变，即便是 CPU 暂不能响应，中断申请标志也不会丢失。在这种方式里，如果相继连续两次采样，一个周期采样到外部中断输入为高，下个周期采样到低，则置位中断申请触发器，直到 CPU 响应此中断时才清零。这样不会丢失中断，但输入的负脉冲宽度至少保持 12 个时钟周期(若晶振频率为 6 MHz，则为 2 微秒)，才能被 CPU 采样到。外部中断的边沿触发方式适合于以负脉冲形式输入的外部中断请求，如 ADC0809 的 A/D 转换结果标志信号 EOC为正脉冲，经反相器连到 MCS-51 的 $\overline{\text{INT0}}$，就可以用中断方式读取 A/D 的转换结果。

$\overline{\text{INT0}}$ 和 $\overline{\text{INT1}}$ 引脚在每一个机器周期的 S5P2 被采样并锁存到 IE0、IE1 中，这个新置入的 IE0、IE1 的状态等到下一个机器周期才被查询电路查询到。如果中断被激活，并且满足响应条件，CPU 接着执行一条子程序调用指令以转到相应的中断服务程序入口。读调用指令本身需要 2 个机器周期，这样从产生外部中断请求到开始执行中断服务程序的第一条指令之间最少需要 2 个完整的机器周期。

如果中断请求被前面列出的 3 个条件之一所阻止，则需要更长的响应时间。如果已经在处理同级或最高级中断，额外的等待时间取决于正在执行的中断服务程序的处理时间。如果正在处理的指令没有执行到最后的机器周期，所需的额外等待时间不会多于 3 个机器周期，因为最长的指令(乘法指令 MUL 和除法指令 DIV)也只有 4 个机器周期。如果正在处理的指令为 RETI 或访问 IE、IP 的指令，额外的等待时间不会多于 5 个机器周期(执行这些指令最多需一个机器周期)。这样，在一个单一中断的应用系统里，外部中断响应总是在 3~8 个机器周期之间。

7.2.4　中断响应时间

所谓中断响应时间是指从查询中断请求标志位到转向中断区入口地址所需的机器周期数。

MCS-51 单片机的最短响应时间为 3 个机器周期。其中，中断请求标志位查询占 1 个机器周期，而这个机器周期又恰好是指令的最后一个机器周期，在这个机器周期结束后，中断即被响应，产生 LCALL 指令，而执行这条长调用指令需 2 个机器周期。这样中断响应共经历了 1 个查询机器周期和 2 个 LCALL 指令执行机器周期，总计 3 个机器周期。

中断响应最长时间为 8 个机器周期，若中断标志查询时，刚好是开始执行 RET、RETI 或访问 IE、IP 的指令，则需把当前指令执行完再继续执行一条指令后才能进行中断响应。执行 RET、RETI 或访问 IE、IP 的指令最长需 2 个机器周期。而如果继续执行的那条指令恰好是 MUL(乘)或 DIV(除)指令，则又需 4 个机器周期。再加上执行长调用指令 LCALL 所需的 2 个机器周期，从而形成了 8 个机器周期的最长响应时间。

一般情况下外中断响应时间都是大于 3 个机器周期而小于 8 个机器周期，在这两种情况之间。当然，如果出现有同级或高级中断正在响应或服务需等待的情况，那么响应时间就无法计算了。

在一般应用情况下，中断响应时间的长短通常无需考虑。只有在精确定时的应用场合，才需要知道中断响应时间，以保证精确的定时控制。

7.2.5 中断请求的撤除

CPU 响应中断请求，转向执行中断服务程序，在其执行中断返回指令(RETI)之前中断请求信号必须撤除，否则将可能再次引起中断而出错。

中断请求撤除的方式有 3 种，具体如下。

① 单片机内部硬件自动复位。对于定时器/计数器 T0、T1 及采用边沿触发方式的外部中断请求，CPU 在响应中断后，由内部硬件自动撤除中断请求。

② 应用软件清除响应标志。对于串行口接收/发送中断请求及定时器 T2 的溢出和捕获中断请求，CPU 响应中断后，内部无硬件自动复位 RI、TI、TF2 及 EXF2，必须在中断服务程序中清除这些标志，才能撤除中断。

③ 既无软件清除也无硬件撤除。对于采用电平触发方式的外部中断请求，CPU 对引脚上的中断请求信号既无控制能力，也无应答信号。为保证在 CPU 响应中断后，执行返回指令前撤除中断请求，必须考虑另外的措施。

7.2.6 MCS-51 中断系统的初始化

MCS-51 中断系统功能是可以通过上述特殊功能寄存器进行统一管理的，中断系统初始化是指用户对这些特殊功能寄存器中各控制位进行赋值。

中断系统初始化步骤如下。

① 开相应中断源的中断；

② 设定所用中断源的中断优先级；

③ 若为外部中断，则应规定低电平还是下降沿的中断触发方式。

【例 7.1】 请写出 $\overline{INT1}$ 为低电平触发的中断系统初始化程序。

解 采用位操作指令如下。

```
SETB EA
SETB EX1          ; 开 INT1 中断
SETB PX1          ; 设 INT1 为高优先级
CLR IT1           ; 设 INT1 为电平触发
```

采用字节型指令如下。

```
MOV IE, #84H      ; 开 INT1 中断
ORL IP, #04H      ; 令 INT1 为高优先级
ANL TCON, #0FBH   ; 令 INT1 为电平触发
```

显然，采用位操作指令进行中断系统初始化是比较简单的，因为不必记住各控制位在寄存器中的确切位置，而各控制位名称是比较容易记忆的。

7.3 扩充外中断源

MCS - 51 系列单片机只有两个外部中断源，但在应用系统中，有时要求较多的外中断源。下面介绍外扩中断源的方法。

7.3.1 利用定时器扩充中断源

如前所述，定时器 T0、T1 有两个溢出中断标志和两个外部计数引脚 P3.4 和 P3.5。如果将定时器设置为计数器方式，并将计数初值设为满量程，当外部信号通过计数引脚产生一个负跳变信号时，计数器即溢出中断，这样外部计数器引脚 P3.4 和 P3.5 就成为新的外部中断源，此时定时器溢出标志 TF0、TF1 就成为新外部中断源的溢出标志。其中断入口地址 000BH、001BH 就是新中断源的中断入口地址。

例如，定时器 T0 设置为方式 2（自动恢复常数）外部计数方式，TH0、TL0 的初值均为 0FFH，并允许 T0 中断，且 CPU 开放中断。用以下初始化程序就可以扩展中断源。

```
    …
MOV TMOD, #06H
MOV TL0, #0FFH
MOV TH0, #0FFH
SETB TR0
SETB ET0
SETB EA
    …
```

当 P3.4 脚上出现外部中断申请信号(一个负跳变信号)时，TL0 计数加"1"，产生溢出，TF0＝1，向 CPU 申请中断。同时 TH0 的内容又装入 TH0，P3.4 脚每输入一个负跳变，TF0 都会是"1"，申请中断。这也就相当于多了一个边沿触发外部中断源。

7.3.2 中断和查询相结合

当系统需要多个中断源时，可把它们按轻重缓急进行排队。把其中级别最高的中断源接到 $\overline{INT0}$（或 $\overline{INT1}$ ）端，其余的中断源用线或电路连接到 $\overline{INT1}$（或 $\overline{INT0}$ ）端，同时分别引向一个 I/O 口(如 P1 口)。中断由硬件电路产生，这种方法理论上可以处理任意个外部中断。图 7-8 就是用这种方法外扩 4 个中断源的示意图。

【例 7.2】 根据图 7-8 的支持电路，编写外部中断请求线 EI1～EI4 上中断请求程序。

解 这是一个利用外部中断请求输入线 $\overline{INT1}$ 扩展外部中断源个数的应用实例。利用这个支持电路，MCS－51 可以把外部中断源个数扩展到 5 个，即允许有 5 个外部设备和 CPU 联机工作。这 5 个外部中断请求输入线是 $\overline{INT0}$、EI1、EI2、EI3 和 EI4。其中，$\overline{INT0}$ 的中断入口地址是 0003H；EI1～EI4 的中断入口地址是 0013H，但必须在 0013H 处放一段查询程序，该查询程序应能查询 EI1～EI4 线上状态和根据查询结果转向各自中断服务程序。这些中断服务程序应作为子程序处理，末尾是一条 RET 指令。EI1～EI4 的中断优先级由查询次序决定。相应程序流程图如图 7-9 所示。

参考程序如下。

```
    INT1: PUSH PSW
          PUSH ACC          ；保护现场
          JNB P1.0, LOOP0   ；若非 EI1 中断，转 LOOP0
          ACALL ZD1
    LOOP0: JNB P1.1, LOOP1  ；若非 EI2 中断，转 LOOP1
          ACALL ZD2
    LOOP1: JNB P1.2, LOOP2  ；若非 EI3 中断，转 LOOP2
          ACALL ZD3
    LOOP2: JNB P1.3, LOOP3  ；若非 E14 中断，转 LOOP3
          ACALL ZD4
    LOOP3: POP ACC
          POP PSW           ；恢复现场
          RETI
    ZD1: ……               ；EI1 中断服务子程序
          RET
    ZD2: ……               ；EI2 中断服务子程序
          RET
    ZD3: ……               ；EI3 中断服务子程序
```

```
        RET
ZD4: ……                                  ; EI4 中断服务子程序
        RET
        END
```

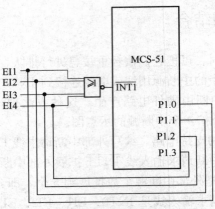

图 7-8　查询法扩展中断源示意图

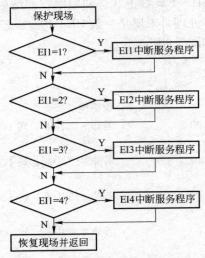

图 7-9　查询法扩展中断源软件流程图

查询法扩展外部中断源比较简单，但当外部中断源个数较多时，查询时间太长，常常不能满足现场实时控制的要求。

7.3.3　用优先级编码器扩展外部中断源

外扩中断源也可以通过优先级编码电路加以实现。74LS148 是一种有 8 个输入端的优先级编码器,可以外扩 8 个中断源。74LS148 编码器的真值表略。

7.3.4　采用 8259 扩展外部中断源

为了克服查询法扩展外部中断源所需查询时间长的缺点,人们通常采用 8259 中断控制器来扩展外部中断源。

8259 是专门为 8085/80X86 系列芯片设计的可编程中断控制器,MCS-51 系列芯片和它不完全兼容,使用时必须加以调整。由于所扩展的外中断源是经 $\overline{INT1}$ 向 MCS-51 提出中断申请,因此这些外中断源在使用时应注意以下几个问题。

(1) 中断响应时间

MCS-51 单片机的外中断响应时间在 3~8 个机器周期内,由于 MCS-51 在真正为所扩展的外中断源(IR0~IR7)服务之前需执行一段引导程序,因此对所扩展的外中断源而言,真正的中断响应时间还要把执行引导程序所需的时间算在内。

(2) 中断申请信号的宽度

扩展的内部中断源,其中断申请信号宜采用负脉冲形式,且负脉冲要有足够的宽度,以保证 MCS-51 能读取到由锁存器提供的中断向量低 8 位地址。MCS-51 读取这个地址要执行 4 条指令,需 7 个机器周期,若系统时钟频率为 12 MHz,则中断申请信号负脉冲的宽度至少要大于 15 μs。

(3) 堆栈深度的问题

由于单片机堆栈在片内,字节有限,每次响应中断时都要将中断返回地址、现场保护内容压入栈内,如果发生中断服务子程序中又调用子程序,则极容易发生堆栈溢出或侵占了片内 RAM 其他内容,从而造成程序混乱。这点在单片机使用中要特别注意。

7.4　中断系统应用举例

【例 7.3】　利用定时器作外部中断源。

解　MCS-51 单片机有两个定时器/计数器,当它们选择计数工作方式时,T0 或 T1 引脚上的负跳变将使 T0 或 T1 计数器加"1"计数,故若把定时器/计数器设置成计数工作方式,计数初始设定为满量程,一旦外部从计数引脚输入一个负跳变信号,计数器 T0 或 T1 加"1"产生溢出中断,这样便可把外部计数输入端 T0(P3.4)或 T1(P3.5)扩充作为外部中断源输入。

例如,将 T1 设置为工作方式 2(自动恢复常数)及外部计数方式,计数器 TH1、TL1 初值设置为 0FFH。当计数输入端 T1(P3.5)发生一次负跳变,计数器加"1"并产生溢出标志,向 CPU 申请中断,中断处理程序使累加器 A 内容加"1",送 P1 口输出,然后返回主程序。编程如下。

```
        ORG 0000H              ;用户程序首址
```

```
        AJMP MAIN                 ; 转主程序
        ORG 001BH
        AJMP INTS                 ; 转中断服务程序
MAIN:   MOV SP, #60H              ; 堆栈指针赋初值
        MOV TMOD, #60H            ; T1 方式 2，计数
        MOV TL1, #0FFH            ; 送常数
        MOV TH1, #0FFH
        SETB TR1                  ; 启动 T1 计数
        SETB ET1                  ; 允许 T1 中断
        SETB EA                   ; CPU 开中断
LOOP:   SJMP LOOP                 ; 等待
INTS:   INC A                     ; T1 中断处理程序
        MOV P1, A                 ;
        RETI                      ; 中断返回
```

【例 7.4】 图 7-10 为多个故障显示电路。当系统无故障时，4 个故障源输入端 X1～X4
全为低电平，显示灯全灭；当某部分出现故障，其对应的输入由低电平变为高电平，从而
引起 MCS-51 单片机中断，中断服务程序的任务是判定故障源，并用对应的发光二极管
LED1～LED4 进行显示。

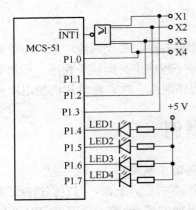

图 7-10　利用中断对多个故障进行显示

解 编程如下。

```
        ORG 0000H
        AJMP MAIN
        ORG 0003H
        AJMP SERVE
MAIN:   ORL P1, #0FFH             ; 灯全灭，准备读入
        SETB IT1                  ; 选择边沿方式
```

```
            SETB EX1                    ; 允许INT1中断
            SETB EA                     ; CPU 开中断
            AJMP $                      ; 等待中断
     SERVE: JNB P1.3, L1                ; 若 X1 有故障
            CLR P1.4                    ; LED1 亮
        L1: JNB P1.2, L2                ; 若 X2 有故障
            CLR P1.5                    ; LED2 亮
        L2: JNB P1.1, L3                ; 若 X3 有故障
            CLR P1.6                    ; LED3 亮
        L3: JNB P1.0, L4                ; 若 X4 有故障
            CLR P1.7                    ; LED4 亮
        L4: RETI
```

下面给出一个应用定时器中断的实例。要求编制一段程序，使 P1.0 端口线上输出周期为 2 ms 的方波脉冲。设单片机晶振频率为 6 MHz。

方法　利用定时器 T0 作 1 ms 定时，达到定时值后引起中断。在中断服务程序中，使 P1.0 的状态取一次反，并再次定时 1 ms。

机器周期显然为 2 μs，所以定时 1 ms 所需的机器周期个数为 500，亦即 01F4H。设 T0 为工作方式 1(16 位方式)，则定时初值是(01F4H)求补＝0FE0CH。

程序

```
            ORG 0000H
            AJMP START
            ORG 000BH
            AJMP IST0                   ; 转入 T0 中断服务程序入口地址 IST0
     START: MOV TMOD, #01H              ; T0 为定时器状态，工作方式 1
            MOV TL0, #0CH               ; T0 的低位定时初值
            MOV TH0, #0FEH              ; T0 的高位定时初值
            MOV TCON, #10H              ; 打开 T0
            SETB ET0                    ; 允许 T0 中断
            SETB EA                     ; 允许中断
            AJMP $                      ; 动态暂停
      IST0: MOV TL0, #0CH               ; 重置定时器初值
            MOV TH0, #0FEH              ; 重置定时器初值
            CPL P1.0                    ; P1.0 取反
            RETI                        ; 中断返回
```

习题

1. MCS‐51 有几个中断源? 有几级中断优先级? 各中断标志是怎样产生的，又是如何清除的?

2. 什么是中断优先级？中断优先处理的原则是什么？

3. MCS-51 单片机响应中断后，怎样保护断点和保护现场？中断入口地址各是多少？

4. 什么叫中断嵌套？什么叫中断系统？中断系统的功能是什么？

5. MCS-51 中响应中断是有条件的，请说出这些条件是什么？中断响应的全过程如何？

6. MCS-51 的 5 个中断标志位代号是什么？位地址是什么？它们在什么情况下被置位和复位？

7. 在 MCS-51 中，哪些中断可以随着中断被响应而自动撤除？哪些中断需要用户来撤除？撤除的方法是什么？

8. 试编写一段对中断系统初始化的程序，使之允许$\overline{INT0}$、$\overline{INT1}$、T0 和串行口中断，且使串行口中断为高优先级中断。

9. 试编制程序，使定时器 T0(工作方式 1)定时 100 ms 产生一次中断，利用 T0 的定时使接在 P1.0 的发光二极管间隔 1 s 亮一次(0.1 s)，亮 10 次后停止。设晶振频率为 6 MHz。

第8章　单片机系统扩展设计

提要　MCS-51系列单片机的系统扩展主要包括程序存储器(ROM)和数据存储器(RAM)扩展、输入输出(I/O)口扩展、中断系统扩展。本章介绍了并行接口和串行接口设计的基本方法，根据单片机时序逻辑，给出了并行扩展的典型电路；并以具有I²C总线接口的FRAM存储器FM24C64和8位I/O扩展器PCF8574为例，说明了串行器件与单片机的接口方法。

采用MCS-51单片机构成的最小应用系统，充分显示了单片机体积小、成本低的优点。但是，在设计工业测控等实际系统时，经常要涉及各种功能需求，包括人机对话功能、模拟信号测量功能、控制功能、通信功能等。此时，最小应用系统就不能满足要求了，必须进行相应的系统接口设计。

系统接口设计包括系统资源的扩展和外围设备的接口，系统扩展是指单片机内部功能部件不能满足要求时，在片外连接外围芯片，以达到系统的功能要求，主要是指对存储器、I/O和中断等系统资源进行扩展。另外，针对不同的应用系统，可能需要配置相应的键盘、显示器、打印机、模数转换器(ADC)、数模转换器(DAC)、通信器件或电路等。这些称为外围设备接口设计。

8.1　系统接口技术概述

MCS-51单片机有强大的外部扩展性能，而且市场上有大量兼容的常规芯片可供选用，扩展电路和扩展方法比较典型和规范。另一方面，MCS-51系列单片机在功能上不断完善，推出了片内集成各种总线和器件的单片机，如ATMEL公司的AT89C51ID2，片内有64KB Flash Memory、2KB EEPROM、带有TWI(二线接口)、3个16位定时器、WATCHDOG(看门狗定时器)、SPI总线、UART(通用异步收发器)，最大工作频率60 MHz，工作电压范围2.7～5.5 V，具有ISP(系统内编程)功能，其中一个I/O口可直接作键盘接口。其他系列单片机还有CAN接口、10位ADC等，这意味着很多功能扩展不是必需的了。在系统设计时，应根据实际的功能需求，如速度、功耗、可扩展性、存储器容量、成本等综合因素来选择单片机和外围芯片。这里，更强调掌握设计思想和方法。

从总线的角度，单片机系统的接口可分为并行和串行两种类型。前者是指利用单片机的地址、数据和控制三组总线来完成数据传送；后者数据总线为串行方式，按照某种串行总线规范进行扩展，如 I²C、SPI、MICROWIRE 等。相对于并行接口器件，串行接口器件体积小，与单片机连接时需要的接口线少，占用较少的资源，从而简化了系统结构，提高了可靠性。其缺点是速度相对较慢，不适用于高速应用的场合。由于单片机集成度和速度的提高，串行方法越来越流行，并得到了广泛使用。

8.1.1　并行接口设计基础

1. MCS-51 单片机总线

MCS-51 单片机的总线包括地址总线（Address Bus）、数据总线（Data Bus）、控制总线（Control Bus）。这些总线通过相应的引脚，与片外接口芯片进行并行连接。

（1）地址总线

MCS-51 单片机地址总线宽度为 16 位，决定了其可寻址空间为 64KB。地址总线低 8 位即 A7～A0 由 P0 口提供，高 8 位 A15～A8 由 P2 口提供。

由于 P0 口是数据总线和地址总线低 8 位分时复用，因而地址数据必须要锁存。P2 口具有锁存功能，不需外加锁存器，但 P2 口作为高位地址线后，便不能作通用 I/O 口用。

（2）数据总线

MCS-51 单片机的 8 位数据总线 D7～D0 由 P0 口提供。P0 口是带有三态门的双向口，是单片机与外部交换数据的通道。单片机取指、大多数情况存取数据都是通过 P0 口进行的，少数情况下通过 P1 口传送。

在连接多个外围芯片时，由于数据总线上同一时间只能有一个有效通道，此时这些芯片大都采用三态门与总线连接，一般由地址线控制相应的片选端。

（3）控制总线

控制总线是单片机与外部芯片连接时的联络信号，控制线包括 ALE、$\overline{\text{PSEN}}$、$\overline{\text{EA}}$、$\overline{\text{RD}}$、$\overline{\text{WR}}$，其功能和输入输出特性如下。

- ALE——地址锁存允许，输出，用于锁存 P0 口输出的低 8 位地址信号。
- $\overline{\text{PSEN}}$——程序存储器选通允许，输出，用于选通片外程序存储器。区别于数据存储器的选通控制。
- $\overline{\text{EA}}$——外部访问，输入，用于选择片内或片外程序存储器。当 $\overline{\text{EA}}=0$ 时，无论片内有无 ROM，只访问片外程序存储器。
- $\overline{\text{RD}}$、$\overline{\text{WR}}$——读/写，输出，用于片外数据存储器（RAM）的读写控制。在执行"MOVX"指令时，自动生成这两个控制信号。

2. MCS-51 单片机并行接口基本方法

单片机与片外并行器件接口设计有两个任务：硬件电路连接和软件编程。二者相互关联，软件编程应根据硬件连线确定的地址单元和接口芯片的工作时序，完成相应的读写操作。

硬件接口就是完成 3 种总线的连接。

① 数据总线。片外器件的数据总线宽度不超过 8 位时，直接与单片机相连即可；大于 8 位时，需要分时来存取。

② 地址总线。先对片外器件分配地址，然后进行相应的硬件连接。

③ 控制总线。根据片外器件工作的定时逻辑，利用单片机控制信号以及与 I/O 口线的组合，完成对器件的控制和读写操作。

8.1.2　串行接口设计基础

1. 串行总线的类型

MCS-51 单片机等微控制器（MCU）常用的串行总线有 Motorola 公司的 SPI（Serial Peripheral Interface）总线、PHILIPS 公司的 I^2C（Inter-Integrated Circuit）、National Semiconductor 公司的 MICROWIRE 总线，以及现场总线 CAN（Controller Area Network）总线等。

这里简要介绍 SPI 和 I^2C 两种总线的特点和接口方法。

2. SPI 总线接口

1）SPI 三线总线基本特性

SPI 三线总线结构是一个同步外围接口，允许 MCU 与各种外围设备以串行方式进行通信。一个完整的 SPI 系统具有以下特性。

● 全双工、三线同步传送；

● 主、从机工作方式；

● 可程控的主机位传送频率、时钟极性和相位；

● 发送完成中断标志；

● 写冲突保护标志。

2）SPI 总线引脚描述

一般 SPI 系统使用以下 I/O 引脚。

（1）串行数据线（MISO、MOSI）

主机输入/从机输出数据线（Master Input Slave Output）和主机输出/从机输入数据线（Master Output Slave Input），用于串行数据的发送和接收。数据发送时，先传送高位，后传送低位。

在 SPI 设置为主机方式时，MISO 是主机数据输入线，MOSI 是主机数据输出线；在 SPI 设置为从机方式时，MISO 是从机数据输出线，MOSI 是从机数据输入线。

（2）串行时钟线（SCLK）

串行时钟线（Serial Clock）用于同步从 MISO 和 MOSI 引脚输入和输出数据的传送。在 SPI 设置为主机方式时，SCLK 为输出；在 SPI 设置为从机方式时，SCLK 为输入。

（3）从机选择输入（$\overline{SS}$）

在 SPI 设置为主机方式时，主机启动一次传送时，自动在 SCLK 脚产生 8 个时钟周期。在主机和从机 SPI 器件中，在 SCLK 信号的一个跳变时进行数据移位，在数据稳定后的另一个跳变时进行采样。在从机方式时，$\overline{SS}$ 脚是输入端，用于能使 SPI 从机进行数据传送；在主机方式时，$\overline{SS}$ 一般由外部置为高电平。

按要求连接 SCLK、MOSI/MISO、$\overline{SS}$ 三根线，即可通过 SPI 扩展各种 I/O 功能，包括 ADC、DAC、实时时钟、RAM、E^2PROM 及并行输入/输出接口等。

3）单片机的 SPI 总线接口

多数场合下都是使用一个 MCU 作为主机，与一个或多个从机（外围器件）进行数据传送。此时，利用单片机串行口的方式 0 可实现简化的 SPI 同步串行通信功能，RXD（P3.1）作为 MOSI/MISO，TXD（P3.0）作为 SCLK。其特点如下。

- 串行时钟（SCLK）极性和相位之间的关系是固定的，串行传送速率也是固定的，不能编程改变；
- 无从机选择输入（$\overline{SS}$）端；
- 串行数据输入、输出线不是隔离的，而是同一根线用软件设置数据传输方向；
- 串行数据线上传送数据位的顺序为先低位，后高位。

除利用单片机的串行通信口作为 SPI 接口外，还可以采用软件编程来仿真 SPI 操作，包括串行时钟的发生、串行数据的输入/输出。

3. I^2C 总线接口

1）I^2C 总线主要特性

I^2C 总线是两线协议，在器件之间使用两根信号线（SDA 和 SCL）进行信息串行传送，并允许若干兼容器件共享，其结构如图 8-1 所示。

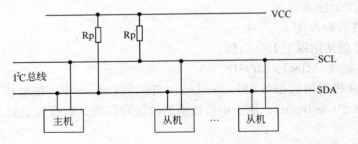

图 8-1　I^2C 总线结构图

SDA 线称为串行数据线，传输双向的数据；SCL 线称为串行时钟线，传输时钟信号，用来同步串行数据线上的数据。SDA 和 SCL 通过上拉电阻 Rp 接正电源。连接总线器件的输出级必须是开漏或集电极开路，以具有线"与"功能。I²C 总线上的数据传送速率可达 100Kb/s 以上，连接在总线上的器件数量仅受总线电容 400 pF 的限制。

挂接在 I²C 总线上的器件，按其功能可分为主控器件（主器件）和从控器件（从器件）。I²C 总线系统是一个允许多主的系统，可以有多个主器件。对于系统中的某一器件来说，有 4 种可能的工作方式，即主发送方式、主接收方式、从发送方式和从接收方式。

I²C 总线实现的主要功能有：

- 在主控器件和从控器件之间双向传送数据；
- 构成无中央主控器件的多主总线；
- 多主传送时，不发生错误；
- 数据传送可以使用不同的位速率；
- 串行时钟作为交接信号。

2）I²C 总线的数据传输协议

I²C 总线上的器件按照传输协议进行数据传送。主器件用于启动总线上传送数据并产生时钟以开放传送的器件，此时被寻址的器件为从器件。

当总线空闲时，SDA 和 SCL 均为高电平。只有在总线空闲时，才能开始数据传输。每次数据传送由起始信号启动，由停止信号终止。起始条件（START）和停止条件（STOP）的逻辑关系如图 8-2 所示。在 SCL＝1 时，SDA 电平发生一个由高到低的变化，就构成起始条件，总线上的操作必须在此之后进行；在 SCL＝1 时，SDA 电平发生一个由低到高的变化，则构成停止条件，总线上的操作必须在此之前结束。

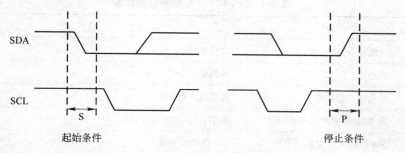

图 8-2　I²C 总线的起始条件和停止条件

总线上传送的数据以字节为单位，高位在先。主器件发送的第一个字节为从地址，其中高 7 位为器件地址的片选信号，最低位是决定数据传送方向的方向位 R/$\overline{W}$，R/$\overline{W}$＝1 表示主器件读，R/$\overline{W}$＝0 表示写。从器件每收到一个数据字节，必须返回一个低电平应答信号（Acknowledge），表示为 ACK 或 A＝0。同样，主器件在收到从器件发送的每个字节之后，也必须产生一个应答信号。在执行读操作、接收最后一个字节后，主接收器不发送 ACK＝0，而是发一个高电平信号，表示为 "NO ACK"，此时从发送器让出 SDA 线，使其成为高电平，以使主器件发送停止条件。

为保证数据传送有效，要求在 SCL 保持高电平(SCL＝1)周期期间，SDA 必须维持稳定。在 SCL 保持低电平(SCL＝0)周期期间，串行数据即 SDA 状态可以变化，每位数据需要一个时钟脉冲。

SDA 线上会发生竞争现象，总线竞争可能在地址或数据位上进行，此时发送电平与 SDA 总线不对应的器件会自动关掉其输出级。由于是利用 I²C 总线上的信息进行仲裁，因此信息不会丢失。总线控制完全由竞争的主器件送出的地址和数据决定。

3）单片机的 I²C 总线接口

I²C 总线可十分方便地用来构成由单片机和外围器件组成的单片机系统，器件间总线简单，可扩展性好。在集成了 I²C 总线的单片机中，可以直接用 I²C 总线来进行系统的串行扩展。对于 MCS－51 系列单片机，大多数没有 I²C 总线接口功能，可采用软件模拟双向数据传送协议的方法来实现系统的串行扩展。

基于 I²C 总线的单片机应用系统中，单主结构占绝大多数。在单主系统中，I²C 总线的数据传送状态要简单得多，没有总线竞争与同步问题，只有作为主器件的单片机对 I²C 总线器件的读/写操作，从而简化了模拟软件的设计。

PHILIPS 半导体公司的 I²C 总线器件非常丰富，并对各种器件的从地址进行了分配。

4. SPI 和 I²C 总线的比较

SPI 和 I²C 总线性能的对比可参见表 8-1。

表 8-1　SPI 和 I²C 总线的性能比较

	SPI	I²C
类　型	三线总线	二线总线
电　源	单电源，2～5.5 V	单电源，2～5.5 V
功　耗	低电流，低功耗	低电流，低功耗
工作方式	要求四端(除电源和地)工作	要求两端(除电源和地)工作
数据宽度	×8 位和×16 位数据宽度	×8 位数据宽度
保护方式	软件写保护	硬件写保护
触发方式	时钟和信号用边沿触发	时钟和信号用电平触发，带有高抗噪声输入浪涌滤波器
时钟频率	时钟频率可达 2 MHz	时钟包含 100 kHz 和 200 kHz 两种模式
规　程	较简单	较复杂
价　格	价格低廉	价格低廉

在应用时，I²C 总线的抗噪声性能高于 SPI，多用于微控制器 I/O 口线数目受限制的场

合，以及要求一条指令将多个字节存入写缓冲器的场合。而 SPI 规程更适用于高时钟频率要求及×16 位数据宽度的应用场合。

8.2　存储器扩展技术

8.2.1　存储器扩展概述

存储器是计算机中最重要的部件之一，存取时间和存储容量都直接影响着计算机的性能。随着集成电路和存储技术的发展，存储器在计算机中的体积和成本所占比例已越来越小。

1. 存储器分类

通常把半导体存储器分为易失性存储器和非易失性存储器。一般地，可随机读写信息的易失性存储器称为 RAM(Random Access Memory)，作为数据存储器使用，包括静态存储器 SRAM(Static RAM)和动态存储器 DRAM(Dynamic RAM)；非易失性存储器称为 ROM(Read Only Memory)，作为程序存储器使用，可分为掩膜只读存储器 MROM(Mask ROM)、一次性编程存储器 OTPROM(One Time Programmable ROM)和紫外线擦除可编程存储器(Ultraviolet-Erasable Programmable ROM)。

随着半导体技术的发展，各种新型的可现场改写信息的非易失性存储器得到了更广泛的应用。按材料和工艺分类，目前典型的存储器有以下几种。

- EEPROM(Electrically Erasable Programmable ROM)或 E^2PROM：电可擦除、可编程 ROM。
- Flash Memory：Intel 和 Toshiba 公司 20 世纪 80 年代首先推出的可快速擦写 ROM。
- BBSRAM(Battery Backed SRAM)：Dallas Semiconductor 公司的电池后备供电的静态存储器，掉电后信息可保存 10 年。
- FRAM(Ferroelectric RAM)：Ramtron 公司研制的铁电存储器。

前两种常用来存储程序，后两种常用来存储数据。上述存储器都具有非易失性的特性，但其中的信息又可以随时改写，兼有 RAM 和 ROM 的特征。可见，易失性已经不能作为存储器分类的标准了。

2. 存储器发展趋势

微处理器在飞速发展的同时也推动了存储器技术的研究，其主要发展方向大略可概括如下。

① 集成度不断提高、容量不断增大。基于亚微米级工艺的 DRAM 芯片容量已达到 Gbit

数量级。

② 存取速度不断提高。一般把存取时间小于 35 ns 的存储器称为高速存储器，目前 SRAM 的存取时间可达到 1 ns。

③ 低电压和低功耗。低电压存储器采用的工作电压有 3～3.3 V、2.5 V、1.5～1.8 V，甚至低于 1 V。

④ 存储器带有串行总线接口，可大大减少芯片间接线。

除传统的半导体技术领域外，利用超导技术、全息存储技术、单电子存储技术、生物电路技术，以及光化学存储技术等新材料和新技术的存储器也处于研究和开发之中。

3. 存储器扩展的基本方法

按照总线连接方式，MCS-51 单片机扩展存储器可分为并行扩展和串行扩展。基本方法是：按照单片机和不同存储器芯片的时序，来完成硬件连接和软件编程。

存储器的基本操作控制包括片选控制和读写操作控制。

（1）存储器片选控制

片选控制的目的是保证在寻址时数据与地址单元惟一对应。在仅扩展一片存储器时，不存在地址重叠的问题，片选端直接接为有效就可。扩展多片存储器时，为避免有效地址空间的重叠，就需要对存储器片选控制。

串行接口扩展时，如果存储器有专门的片选端，通常采用单片机的 I/O 口来选择相应的存储器，多用 P1 口。I²C 总线存储器一般没有片选端，通过外部地址线引脚来设定各器件的有效物理地址，该地址信息包含在串行协议中，从而达到区分芯片的目的。

采用并行接口时，实现片选的方法有线选法和译码选通法。

① 线选法。如果芯片数较少，只需要用单片机的高位地址线分别接到各个芯片的片选端即可。这样不需另加电路，但应注意，此时地址空间可能是不连续的。

② 译码选通法。在扩展芯片数目较多或要求连续的地址空间时，采用译码器译码产生片选信号，可根据需要来决定利用全部地址或部分地址来进行译码。

单片机并行扩展时，高位地址线可能有空闲（P2 口高位），但已不适宜简单地作 I/O 线使用。

（2）存储器读写操作控制

MCS-51 单片机采用 SPI 和 I²C 等串行接口扩展存储器时，一般只有时钟线和数据线，读写操作控制是通过串行协议中的读写控制位来实现的。

MCS-51 单片机在访问并行片外程序存储器和数据存储器时，分别使用不同的指令，并且产生不同的控制信号，因此允许两者的地址重复，地址范围均为 0000H～FFFFH。单片机控制信号与存储器的连接由单片机的操作时序来决定。

片外和片内数据存储器的操作指令不同，片外数据存储器读写指令是 MOVX 系列，控制线分别用单片机的 $\overline{RD}$ 和 $\overline{WR}$ 与存储器的输出允许（通常为 $\overline{OE}$）和写允许（通常为 $\overline{WE}$）对应连接。

　　程序存储器在程序运行状态只能读出，不能写入。扩展片外 ROM 时，需将单片机的 $\overline{\text{PSEN}}$ 与 ROM 的输出允许（$\overline{\text{OE}}$）相连。片内和片外程序存储器的选择由硬件连接（$\overline{\text{EA}}$）来决定，对于片内无 ROM 的 8031 等芯片，必须将 $\overline{\text{EA}}$ 接低电平。当 $\overline{\text{EA}}$ =1 时，0000H～0FFFH 共 4KB 空间为片内 ROM 所有，片外 ROM 地址应从 1000H 开始设置。读片外和片内程序存储器内容的操作指令是 MOVC。

　　当程序存储器的容量超过 MCS-51 单片机的 64KB 寻址空间时，需要增加 I/O 口线，即采用所谓的存储体切换（简称"换体"）的方法来实现。通常是利用 P1 口线来选择不同的存储空间。

8.2.2　存储器的并行扩展

　　存储器的扩展可分为数据存储器和程序存储器与单片机的接口设计。实际上，有的新型存储器已经把二者集成在一个芯片上，如 ISSI 公司的 IS71V16F64GS08，片内有 64Mb 的 Flash Memory 和 8Mb 静态 RAM。

1. 数据存储器的并行扩展

　　扩展数据存储器时，应按照单片机的操作时序，选择存储器芯片，完成接口设计。

　　1）数据存储器读、写操作时序

　　MCS-51 单片机对片外数据存储器读、写操作的指令有两组，均为单字节双周期指令，其操作时序分别如下。

　　（1）"MOVX A，@DPTR" 和 "MOVX @DPTR，A" 的时序

　　DPTR 提供 16 位地址，因此可以扩展 64KB 的片外 RAM。这组指令的操作时序如图 8-3所示。

　　图 8-3 中，机器周期 1 为取指周期，在 S2 状态，ALE 下降沿锁存 P0 口输出的 PC 低 8 位，即 PCL，P2 口输出 PC 高 8 位，即 PCH；而 $\overline{\text{PSEN}}$ 低电平有效时读入 PC 指向地址单元的指令代码。在 S5 状态，ALE 的下降沿对应 P0 总线上出现的是数据存储器的低 8 位地址，即 DPL；P2 口上出现的是数据存储器的高 8 位地址，即 DPH。

　　执行 "MOVX A，@DPTR" 时，从机器周期 2 开始到 S3 状态，$\overline{\text{RD}}$（即 P3.7）出现低电平。此时允许将片外数据存储器的数据送上 P0 口，在 $\overline{\text{RD}}$ 的上升沿将数据读入累加器 A。执行 "MOVX @DPTR，A" 时，从机器周期 2 开始到 S3 状态，$\overline{\text{WR}}$（即 P3.6）出现低电平。此时 P0 口上将送出累加器 A 的数据，在 $\overline{\text{WR}}$ 的上升沿将数据写入片外数据存储器中。在取指操作之后，直至机器周期 2 的 S5 状态之前，$\overline{\text{PSEN}}$ 一直维持高电平。

　　由于读写操作单元的低位地址 DPL 已锁存，在机器周期 2 的 S1 与 S2 状态之间 P0 口为浮空状态，因而 ALE 不再出现。这也是 MOVX 系列指令的特别之处。

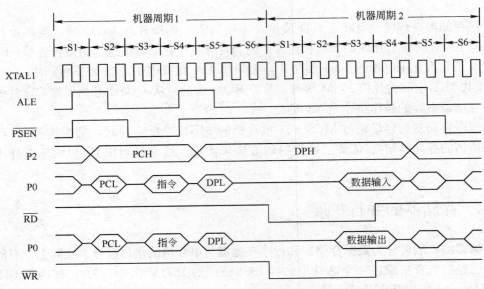

图 8-3　"MOVX A，@DPTR"和"MOVX @DPTR，A"的操作时序

　　综上所述，P0 口作为地址、数据复用总线；P2 口在机器周期 1 的 S4 状态之后出现锁存的高 8 位地址（DPH）；用控制线及 $\overline{RD}$、$\overline{WR}$ 来控制数据总线上的数据传输方向，即 $\overline{RD}$ 有效时数据为输入，$\overline{WR}$ 有效时数据为输出。

　　（2）"MOVX A，@Ri"和"MOVX @Ri，A"的操作时序

　　由于 Ri 只能提供 8 位地址，因此这两条指令仅适用于扩展 256 个字节的片外 RAM 时。指令的操作时序如图 8-4 所示。

　　执行这组指令时，在取指周期的 S5 状态时，ALE 的下降沿、P0 总线上出现的是数据存储器的低 8 位地址，即 Ri 中内容；在机器周期 1 的 S4 状态之后，直至机器周期 2 的 S5 状态之前，P2 口上出现的不是数据存储器的高 8 位地址 DPH，而是 P2 口特殊功能寄存器的内容。

　　2）扩展片外数据存储器的方法

　　（1）数据存储器选择

　　传统的易失性存储器主要有 SRAM、DRAM 和 PSRAM（伪静态 RAM）。SRAM 基于触发器原理，读写速度高，但是集成度低、功耗大；DRAM 基于分布电容电荷存储原理，集成度高、功耗和成本低，但需要周期性刷新；PSRAM 则在 DRAM 片内集成了刷新控制电路。SRAM 一般用于容量小于 64KB 的小系统。

　　可现场改写的存储器中，EEPROM、Flash 与 FRAM 相比，缺点是写入时间较长，如 8KB EEPROM 28C64 的写访问时间为 200 μs，SST 公司 64KB 29EE512 的字节写周期为 39 μs。

　　MCS - 51 单片机系统中，片外数据存储器一般为随机存取存储器。选择芯片时主要应

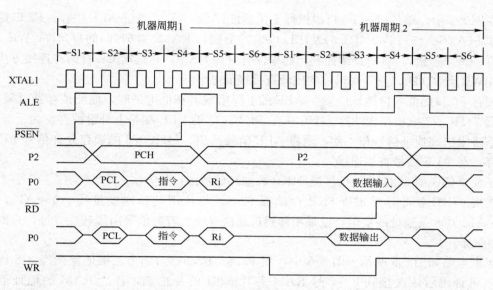

图 8-4　"MOVX A，@Ri" 和 "MOVX @Ri，A" 的操作时序

考虑容量、读写速度、功耗等因素。MCS－51 单片机要求的数据存储器容量不大于 64KB，在 12 MHz 晶振时的机器周期为 1 μs。由于面向控制，扩展的容量不会太大，通常采用 SRAM，典型芯片有 6116(2K×8 位) 和 6264(8K×8 位) 两种。不同公司生产的相同容量 SRAM 引脚通常都可兼容。

新型存储器的性能不断提高，如 ISSI 公司 8K×8 位 SRAM IS61C64B 芯片特性为：具有 10 ns 高存取速度；采用低功耗的 CMOS 工艺，运行时 450 mW，空闲时 250 μW；三态输出。Ramtron 公司 64Kb(8KB) 铁电非易失性随机存储器 FM1608－120 的基本特性为：10^{12}(1 万亿) 次以上的读写次数，掉电后数据可保持 10 年；120 ns 写数据周期；工作电流为 25 mA，待机电流为 20 μA。

（2）数据存储器扩展设计

根据时序分析，可画出如图 8-5 所示的 MCS－51 单片机扩展片外数据存储器的电路。

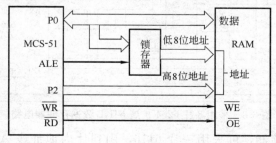

图 8-5　扩展片外数据存储器电路

在图 8-5 中，单片机的 P0 口提供低 8 位地址（A0～A7），通过 ALE 锁存；P2 口提供高 8 位地址（A8～A15）；$\overline{WR}$（P3.6）及 $\overline{RD}$（P3.7）分别与 RAM（如 6116）的写允许（$\overline{WE}$）及输出允许（$\overline{OE}$）连接，实现写/读控制。如果仅有一片 RAM，片选端 $\overline{CE}$ 有两种连接方法，即可以用 $\overline{WR}$ 及 $\overline{RD}$ 的"与"逻辑控制或者直接接低电平。

锁存 P0 口的低 8 位地址应该在 ALE 的下降沿或者在低电平时，地址锁存器可采用 8D 锁存器 74HC273 或锁存缓冲器 74HC373。74HC273 的 CLK 端是上升沿锁存，为了与 ALE 信号下降沿出现地址信号相一致，须将 ALE 信号反相。74HC373 的锁存允许信号 LE 是电平锁存，与 ALE 信号直接连接。

下面举例说明 8031 单片机扩展 64KB 数据存储器的设计方法。

扩展 64KB 空间需要 8 片 8KB 存储器 6264，每片用到片内地址线 A0～A12，还有 A13～A15 共 3 条地址线空闲，应采用译码选通法寻址。若简单采用线选法寻址，只能扩展 3 片存储器。

扩展电路如图 8-6 所示。图 8-6 中，用 P2.5、P2.6 及 P2.7 三根地址线经 3-8 译码器 74HC138 译码后依次接到 0～7 号 RAM 芯片 6264 的片选端，各片 RAM 的地址范围从 0000H 到 FFFFH 按 8KB 间隔分布。图中，74HC138 的控制端均接为有效。

采用这种电路需要注意 P0 口和 P2 口的驱动能力。

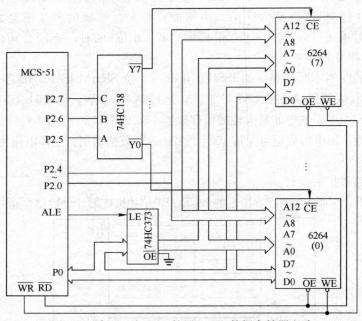

图 8-6　采用 8 片 6264 扩展 64KB 数据存储器电路

若需扩展 2KB 存储器，可采用一片 6116，用到片内地址线 A0～A10，地址范围为 0000H～07FFH，$\overline{CE}$ 直接接低电平。若需扩展 16KB 存储器，可用两片 6264，用到地址线

A0～A13，此时采用线选法寻址较简单，可用其中一条高位地址线 P2.5(A13)来寻址：当 P2.5＝0 时，访问片 1；当 P2.5＝1 时，访问片 2。此时，片 1 的地址范围为 0000H～1FFFH，片 2 的地址范围为 2000H～3FFFH。

2. 程序存储器的并行扩展

1) 程序存储器的操作时序

$\overline{\text{EA}}$ 为片外、片内程序存储器选择信号，不能浮空。根据 $\overline{\text{EA}}$ 连接电平的不同，MCS－51 单片机有两种取指过程。

当 $\overline{\text{EA}}$＝1 时，单片机所有片内程序存储器有效。当程序计数器 PC 运行于片内程序存储器的寻址范围内(对 8051/8751 为 0000H～0FFFH)时，P0 口、P2 口及 $\overline{\text{PSEN}}$ 线没有信号输出；当程序计数器 PC 的值超出上述范围时，才有信号输出。

MCS－51 单片机以 $\overline{\text{PSEN}}$ 信号作为片外程序存储器的"读"选通信号。单片机访问片外程序存储器时，在 ALE 的下降沿之后，$\overline{\text{PSEN}}$ 由高变为低，此时片外程序存储器的内容(指令字)送到 P0 口(数据总线)，而后在 $\overline{\text{PSEN}}$ 的上升沿将指令字送入指令寄存器。

当 $\overline{\text{EA}}$＝0 时，单片机所有片内程序存储器无效，只能访问片外程序存储器。随着单片机复位进入程序运行方式，PC 地址指针从 0000H 开始起，P0 口、P2 口及 $\overline{\text{PSEN}}$ 线均有信号输出。

单片机片外程序存储器取指操作的时序(无片外数据存储器时)如图 8-7 所示。如果片外有数据存储器，机器周期 2 会缺少一个 ALE 信号。

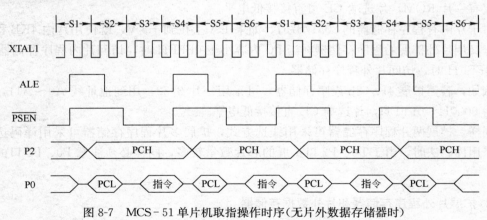

图 8-7 MCS－51 单片机取指操作时序(无片外数据存储器时)

2) 扩展片外程序存储器的硬件电路

(1) 程序存储器的选择

由于 EPROM、EEPROM 和 Flash 等技术的提高，单片机片内程序存储器容量也越来越大，如 89C58/87C58 的片内程序存储器的容量高达 32K×8b，有的达到 64K×8b。而且新型的带有 ISP(In-System Programming)功能的单片机可以在片内进行编程和擦除，并且不需要外接编程所需的高电压，而由片内提供。同时，带片内程序存储器的单片机的价格也在不断下降。因此，程序存储器的扩展已不是必须的了，意义在于对方法的介绍。

片外程序存储器可以有多种选择，在可现场改写的存储器中，EEPROM、Flash 已大量应用。较常用的 EPROM 有 2764（8K×8b）、27128（16K×8b）、27256（32K×8b）和 27512（64K×8b）。显然，通常情况下只需要扩展一片（或两片）EPROM 芯片就足够了，从而简化了扩展电路的结构。

（2）扩展电路

根据操作时序，单片机扩展片外程序存储器的电路如图 8-8 所示。

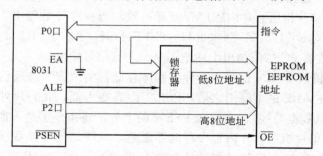

图 8-8　扩展片外程序存储器电路

图 8-8 是 8031 构成的扩展电路，$\overline{\text{PSEN}}$ 与 EPROM 的输出允许（$\overline{\text{OE}}$）相连，要求 $\overline{\text{EA}}=0$，CPU 复位后 PC 为 0000H，从片外程序存储器开始取指执行。地址线由扩展容量决定。如果仅有一片 ROM，片选端 $\overline{\text{CE}}$ 可直接接低电平。

对于片内有程序存储器的 8051/8751，如果 $\overline{\text{EA}}$ 上拉到+5 V，既使用片内 4KB 程序存储器，又用片外扩展的程序存储器。当 PC 内容小于 0FFFH 时，访问片内程序存储器；PC 大于 0FFFH 时，访问片外程序存储器。

例如，若需扩展 4K×8b 程序存储器，可采用一片 2732，用到地址线 A0～A11，地址范围为 0000H～0FFFH，片选端 $\overline{\text{CE}}$ 直接接低电平。

同样，扩展两片程序存储器可采用线选方式，扩展多片程序存储器可采用译码选通方式。采用译码法时，由于 P0、P2 口扩展的芯片数量较多，同样必须注意 P0、P2 口的负载能力。

3. 扩展片外程序存储器和片外数据存储器

在单片机系统中，多数情况下既需要扩展片外程序存储器，也需要扩展片外数据存储器。这时，数据总线和地址总线都是共用的，其中地址总线应根据各自的地址范围来确定；而控制总线是完全不同的，必须相应连接。

扩展 8KB 程序存储器和数据存储器的电路如图 8-9 所示。图 8-9 中，只需扩展一片 ROM 和 RAM，片选 $\overline{\text{CE}}$ 可直接接地，地址线需要 13 条，用到 P2 口的 P2.0～P2.4。程序存储器和数据存储器地址范围均为 0000H～1FFFH。

需要特别强调的一点是，程序存储器和数据存储器都由 P2 口提供高 8 位地址、P0 口提供低 8 位地址和 8 位数据或指令，且共用一个地址锁存器，因而两者共处同一地址空间。那么，操作时二者是否会在数据总线上产生冲突呢？回答是否定的。根本原因在于单片机的操作时序，程序存储器的访问是由程序读选通信号 $\overline{\text{PSEN}}$ 控制的，而外部数据存储器的读写由 $\overline{\text{RD}}$ 和 $\overline{\text{WR}}$ 信号控制。这样，由于控制信号的不同，程序存储器的空间和数据存储器的空间在逻辑上是严格分开的，所以在访问时不会发生总线冲突。

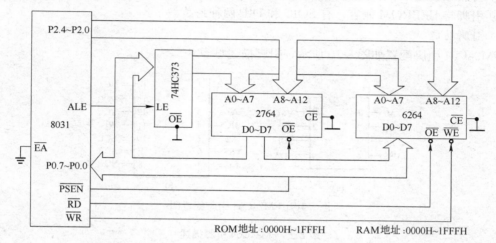

图 8-9　扩展片外程序存储器和片外数据存储器的电路图

8.2.3　存储器的串行扩展

目前，SRAM、FRAM、EEPROM、Flash 等各种存储器都有串行接口的器件，如 Microchip、SST 等公司 I²C 总线 24 系列 EEPROM 存储器，而且很多单片机在片内也集成了串行协议。

串行扩展时除存储器容量、速度和功耗等因素外，也应考虑选取哪种串行总线协议。扩展 EEPROM 等非易失性存储器，主要是为了保证存储的数据在掉电后不丢失。这里，以 Ramtron 公司的 I²C 总线 FRAM FM24C64 为例，给出串行存储器与 MCS-51 单片机的接口方法。

1. FM24C64 基本特性和引脚配置

FRAM 是采用先进的铁电技术制造的非易失性随机存储器，与 EEPROM 等其他非易失性存储器相比，最大的优势是具有高速写操作和高擦写次数，适合于快速、频繁写操作和非易失性的应用场合，如实时数据采集系统等。

1）基本特性

FM24C64 具有以下基本特性。

① 64Kb(8KB)铁电非易失性随机存储器、结构容量为 8192×8b；

② 10^{10}(1 百亿)次以上的读写次数，掉电后数据可保持 10 年；

③ 写数据无延时，快速两线串行协议，总线速度可达到 1 MHz；

④ 低功耗操作。工作电流为 150 μA，待机电流为 10 μA；

⑤ 可满足工业标准温度范围−40℃～+85℃；

⑥ 引脚与 EEPROM 兼容，有 SOIC 和 DIP 两种封装。

2）引脚功能

FM24C64 引脚配置如图 8-10 所示，引脚描述见表 8-2。

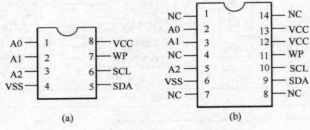

图 8-10　FM24C64 引脚配置图

表 8-2　FM24C64 引脚描述

引脚名称	特　　性	描　　　　　述
A0～A2	输入	地址线，决定 FM24C64 物理地址，应与两线协议中从地址的装置值一致
SDA	I/O	串行数据/地址，在两线协议中作为双向数据线传送串行数据和地址，开漏输出，需要加上拉电阻
SCL	输入	串行时钟线，两线接口串行时钟输入，需要加上拉电阻
WP	输入	写保护，当 WP 为高电平时，写保护地址从 1800H 到 1FFFH，FM24C64 将不会应答写入被保护的地址的数据；WP 拉低时，此特性不起作用；此脚不应悬空
VSS	地	接地
VDD	电源	+5 V 电源

2. FM24C64 的寻址和操作

FM24C64 有 4 种状态：开始、停止、数据及应答。FM24C64 满足 I^2C 协议，只能作为从器件。

1）控制字节和器件寻址

控制字节是跟随在主器件发出的开始条件后面、器件首先接收到的字节。控制字节的配置如图 8-11 所示。

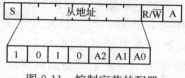

图 8-11　控制字节的配置

控制字节的前 4 位是器件类型(Slave ID)，控制码为 1010B，表示对 24C64 读写操作。控制码后面的 3 位是地址位或器件选择位(A2、A1 和 A0)，最多可连接 8 个器件。主器件利用这 3 位来选择对哪一个器件进行存取，这 3 位影响字地址的 3 个最高有效位。控制字节的最后一位为 R/$\overline{\text{W}}$ 位，决定操作类型，当 R/$\overline{\text{W}}$=1 时，进行读操作；当 R/$\overline{\text{W}}$=0 时，进行写操作。

在开始条件之后，24C64 监视 SDA 线，检查发送出的控制字节。当接收到 1010 码和相应的器件选择位时，被选中的器件在 SDA 线上输出一个应答位 ACK。

作为从器件，接收到的下两个字节定义了第一个数据字节的地址，如图 8-12 所示。由于地址线仅用 A0～A12，所以最高 3 位地址码必须为"0"。地址的高有效字节的最高有效位最先发送。

图 8-12　控制字和地址顺序的位排列

2) 写操作

写操作有两种方式：单字节写和多字节写。

(1) 单字节写

主器件发出开始信号以后，再发送含有 R/$\overline{\text{W}}$=0 的控制字节到总线上。在第 9 个时钟周期接收确认应答位 ACK 之后，主器件发送被寻址从器件(24C64)的地址字，字地址的高字节在先；从器件应答后，接着是低地址字节；再次应答后，地址字被写入 24C64 的地址指针，随后主器件发送欲写入的数据字节；24C64 应答后，主器件发出停止条件。字节写的数据流参见图 8-13。

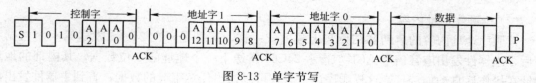

图 8-13　单字节写

24C64 内部存储单元的写操作是在 ACK 信号发送之前完成的，因此主器件可以在发送第 8 位数据前终止这次操作。

（2）多字节写

多字节写操作的控制字节、字地址和第一个数据字节与单字节写的格式相同，区别是收到从器件应答后，主器件不产生停止条件，可连续发送任意字节数据。接收到每一个字节后，在应答之前，24C64 的地址指针在内部顺序加"1"，当到达最后一个地址 1FFFH，加"1"后地址计数器内容则翻转为 0000H。多字节写的数据流参见图 8-14。

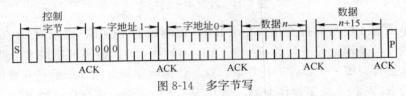

图 8-14　多字节写

值得注意的是，与其他器件不同，在 FM24C64 读写操作中，没有字节数的限制，不需要页缓冲。

24C64 可以用 WP 脚作写保护。把 WP 拉高，写保护地址范围从 1800H 到 1FFFH，24C64 将不会应答写入被保护的地址的数据，同时地址计数器也不会递增。

3）读操作

控制字中 R/$\overline{\text{W}}$ 位被置为"1"时，将启动读操作。有 3 种基本的读操作类型：读当前地址内容、读顺序地址内容和读随机（选择）地址内容。

（1）读当前地址内容

24C64 内部包含一个地址锁存器，它保存被存取过的最后一个字节的地址，并在片内自动加"1"。如果以前存取的地址为 n，下一次读操作则从 $n+1$ 地址中读数据。

如果接收到的从地址中 R/$\overline{\text{W}}$＝1，24C64 发送一个应答位，并且送出 8 位数据；主器件发送"NO ACK"，并产生一个停止条件，24C64 不再继续发送。读当前地址内容如图 8-15 所示。

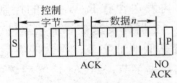

图 8-15　读当前地址内容

（2）读顺序地址内容

读顺序地址内容的启动和结束与上述方式一样。区别是，在 24C64 发送第一个数据字节后，主器件发出应答信号 ACK，指示 24C64 发送下一个地址的 8 位数据，其内部的地址指针在操作后自动加"1"。这样顺序读下去，可以读出任意字节的数据，直到主器件发出停止信号。地址指针递增到 1FFFH 后，翻转为 0000H。读顺序地址内容如图 8-16 所示。

（3）读随机地址内容

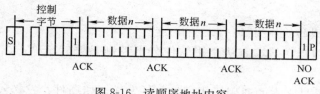

图 8-16　读顺序地址内容

此方式允许主器件读存储器任意地址的内容。执行操作时，须先设置字地址，主器件将字地址作为写操作的一部分传送给 24C64。然后主器件在应答位之后产生一个开始条件，以终止写操作。主器件接着发 R/$\overline{\text{W}}$=1 的读控制字。24C64 发出应答位，并发送出 8 位数据字，可读取任意字节数。读完后，主器件发送"NO ACK"信号，并产生一个停止条件，相应地，24C64 不再发送数据。读随机地址内容如图 8-17 所示。

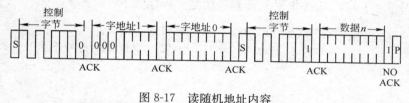

图 8-17　读随机地址内容

3. MCS - 51 单片机与 FM24C64 的接口设计

1）硬件接口电路

图 8-18 是采用 FM24C64 串行扩展 16KB 存储器时，与 MCS - 51 单片机的接口原理图。

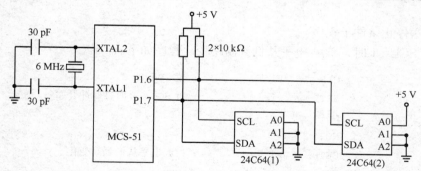

图 8-18　MCS - 51 单片机与串行 24C64 的接口电路

MCS - 51 单片机片内无 I²C 总线，需要利用仿真的方法来完成通信。模拟 I²C 总线时，需用两根 I/O 口线，图中用 P1.6 作 SCL 串行时钟线，P1.7 作 SDA 串行数据线。

由于共有 3 条地址线，在同一组 I/O 线上最多可挂接 8 片这样的从器件。总线上每一个器件都必须使其地址输入 A2、A1、A0 的硬件接线指向某个惟一的地址。图 8-18 中，A2＝A1＝A0＝0，故 24C64(1) 的地址为 000H；A2＝A1＝0，A0＝1，故 24C64(2) 的地址为

001H。

2）模拟 I²C 总线的软件编程

模拟 I²C 总线编程，基本方法是用软件分别控制 SCL、SDA，达到模拟串行协议的效果。

下面编写的仅是最基本的通用子程序，包括发送开始条件、发送停止条件、发送应答位、检查应答位、单字节数据发送和接收。多字节的数据传送可通过调用子程序的方法来实现。

以下子程序中，单片机所使用的晶体振荡器为 6 MHz，即机器周期为 2 μs。若晶体振荡器不是 6 MHz，则可根据数据传送速率的要求增减程序中的 NOP 指令。

(1) 发送开始条件子程序

要求在 SCL＝1 时，SDA 电平从高到低跳变。程序如下。

```
START:      SETB    P1.7        ; 置 SDA=1
            SETB    P1.6        ; 置 SCL=1，时钟脉冲开始
            NOP                 ; 延时
            NOP
            CLR     P1.7        ; SDA 电平从高到低变化
            NOP
            NOP
            CLR     P1.6        ; SCL 电平变低，时钟脉冲结束
            NOP
            RET
```

(2) 发送停止条件子程序

要求在 SCL＝1 时，SDA 电平从低到高跳变。程序如下。

```
PAUSE:      CLR     P1.7        ; 置 SDA=0
            SETB    P1.6        ; 置 SCL=1，时钟脉冲开始
            NOP
            NOP
            SETB    P1.7        ; SDA 电平从低到高变化
            NOP
            NOP
            CLR     P1.6        ; SCL 电平变低，时钟脉冲结束
            NOP
            RET
```

(3) 发送应答位"ACK＝0"子程序

要求在 SCL＝1 周期期间，SDA 保持低电平。程序如下。

```
ACK:        CLR     P1.7        ; 置发送数据 SDA=0
            SETB    P1.6        ; 置 SCL=1，时钟脉冲开始
            NOP
            NOP
            CLR     P1.6        ; SCL 电平变低，时钟脉冲结束
            SETB    P1.7        ; 置发送数据 SDA=1
            RET
```

（4）发送 "NO ACK＝1" 子程序

要求在 SCL＝1 周期期间，SDA 保持高电平。程序如下。

```
NOACK:      SETB    P1.7        ; 置发送数据 SDA=1
            SETB    P1.6        ; 置 SCL=1，时钟脉冲开始
            NOP
            NOP
            CLR     P1.6        ; SCL 电平变低，时钟脉冲结束
            SETB    P1.7        ; 置发送数据 SDA=0
            RET
```

（5）检查应答位子程序

发送完数据后，在第 9 个时钟周期等待应答位 ACK＝0，将该信息置于 PSW 的标志位 F0 中返回。具体程序如下。

```
CHECK:      SETB    P1.7        ; 置 P1.7 为输入状态
            SETB    P1.6        ; 第 9 个时钟脉冲开始
            NOP
            MOV     C, P1.7     ; 读 SDA 线
            MOV     F0, C       ; 将 ACK 存入 F0 中
            CLR     P1.6        ; 第 9 个时钟脉冲结束
            NOP
            RET
```

（6）单字节发送子程序

将累加器 ACC 中待发送的字节数据按位送上 SDA 线。具体程序如下。

```
WRBYT:      MOV     R7, #8      ; 发送 8 位
WRB1:       RLC     A           ; 先发最高位，将发送位移入 C 中
            JC      WRB2        ; 此位为 1，转发送 1
            CLR     P1.7        ; 此位为 0，发送 SDA=0
            SETB    P1.6        ; 时钟脉冲开始
            NOP
```

```
                NOP
                CLR      P1.6              ; 时钟脉冲结束
                DJNZ     R7, WRB1          ; 8 位未发送完, 继续
                RET
    WRB2:       SETB     P1.7              ; 此位为 1, 发送 SDA=1
                SETB     P1.6              ; 时钟脉冲开始
                NOP
                NOP
                CLR      P1.6              ; 时钟脉冲结束
                CLR      P1.7
                DJNZ     R7, WRB1          ; 8 位未发送完, 继续
                RET
```

(7) 单字节接收子程序

从 SDA 线上按位读一个字节的数据, 保存在累加器 ACC 中返回。具体程序如下。

```
    RDBYT:      MOV      R7, #8            ; 接收 8 位
                CLR      A                 ; 清 A
    RDB1:       SETB     P1.7              ; 置 P1.7 为输入状态
                SETB     P1.6              ; 时钟脉冲开始
                MOV      C, P1.7           ; 读 SDA 线
                RLC      A                 ; 高位在前, 移入新接收位
                CLR      P1.6              ; 时钟脉冲结束
                DJNZ     R7, RDB1          ; 未读完 8 位, 继续
                RET
```

8.3 输入输出(I/O)和中断扩展技术

MCS-51 单片机的 4 个并行 I/O 口中, P0 和 P2 口通常都被数据总线和地址总线占用, P3 口是多功能口, 只有 P1 口是通用 I/O 口。另外, 单片机一般只有两个外部中断请求输入端 $\overline{INT0}$ 和 $\overline{INT1}$。因此, 经常需要对输入/输出口和外部中断进行扩展。

8.3.1 并行扩展 I/O 接口

不同的处理器对 I/O 口的访问方式是不同的, 有的处理器(如 80X86 系列 CPU)访问 I/O 采用专门的指令, 还有专门的 I/O 控制线。MCS-51 单片机把存储器和 I/O 统一编址, 使用相同的读写指令。

对输入/输出口功能的扩展, 可以利用简单的 TTL 电路或 MOS 电路, 也可以使用结构

较为复杂的可编程接口芯片。TTL 电路有 54 系列军品级器件、民品 74LS 系列；MOS 中常用 CMOS 电路，如 74HC 系列。典型的可编程接口器件是 Intel 公司及其兼容的接口芯片：可编程并行接口（8155、8255）、可编程通用同步/异步通信接口（8251）、可编程定时器/计数器（8253）、可编程中断控制器（8259）及可编程键盘显示接口（8279）等。这些接口芯片与 MCS-51 单片机的信号线及时序是相适应的，并且都是用扩展片外数据存储器的并行总线进行访问（用 MOVX 类指令）的，因此与之接口非常方便。这类芯片的接口方法和典型电路也很容易查询到。

常用的扩展方法有两个，一是可以将 I/O 口作为片外数据存储器单元来看待，即与片外 RAM 统一编址；另一个是利用专门的控制线来分别选通 I/O 口和数据存储器。这里，仅介绍利用简单的 TTL 电路或 CMOS 电路扩展输入/输出口的方法。

（1）I/O 口与片外 RAM 统一编址

与片外 RAM 统一编址是指把扩展的 I/O 口挂接在片外数据存储器空间，因而 I/O 口的输入、输出指令也就是片外数据存储器的读/写指令。其特点是：数据传输利用的是 P0 口，因此扩展接口均是 8 位口，传输数据简便；可以通过地址译码得到大量的 I/O 口，根据使用"@Ri"或"@DPTR"而有所区别。

使用这种方法扩展的输入口与输出口之间的对比见表 8-3。

表 8-3　扩展输入口与输出口的对比

扩展口类型	使 用 指 令	选通信号	信号流向	数据状态	可使用器件
输入口	MOVX A，@Ri MOVX A，@DPTR	$\overline{RD}$	外设流向 累加器	将静态数据 输入缓冲	74HC244， 74HC373 等
输出口	MOVX @Ri，A MOVX @DPTR，A	$\overline{WR}$	累加器 流向外设	将数据 输出锁存	74HC273， 74HC377 等

扩展输入口的器件应具有三态的特性，而扩展输出口的器件应具有锁存的特性。

（2）利用 I/O 口线来选择 I/O 和数据存储器

采用此方法一般是通过 MCS-51 单片机 P1 口的 I/O 口线来选择外部 I/O 或 RAM。这时，虽然 CPU 的地址、数据和读写信号对于 I/O 和 RAM 是等同的，但通过 P1 口线状态的不同可以把二者区分开来。

扩展 8KB 数据存储器同时扩展一个输入口的电路如图 8-19 所示。由于扩展的外设仅用于输入，故 CPU 读操作时，需要区别存储器和外设。图 8-19 中，当 P1.0＝0 且 $\overline{RD}$ 有效时，选通片外数据存储器 6264，其地址范围为 0000H～1FFFH；而当 P1.0＝1 且 $\overline{RD}$ 有效时，选通输入口，口地址可为任意值。

电路中用具有三态特性的 74HC373 作为输入接口芯片，采用中断方式来读取外设输入。外围设备向单片机送数据时，选通信号连接在 74HC373 的锁存允许端 LE 上，在选通信号的下降沿将发来的数据锁存，同时在低电平期间向 CPU 发出中断申请。

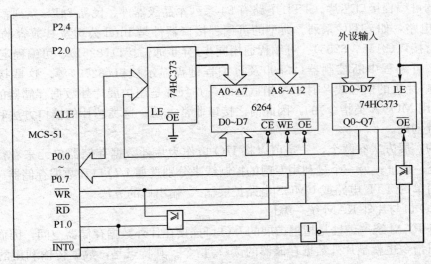

图 8-19　扩展片外数据存储器和输入口电路

根据电路，可写出相应的程序段。在中断服务程序中，由 P0 口读入锁存器中的数据存入片外数据存储器 6264 从 2000H 开始的单元中。主程序初始化部分和中断服务程序如下。

```
            ORG 0000H
            AJMP MAIN
            ORG 0003H            ；外部中断 0 入口地址
            LJMP INTP
    MAIN:   CLR IT0              ；外部中断 0 设为低电平触发
            MOV DPTR, #2000H     ；设置数据区首地址
            SETB EX0             ；允许外部中断 0
            SETB EA              ；CPU 开中断
            ……                  ；执行其他任务或等待
            ORG 1000H            ；中断服务程序
    INTP:   SETB P1.0            ；指向输入口
            MOVX A, @DPTR        ；输入口数据读入累加器
            CLR P1.0             ；指向 6264
            MOVX @DPTR, A        ；存入数据区
            INC DPTR             ；调整数据指针
            RETI                 ；中断返回
```

8.3.2　串行扩展 I/O 接口

串行接口有多种总线和丰富的接口芯片，这里以 PHILIPS 公司 I²C 总线 8 位远程 I/O

扩展器 PCF8574 为例，说明 I²C 总线扩展 I/O 接口的方法。

1. PCF8574 基本特性和引脚功能

PCF8574 和 PCF8574A 是具有 I²C 总线接口和 8 位准双向口，在 I²C 总线系统中仅作从器件。

PCF8574 是单片 CMOS 电路，具有低的电流损耗，待机电流最大仅 $10\ \mu A$；输出为漏极开路，能输出大的电流，工作时电源输出电流最大值为 25 mA，并有锁存功能，可直接驱动 LED 发光管；带有中断逻辑线，可接至微处理器的中断输入；3 个硬件地址引脚使 I²C 总线系统最多可挂接 8 片，而 PCF8574A 可接 16 片。器件的串行时钟频率最高可达 100 kHz。

PCF8574 外部引脚如图 8-20 所示，其引脚功能如表 8-4 所示。

表 8-4　PCF8574 引脚描述

引脚名称	特　性	描　　述
SDA	I/O	串行数据/地址线
SCL	输入	串行时钟线
P7～P0	I/O	准双向口，每一位均可作输入或输出。上电复位后，口的每一位均为高电平。某位在作输入前，应先置为高电平
A2～A0	输入	器件物理地址线，最多 8 个器件，PCF8574A 可达 16 个
$\overline{\text{INT}}$	输出	开漏中断输出，低电平有效
VCC	工作电源	2.5～6 V

2. PCF8574 与单片机接口

1）器件寻址和操作

（1）控制字节和器件寻址

根据器件类型定义，当控制码为 0100 时，表示对 PCF8574 的读和写操作，如图 8-21(a)所示；当控制码为 0111 时，表示对 PCF8574A 的读和写操作，如图 8-21(b)所示。

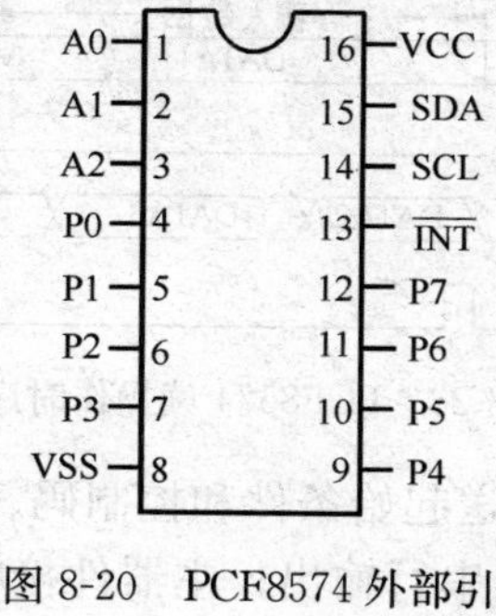

图 8-20　PCF8574 外部引脚

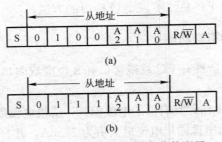

图 8-21　PCF8574 控制字节的配置

（2）写操作模式

写操作是微控制器（主器件）将数据传送给 PCF8574 端口。写操作的时序如图 8-22 所示。

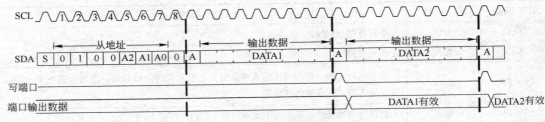

图 8-22　PCF8574 写操作时序

图 8-22 中，单片机（主器件）发送起始条件和控制码、从地址及 $R/\overline{W}=0$，收到 PCF8574 的 ACK 后，输出有效数据字节，PCF8574 内部写脉冲信号把数据输出到端口；主器件可以继续写数据，直到发出停止条件。

（3）读操作模式

读操作是将 PCF8574 口的数据传送给微控制器（主器件）。读操作的时序如图 8-23 所示。

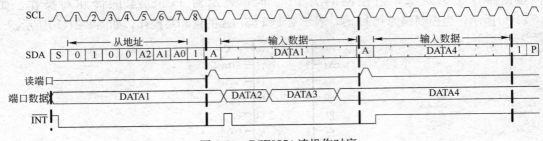

图 8-23　PCF8574 读操作时序

图 8-23 中，单片机（主器件）发送起始条件和控制码、从地址及 $R/\overline{W}=1$，PCF8574 发出 ACK 信号，端口的当前有效数据串行输出；主器件接收完数据后，可以连续读取数据，

直到发出停止条件。

2）PCF8574 与 MCS-51 单片机接口

（1）硬件连接

按照 I²C 总线协议，PCF8574 的 SCL、SDA 分别与 MCS-51 单片机的 2 条 I/O 口线连接，上拉电阻值最小为 1.8 kΩ。而 P0～P7 可作为 8 位 I/O 口使用，既可扩展为 8 位输入口，也可作为 8 位输出口，还可以兼作输入和输出口。

PCF8574 扩展 4 位输入口和 4 位输出口的接口电路如图 8-24 所示。

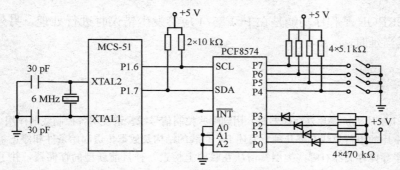

图 8-24 PCF8574 与 MCS-51 单片机接口电路

图 8-24 中，P0～P3 作为输出口，可点亮 4 路 LED；P4～P7 口作为输入口，可读入 4 路开关的状态。如果需要使用 INT，在外接上拉电阻后，直接接至单片机的中断输入端。

（2）软件编程

根据上述 PCF8574 扩展电路，要求把开关状态用 LED 显示出来，开关闭合时相应点亮。调用前面 8.2.3 节中基于 24C64 编程的子程序，可写出循环扫描程序如下。

```
LOOP:   ACALL   START      ；开始条件
        MOV     A, #41H     ；0100 0001B，PCF8574 读方式
        ACALL   WRBYT      ；主器件发控制字节
        ACALL   CHECK      ；检查应答位 ACK
        JB      F0, ERROR   ；若有错误，转 ERROR
        ACALL   RDBYT      ；读开关状态数据
        MOV     R1, A      ；暂存
        ACALL   NOACK      ；读结束，主器件发 NO ACK
        ACALL   PAUSE      ；停止条件
        ACALL   START      ；开始
        MOV     A, #40H     ；0100 0000B，PCF8574 写方式
        ACALL   WRBYT
        ACALL   CHECK
        JB      F0, ERROR
```

```
        MOV      A, R1          ; 取输出数据
        SWAP     A              ; 低 4 位有效
        ACALL    WRBYT          ; 送 PCF8574
        ACALL    CHECK
        JB       F0, ERROR
        ACALL    PAUSE          ; 停止条件
        AJMP     LOOP           ; 继续
ERROR:  ……                     ; 错误处理
```

　　程序中 ERROR 子程序功能是在 PCF8574 应答发生错误时进行处理。另外，在每次扫描结束后可适当延时。

习题

1. MCS‑51 单片机扩展片外存储器时，用到哪些控制信号线？请说明各控制线的作用。
2. 单片机常用的串行总线有哪几种？简述 I²C 总线的结构及数据传送起始条件和停止条件的要求。
3. 常用的半导体存储器有哪些类型？请从互联网上检索一种目前新型的存储器，并了解其主要性能指标。
4. 存储器的片选线有什么作用？实现片选控制有哪几种方法？
5. MCS‑51 单片机系统中，片外程序存储器和片外数据存储器用相同的编址方法，在数据总线上是否会出现总线竞争现象？为什么？
6. 容量为 4K×8b 的存储器各有多少条数据线和地址线？
7. 单片机系统要求用 1K×8b 的 RAM 芯片组成 8K×8b 的存储器，请问需要多少芯片？单片机地址线有多少位用来片内寻址？需要多少位用作芯片的片选控制？
8. 试给出 8031 单片机以 EPROM 2764 扩展 32KB 程序存储器的接口电路，并对比说明线选法和译码法扩展存储器电路时地址空间的不同特点。
9. 利用 4K×8b EPROM 2732、2K×8b SRAM 6116、74HC138 译码器，构成一个具有 8KB ROM、16KB RAM 的存储器系统，请给出硬件连接电路图，并分别指出各芯片的地址范围。
10. 单片机用 EPROM 2764 和 SRAM 6264 各一片组成存储器，要求 ROM 起始地址为 0000H，RAM 起始地址为 2000H，请给出系统连接电路图，并指明地址范围。
11. 串行扩展存储器时，单片机如何对存储单元寻址？图 8-18 中，若需对 24C64(2) 进行读操作，控制字节应如何配置？
12. 要求对 8031 为主机的系统，以串行方式扩展 8KB 的片外数据存储器，请选择合适的 RAM 芯片，并分别画出接口电路原理图。请指出电路的特点和适用场合，并说明在串行方式时读取 8 个字节数据的操作过程。
13. 单片机对外设的寻址有何特点？访问外设用哪几条指令？
14. 利用 PCF8574 扩展 8 位按键输入口，给定器件物理地址 A2A1A0＝110，试画出与单片机的接口电路图，并写出读操作的控制字节。

第 9 章　键盘和显示器接口设计

> **提要**　键盘和显示器作为基本的人机对话设备，是 MCS-51 单片机常用的接口器件。本章概述了I/O接口电路的功能和数据传送控制方式；简要介绍了非编码按键键盘、LED和LCD显示器的基本结构和特性；给出了几种典型芯片组成的硬件电路和相应的编程方法；并基于 Intel 8255A 和 8155，重点介绍了键盘和显示器与单片机的并行接口设计技术；还以 LCM0825 液晶模块与单片机的接口为例，说明了串行器件的应用方法。

9.1　I/O 接口技术概述

由于外部设备种类繁多，在工作速度上差异很大，比如有低速的继电器、键盘，也有高速的 ADC 等，并且外部设备的信号种类多种多样，传送距离也不尽一致，因而 CPU 和外部设备之间的数据传送比存储器复杂，需要在 CPU 和外设之间设置 I/O 接口电路，对数据传送进行协调。

单片机与外设之间传送的信息包括数据信息、控制信息和状态信息。相应地，I/O 接口电路中通常包含有可被 CPU 寻址的寄存器，用来保存输入输出数据信息，称为端口，可分为数据端口、控制端口和状态端口。端口的寻址在系统扩展中已有介绍。

I/O 接口电路按器件可采用中小规模集成电路芯片和可编程接口电路芯片。

9.1.1　I/O 接口电路的功能

I/O 接口电路具有如下功能。

（1）对外设的选择

MCS-51 单片机采用总线结构形式，存储器、各种外设接口都挂在同一总线上。CPU 与外设之间的数据交换都是通过 I/O 接口和数据总线来进行的。因此，单片机在进行 I/O 操作时，每一时刻只允许被选中的 I/O 接口与数据总线接通，而其他未被选中的接口应呈现高阻状态，与数据总线隔离。

可见，单片机采用分时数据传送方式完成对外设的选择。

（2）数据传送速度的匹配

由于各种外设工作速度不一，单片机的数据 I/O 操作只能以异步方式进行。单片机通过接口电路传递的外设状态信息，在确认外设数据准备就绪的前提下，才进行数据的传送。

（3）数据的缓冲和锁存

为保证单片机和外设交换数据的正确性，接口电路在数据输出时应将数据锁存，而在数据输入时应给予缓冲。

（4）信息转换

不同的外设可能有不同的信息类型、电平、数制等，接口电路需要对这些信息进行转换，提供单片机所要求的信息种类。

9.1.2　I/O 数据传送的控制方式

计算机系统中 CPU 通过 I/O 接口与外设之间的数据传送方式有 4 种，即无条件传送、查询传送、中断传送和直接存储器存取（Direct Memory Access，DMA）。单片机主要采用前 3 种方式。

（1）无条件传送方式

无条件传送也称为同步程序传送。采用这种方式的前提是外部控制过程的各种运作时间是固定并且已知的，即外设总处于"就绪"状态。这样，在进行数据传送时，CPU 不必查询外设的状态，随时可以与其进行数据 I/O 操作。

无条件传送方式的电路硬件和软件都很简单，外设通过三态缓冲器挂接在数据总线，在 CPU 读信号和地址译码有效时选通；CPU 输出数据经锁存器接至外设，在 CPU 写信号和地址译码有效时锁存数据。此方式适用于具有常驻或缓慢变化数据信号的外设（如机械开关、LED 等），或速度很快、与 CPU 可同步工作的外设（如 DAC 等）。

（2）查询传递方式

查询方式是条件传送，在外设状态为"就绪"或满足条件时，CPU 才进行数据的 I/O 操作。

此方式电路简单，但由于需要等待查询，会占用 CPU 大量时间，数据传送效率较低，一般用于单通道和小规模计算机系统。

（3）中断方式

中断方式不同于查询方式下 CPU 的主动查询。在中断方式下，CPU 可工作于任何状态，外设在准备就绪后，主动通知 CPU 即请求中断；若 CPU 同意中断申请，将停止正在运行的程序，转入中断服务程序，执行相应的数据 I/O 操作。

在多任务的应用系统中，采用中断方式可大大提高系统效率。

9.2　键盘接口技术

人机对话的界面种类有很多，键盘属于典型的输入设备，其功能是为了输入数据、命令、查询和控制系统的工作状态，实现简单的人机通信。键盘通常由数字键和功能键组成，其数量取决于系统的实际工作要求。

从结构上，主要有按键式键盘和旋钮式键盘两类。按键式键盘实际是一组按键开关的集合，包括机械式、薄膜式、电容式和霍尔效应等按键。机械式按键开关利用触点的闭合和断开来表征按键的状态，价格低廉，但会产生触点抖动。薄膜式按键由 3 层塑料或橡胶夹层组成，顶层每一行键和底层每一列键下面都有一条印制银导线，在压键时将顶层导线压过中层的小孔与底层的导线接触。这种按键可以做成很薄的密封单元，寿命可达 100 万次。新型的按键式键盘采用了无接点的静电容量检测方式，通过检测相应的静电容量值的变化来实现。操作键盘只需轻轻触摸按键，而不需要采用"击打"的方式，键盘的使用寿命得到显著延长。电容式按键在压键时，可由特制的放大电路检测到电容的变化，没有机械触点被氧化的问题，寿命可达 2 000 万次。霍尔效应按键的原理是活动电荷在磁场中的偏转效应，没有机械触点，具有良好的密封性，但是价格昂贵，寿命可超过 1 亿次以上。

按照产生代码的不同，键盘可分为编码键盘和非编码键盘两种类型。前者采用硬件电路来去除键抖动，实现键的自动编码，占用 CPU 时间少，但电路较复杂，主要有 BCD 码键盘和 ASCII 码键盘。非编码键盘仅提供键的开关状态，键代码的产生等需要由软件来完成。

9.2.1　键盘的特点和常用接口设计

1. 键盘接口概述

MCS - 51 单片机通常采用机械触点式按键键盘，CPU 通过检测键盘机械触点断开和闭合时电压信号的变化来确定按键的状态。按键的闭合与否，反映在电压上就是呈现出高电平或低电平，如果高电平表示断开的话，则低电平就表示闭合，因而通过对电平高低状态的检测，可以确定按键是否按下。

由于机械触点的弹性作用，在闭合及断开的瞬间，电压信号伴随有一定时间的抖动，抖动时间与按键的机械特性有关，一般为 5～10 ms。按键稳定闭合时间的长短则由操作者的按键动作决定，一般为零点几秒到几秒的时间。

为了保证 CPU 确认一次按键动作，既不重复也不遗漏，必须消除抖动的影响。消除按键抖动的措施有硬件消除和软件消除两种方法。根据抖动信号的特点，通常采用软件消除的办法。实现方法是，在程序执行过程中检测到有键按下时，先调用一段延时(约 10 ms)子程序，然后判断该按键的电平是否仍保持在闭合状态，如果是，则确认有键按下。

2. 键盘的硬件接口

MCS-51单片机在扩展键盘接口时，可以利用I/O口直接与键盘连接。如果还需扩展显示器电路，可通过Intel 8255、8155、8279等接口芯片连接。具体采用何种方式，需要根据实际需求来分配资源。在硬件接口设计时，应注意与接口芯片的时序配合，还需考虑地址分配。

就键盘按键的结构形式，可分为独立式和矩阵式两种。

（1）独立式按键

独立式按键就是各个按键相互独立，分别接一条输入线，各条输入线上的按键工作状态不会影响其他输入线的工作状态。因此，通过检测输入线的电平状态，判断哪个按键被按下。

独立式按键电路配置灵活，软件设计简单。缺点是每个按键需要一根输入口线，在按键数量较多时，占用大量的输入口资源，电路结构显得很繁杂，只适用于按键较少或操作速度较高的场合。

（2）矩阵式键盘

矩阵式键盘由行线和列线组成，按键位于行、列的交叉点上，如图9-1所示。图9-1是一个3×3的行、列结构可以构成一个有9个按键的键盘。同理，一个4×4的行、列结构可以构成一个含有16个按键的键盘等。显然，在按键数目较多的场合，矩阵式键盘与独立式按键键盘相比，可节省很多I/O口。

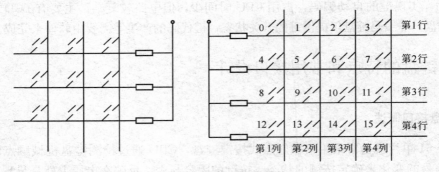

图9-1　矩阵式键盘结构

按键设置在行、列线的交点上，行、列线分别连接到按键开关的两端。图9-1中，行线通过上拉电阻接到高电平。无按键动作时，行线处于高电平状态。当有按键按下时，行线电平状态由与此行线相连的列线电平决定：列线电平如果为低，则行线电平为低；列线电平如果为高，则行线电平也是高的。这是识别矩阵键盘按键是否被按下的特征。

3. 键盘接口的软件设计

键盘接口软件需要完成三个方面的任务：一是通过键盘扫描，监视键盘的输入；二是确定具体按键，完成按键编码；三是执行与按键相应的功能模块。

1）键盘的扫描方式

键盘扫描程序完成的功能是：判断是否有键按下，消除按键抖动，找到按键的位置。需要注意，键闭合一次应该仅进行一次按键处理，方法是等待按键释放之后，再进行按键功能的处理操作。

对键盘输入的处理只是单片机 CPU 工作的一部分。如何选择键盘工作方式应根据实际应用系统中 CPU 任务的忙、闲情况而定。原则是既保证及时响应按键操作，又不过多占用 CPU 的工作时间。

键盘的扫描方式有 3 种：查询扫描、定时扫描和中断扫描。

（1）查询扫描方式

CPU 对键盘的扫描采取程序控制方式，一旦进入键扫描状态，就反复扫描键盘，等待键盘上输入命令或数据。在执行键入数据处理过程中，CPU 不再响应键盘输入，直到 CPU 返回重新扫描键盘。

键盘工作于编程扫描状态时，CPU 要不间断地对键盘进行扫描，以监视键盘的输入。可见，此时 CPU 不能处理其他任务，在键盘上的开销很大。

（2）定时扫描方式

这种方式是利用单片机内部定时器产生定时中断（如 20 ms），CPU 在中断服务程序中对键盘进行扫描，并在有键按下时识别出该键并执行相应键功能程序。

定时扫描方式的键盘硬件电路与查询方式的相同。由于除定时监视键盘的输入情况外，其余时间可处理其他任务，所以提高了 CPU 效率。

（3）外部中断方式

在中断方式下，仅在键盘有键按下时，产生外部中断请求，进入中断服务程序，再执行键盘扫描和按键处理程序。

显然，采用中断扫描方式时，CPU 在键盘处理上的消耗是最小的，工作效率最高。

2）键盘的编码

对按键进行编码，是为了保证程序对按键进行有序处理。具体采用何种方式进行编码，以编程方便为原则。

对于独立式按键，数目相对较少，可根据实际需要灵活处理，一般是依次连续编码。对于矩阵式键盘，按键的位置由行号和列号惟一确定。一般方法有两种：第一种是对行号和列号分别进行二进制编码，然后将两值合成一个字节，高 4 位是行号，低 4 位是列号；第二种是依次排列键号，对按键进行连续编码。第一种方法比较简便直观，但对于不同行的键编码，一般是不连续的，不便于采用散转指令（JMP @A＋DPTR）。

3）特殊情况处理方法

（1）重复键

在按键操作中，可能会出现同时按下两个以上键的情况，这时需要软件确定有效键。当键扫描程序确认有多键按下时，通常的处理方法是：一种是多键均视为有效，按扫描顺序，将按键依次存入缓冲区中等待处理；另一种是继续对按键进行扫描，只判定最先（或最后）释放的按键为有效，其他按键则无效。

（2）连击

连击是指一次较长时间的按键产生多次击键的效果。在上述编程中，等待按键释放的处理，目的就是为了消除连击，对一次按键只执行一次键功能，避免多次重复执行。

如果希望利用连击的功能，需要确定连击和按键按下时间的关系，即对按键从按下到释放期间进行计时，以决定此次按键产生多少次击键的效果。

9.2.2　独立式按键接口设计

独立式按键的接口设计可采用查询或中断方式。

1. 查询方式典型电路

此电路中按键直接与单片机的I/O口线相接，如图9-2所示，通过读P1口，判定各个I/O口线（P1.0～P1.7）的电平状态，即可识别按下的按键。

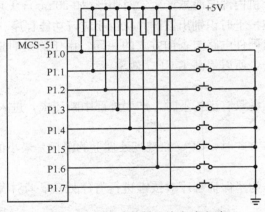

图9-2　独立式按键查询方式电路

图中各按键都接有上拉电阻，是为了保证按键断开时，相应的口线有确定的高电平。由于P1口内部有上拉电阻，这些电阻可省去。

2. 中断方式典型电路

中断方式电路如图9-3所示。

按键直接与单片机的I/O口线（如P1）相接，同时通过"线或"电路，连接至外部中断$\overline{\text{INT0}}$引脚。当有按键按下时，即触发中断，在中断服务程序中，通过判断P1口各条线的电平状态，即可识别出按下的按键。

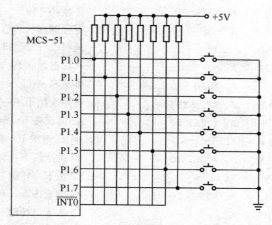

图 9-3 独立式按键中断方式电路

3. 独立式按键接口电路设计

独立式按键的硬件电路如图 9-4 所示。采用基于三态缓冲器 74LS244 的独立式按键，可构成 8 个按键的键盘接口电路，图 9-4 中为 4 个按键。

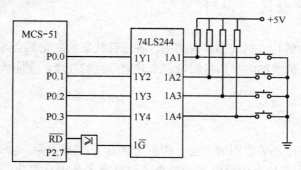

图 9-4 采用三态缓冲器扩展 I/O 口电路

电路中以单片机 P2.7 和读信号的逻辑或作为三态门的选通控制线，把 4 个按键当做外部 RAM 某一地址来对待，则按键地址为 7FFFH，通过读片外 RAM 的方法，识别按键的工作状态。由于 P0 口可以位寻址，也可单独读某一个按键的状态。

电路中，由于 P0 口内部无上拉电阻，为保证按键断开时，各 I/O 口线有确定的高电平，均通过上拉电阻接高电平。

软件设计可采用查询方式检测按键的状态，如果 P0.0～P0.3 各位中有低电平，则对应的按键被按下，利用延时来消除抖动，相应的程序段如下。

```
KEYPRO:    MOV    DPTR, #7FFFH        ;送按键地址
           MOVX   A, @DPTR           ;读键盘状态
```

```
            ANL     A, #0FH              ; 屏蔽高 4 位
            MOV     R2, A                ; 保存键盘状态值
            LCALL   DL10MS               ; 延时 10 ms 消抖
            MOVX    A, @DPTR             ; 再读键盘状态
            ANL     A, #0FH              ; 屏蔽高三位
            CJNE    A, R2, EXIT          ; 若两次结果不一样, 按键无效
            CJNE    A, #0EH, TO_ 2       ; K1 键未按下, 转 TO_ 2
            LJMP    KEY1                 ; 是 K1 键按下, 转处理子程序 KEY1
    TO_ 2:  CJNE    A, #0DH, TO_ 3       ; K2 键未按下, 转 TO_ 3
            LJMP    KEY2                 ; K2 按下, 转键 2 处理
    TO_ 3:  CJNE    A, #0BH, TO_ 4       ; K3 键未按下, 转 TO_ 4
            LJMP    KEY3                 ; K3 按下, 转键 3 处理
    TO_ 4:  CJNE    A, #07H, EXIT        ; K4 键未按下, 返回
            LJMP    KEY4                 ; K4 键按下, 转键 4 处理
    EXIT:   RET                          ; 重键或无键按下, 返回
```

可见, 独立式按键的识别和编程比较简单, 所以常在按键数目较少的场合采用。

9.2.3　矩阵式键盘接口设计

由于矩阵式键盘中的行、列线为多键共用, 各按键状态的变化都会影响该键所在行和列的电平。因此必须将行、列线的电平信号配合起来并做适当的处理, 才能确定闭合键的位置。

1. 按键的识别方法

（1）扫描法

扫描法（参照图 9-1）是最常用的方法, 需要分两步来完成。第一步, 判断键盘有无键被按下。方法是将所有列线均置为低电平, 检查各行线电平是否有变化, 如果有变化, 说明有键被按下。第二步, 确定按键位置。CPU 把各列依次置为低电平, 其余的列置为高电平, 检查各行线电平的变化, 如果某行线电平变为低电平, 则可确定该列与该行交叉点处的按键被按下。

（2）线反转法

这里以一个 8 位 I/O 口构成的 4×4 矩阵键盘（如图 9-5 所示）为例进行说明。

编程需两个步骤来完成：首先, 将行线编程为输入线, 列线编程为输出线, 并使列线输出低电平, 则行线中电平由高到低所在行为按键所在行；与上一步相反, 将行线编程为输出线, 列线编程为输入线, 并使行线输出为低电平, 则列线中电平由高到低所在列为按键所在列, 根据按键所在的行和列, 即可确定按键所在位置。

可见, 采用线反转法的特点是不需要对键盘逐列检测, 简单实用。

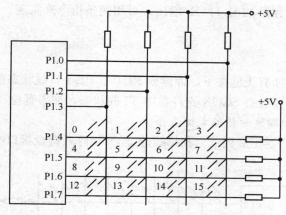

图 9-5 线反转法电路图

2. 矩阵式键盘接口电路设计及编程

与独立式按键接口一样，矩阵式键盘接口电路可以采用多种方式，如直接使用单片机的 I/O 口，或用并行接口芯片（如 8255A，8155/8156 等）扩展 I/O 口线，或三态缓冲锁存器扩展 I/O 口线等。

另外，为了节省单片机的 I/O 口线，还可利用译码器或单片机的串行口 RXD 和 TXD 线来扩展矩阵式键盘的扫描线，下面以此为例进行说明。

1）用串行口扩展扫描线的矩阵式键盘接口

图 9-6 是采用串行口扩展列信号扫描线的 2×8 矩阵式键盘接口电路。74LS164 为串行输入并行输出移位寄存器，输出由串行输入数据决定。单片机 P1.0 和 P1.1 连接键盘行线，RXD 接 74164 的串行输入 A、B，TXD 接时钟输入 CP。

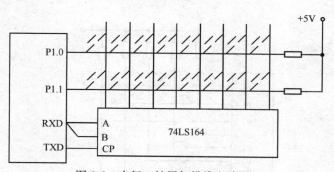

图 9-6 串行口扩展扫描线电路图

编程时，设定串行口工作于方式 0（同步移位寄存器方式），此时波特率固定为 $\dfrac{f_{osc}}{12}$，数据由 P3.0 即 RXD 输出，同步移位时钟由 P3.1 即 TXD 输出。

例如，要把列信号数据 1101 1111B 输出，可用两条指令来实现。

```
MOV  A, #0DFH
MOV  SBUF, A
```

应特别注意，在判断有无键按下，即读入 P1.0 、P1.1 口线状态前，必须等待串行数据即列信号发送完毕，需要检查 SCON 寄存器中 TI 的状态，如果置位，表示数据发送结束。

2）用译码器扩展扫描线的矩阵式键盘接口

采用 74HC138 译码器扩展列信号扫描线的 2×8 矩阵式键盘接口电路如图 9-7 所示。

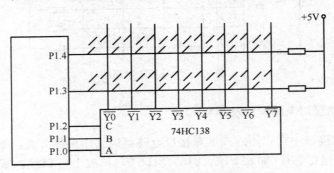

图 9-7　译码器扩展扫描线电路图

图 9-7 中，P1.0～P1.2 作为输出口线输出扫描码 000～111，经译码后产生列扫描信号，此时 8 列中只有一列为低电平，其余各列为高电平；行线电平状态由 P1.3 和 P1.4 读入。

3）双功能键设计

如果键盘需要的按键数量很多，可以考虑增加功能键的方法，即设置一个上、下档切换开关，类似于 PC 键盘的 ALT 键，使同一键盘相当于具有两个键盘的作用。图 9-8 是 3×4 双功能键的电路图。

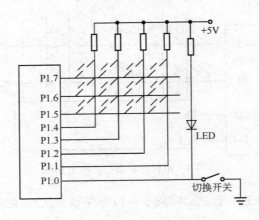

图 9-8　双功能键电路图

图 9-8 中，当按键切换开关断开时，P1.0 为高电平，按键定义为第一种功能；切换开关闭合时，P1.0 为低电平，按键定义为第二种功能。这里，双功能键的实现是由硬件完成的，该电路是以 P1.0 的代价来获得按键数量的增加。图中发光二级管 LED 用来指示当前键盘是处于上档还是下档状态。

编程时，键盘扫描子程序需要不断测试 P1.0 口线的电平状态，根据电平高低，赋予同一个键不同的键码，转入相对应的不同键功能子程序；或者对同一个键只赋予一个键码，然后根据切换开关的状态，转入相应功能的子程序。

3. 矩阵式键盘接口设计举例

1）硬件电路设计

图 9-9 是 MCS-51 单片机通过 8255A 扩展 I/O 口构成的 4×8 矩阵式键盘接口电路，采用扫描法来完成按键的识别。

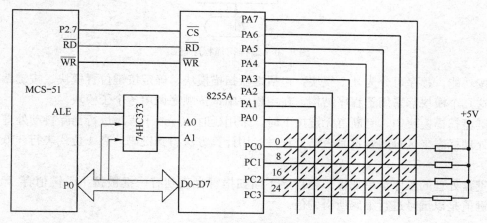

图 9-9　8255A 扩展的键盘接口电路

通用可编程并行通信 I/O 接口 8255A 是 Intel 公司产品，片内有 A、B、C 三个 8 位 I/O 端口，其中 A 口和 B 口为两个数据端口，C 口既可作数据口，也可作控制端口。8255A 有 3 种工作方式：方式 0 为基本输入输出方式、方式 1 为选通（单向）输入输出方式、方式 2 为选通（双向）输入输出方式。

电路中，利用 8255A 的 PC 口低 4 位输出逐行扫描信号，PA 口输入 8 位列信号，均为低电平有效。以 P2.7 作为 8255A 的片选控制，接至 $\overline{CS}$，地址线 P0.0、P0.1 经锁存器与 8255A 的 A0、A1 连接，相应控制其口地址。这样，可得到 8255A 的口地址分别为 PA 口：0700H，PC 口：0702H，控制寄存器：0703H。PA 口工作于方式 0 输入，PC 口低 4 位工作于方式 0 输出，因此 8255A 相应的方式命令控制字为 1001 0000B（90H）。

2）软件设计

采用编程扫描工作方式的工作过程及键盘处理的程序框图如图 9-10 所示。

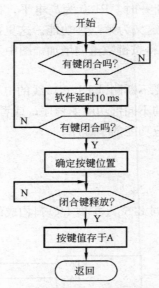

图 9-10　编程扫描程序框图

按功能，程序可分为几个模块，包括键盘扫描模块、确定按键位置模块、按键编码模块等，这几个模块都采用子程序结构。在主程序中，按顺序调用各个子模块。

键盘扫描模块中，判断有无键按下时，采用延时 10 ms 子程序进行消除抖动处理。通过设置处理标志来区分闭合键是否已处理过。用计算方法得到键码，高 4 位代表行，低 4 位代表列。

键盘处理的程序清单如下。主程序不断扫描键盘直到有一键被按下，键值存于 A 中返回，键值是以键号进行编码所得的值。

```
MAIN:        ACALL  KEY_ON        ;判断有无键按下
             JNZ DELAY            ;有键按下(A不等于0)，转延时
             AJMP MAIN            ;无键按下，继续扫描
DELAY:       ACALL DL10MS         ;延时 10 ms 进行消抖
             ACALL KEY_ON         ;再判断有无键按下
             JNZ KEY_NUM          ;A不等于0，转按键位置处理
             AJMP MAIN            ;A等于0，是键抖动
KEY_NUM:     ACALL KEY_POS        ;确定按键位置子程序
             ANL A, #0FFH
             JZ MAIN              ;A等于0表示出错，继续扫描
             ACALL KEY_COD        ;对按键编码
             PUSH ACC             ;保护编码值
KEY_OFF:     ACALL KEY_ON         ;等待按键释放
```

```
        JNZ KEY_ OFF           ; 有键，则等待
        POP ACC                ; 恢复 A
        RET                    ; 返回
```

判断有无键按下子程序：KEY_ ON

```
KEY_ ON:    MOV A, #00H            ; 扫描字 00H
            MOV DPTR , #0702H      ; PC 口地址送 DPTR
            MOVX @DPTR, A          ; PC 口输出扫描字
            MOV DPTR, #0700H       ; PA 口地址送 DPTR
            MOVX A, @DPTR          ; PA 口状态读入 A 中
            CPL A                  ; A 取反
            RET                    ; 若 A 不等于 "0"，表示有键按下
```

延时 10 ms 子程序(时钟 12 MHz)：DL10MS

```
DL10MS:     MOV R7, #10
DLP1:       MOV R6, #0FAH
DLP2:       NOP
            NOP
            DJNZ R6, DLP2
            DJNZ R7, DLP1
            RET
```

判断按键位置子程序：KEY_ POS。采用行扫描法，R2、R3 中保存行、列信息，A 中存放键的位置，高 4 位是行号，低 4 位是列号。

```
KEY_ POS:   MOV R7, #0FEH          ; 键盘第一行置 "0"
            MOV A, R7              ; 暂存于 R7
PLOOP:      MOV DPTR, #0702H       ; PC 口地址送 DPTR
            MOVX @DPTR, A          ; 扫描字送 PC 口
            MOV DPTR, #0700H       ; PA 口地址送 DPTR
            MOVX A, @DPTR          ; 读入 PA 口状态
            MOV R6, A              ; 送 R6 保存
            CPL A                  ; A 取反
            JZ NEXT                ; 此行无按键，扫描下一行
            AJMP KEY_ C            ; 按键在此行，转键处理 KEY_ P
NEXT:       MOV A, R7              ; 扫描字送 A
            JNB ACC.3, ERROR       ; 若第 4 行扫描完，无按键，则转错误处理
            RL A                   ; 循环左移，得到下一行扫描字
            MOV R7, A              ; 存于 R7 中
            AJMP PLOOP             ; 转下一行扫描
```

ERROR:	MOV A, #00H	; 置出错标志码 00H
	RET	; 返回

找出 R7、R6 中为 "0" 的位, 即按键对应的行或列, 分别保存于 R3、R2 中。

KEY_P:	MOV R2, #00H	; 初始化 R2、R3
	MOV R3, #00H	
	MOV R5, #08H	; 循环次数, 共 8 列
	MOV A, R6	; 列状态送 A
ROW:	JNB ACC.0, CONT1	; ACC.0 位为 0, 转 CONT1
	INC R2	
	RR A	; 循环右移
	DJNZ R5, ROW	; 8 列未测试完, 继续
CONT1:	MOV R5, #04H	; 共 4 行, 方法同列处理
	MOV A, R7	; 行状态送 A
LINE:	JNB ACC.0, CONT2	; ACC.0 位为 0, 转 CONT2
	INC R3	
	RR A	
	DJNZ R5, LINE	
CONT2:	MOV A, R3	; 行号送入 A 中
	SWAP A	; 行号置于高 4 位
	ADD A, R2	; 列号置于低 4 位
	RET	; 返回

键编码子程序: KEY_COD。键编码根据键位置设定, 应考虑便于执行散转指令, 键的功能和意义由程序确定。矩阵键盘的键编号有一定的规律, 图 9-9 中, 假定各行行号首键号依次为 0, 8, 16, 24, 均相差 8。显然, 键编号可由行号乘以 8, 再加上列号得到。

KEY_COD:	PUSH ACC	; 保存 A
	ANL A, #0FH	; 屏蔽行号
	MOV R7, A	; 取出列号
	POP ACC	; 恢复 A
	SWAP A	
	ANL A, #0FH	; 屏蔽列号
	MOV B, #08H	
	MUL AB	; 行号乘以 8
	ADD A, R7	; 加上列号得到键编号
	RET	; 返回

9.3　显示器接口技术

单片机常用的显示器有发光二极管(LED)和液晶显示器(LCD)两种。

9.3.1　LED 显示器接口设计

1. LED 工作原理

LED(Light Emitting Diode)显示器是由若干发光二极管组成的，每个二极管称为一个字段。LED 显示器有 3 种通用格式，可显示数字和十六进制字母的 7 段(或 8 段，增加了小数点"dp"段)显示管(8 字型)、显示数字和全部英文字母的 18 段显示管(米字型)，以及点阵显示器。7 段显示管是最经济和最常用的显示器。

LED 分为共阴极和共阳极两种结构形式。共阴极 LED 中发光二极管的阴极连接在一起，通常接地，当某个二极管的阳极为高电平时，相应的段就发光显示。同样，共阳极 LED 的公共阳极接高电平，某个阴极接低电平时，相应的段被点亮显示。这里以 7 段显示器为例进行说明，如图 9-11 所示。

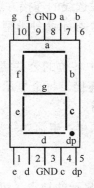

图 9-11　数码管外形图

为显示不同的字型，显示器各字段所加的电平是不同的，编码也随之不同。7 段显示器的字型与共阴极时编码的对应关系如表 9-1 所示。

从原理图可知，把共阴极编码按位求反后，即得到相应的共阳极编码。

"米"字型 LED 组成的字型比 7 段显示器更加丰富，而点阵 LED 还可以显示汉字和图形。显然，上述编码与各字段在字节中的排列顺序有关，即与数据总线和字段的对应关系相关。

表 9-1　共阴极 7 段显示器字型编码表

显示字符	共阴极段码	共阳极段码	显示字符	共阴极段码	共阳极段码
0	3FH	C0H	C	39H	C6H
1	06H	F9H	D	5EH	A1H
2	5BH	A4H	E	79H	86H
3	4FH	B0H	F	71H	8EH
4	66H	99H	H	76H	89H
5	6DH	92H	L	38H	C7H
6	7DH	82H	P	73H	8CH
7	07H	F8H	r	31H	CEH
8	7FH	80H	U	3EH	C1H
9	6FH	90H	y	6EH	91H
A	77H	88H	无显示	00H	FFH
b	7CH	83H	…	…	…

2. 显示方式分类

N 个 LED 可组成 N 位 LED 显示器。通常，控制线分为字位选择线和字型（字段）选择线，位选线为各个 LED 的公共端，用来控制该 LED 是否点亮，而段选线确定显示字符的字型。根据不同的显示方式，位选线和段选线的连接方法也有所区别。

LED 显示方式分为静态显示和动态显示两种类型。

（1）静态显示方式

在静态显示方式下，LED 显示器中各位的公共端（共阴极或共阳极）连接在一起，而每位的段选线分别与 8 位锁存器输出相连接。每个显示字符经锁存器输出后，LED 即保持连续稳定显示，直到输出下一个显示字符。

采用静态显示方式时，编程比较简单，电流始终流过每个点亮的字段，亮度较高，但占用的输出口线较多，消耗功率较大。

（2）动态显示方式

在多个 LED 显示时，为克服静态显示的缺点，可采用动态显示，方法是将所有位的段选线相应并联，由一个 8 位 I/O 口控制，从而形成段选线的多路复用，同时各位的公共端分别由相应的 I/O 线控制，实现分时选通。

显然，为在各位 LED 上分别显示不同的字符，需要采用循环扫描显示的方法，即在某一时刻只选通一条位选线，并输出该位的字段码，其余位则处于关闭状态。可见，各位 LED 显示的字符并不是同时出现的，但由于人眼的视觉暂留及 LED 的余辉，可以达到同时显示的效果。

采用动态显示时，需要确定 LED 各位显示的保持时间。由于 LED 从导通到发光有延时，时间太短会造成发光微弱，显示不清晰；如果显示时间太长，则会占用较多的 CPU 时间。可以看出，动态显示本身就是以增加 CPU 开销作为代价的。

3. LED 显示器接口电路设计

应用于单片机的 LED 显示接口可分为并行和串行两种。

常用的并行接口芯片有 Intel8279 通用可编程键盘显示器接口芯片。集成芯片有 BCD/七段译码器/驱动器 74HC46/47、74HC246/247/248/249、74HC347、4028、4511、14513 等，BCD 码输入，输出端对应连接至 LED 管脚。另外，还可采用通用的驱动器。

串行接口芯片的使用越来越多，如 PHILIPS 公司的带 I²C 总线的 SAA1064(4 位)LED 驱动器、HITACHI 公司 HD7279 键盘显示器智能控制器等。

LED 显示器是电流型控制器件，其工作电流约为 2～20mA。在接口电路设计时，应考察驱动输出是否满足 LED 工作电流的要求，并根据驱动能力加适当的限流电阻。对于静态显示，只需考虑段的驱动能力；而动态显示则需要同时考虑段和位的驱动能力，在最不利即峰值电流情况下，位驱动电流是所有各段驱动电流之和。另外，如果采用同样的驱动器，动态显示时的亮度要低于静态显示。集成驱动芯片有 SN75431、MC1411 等。

实际中，LED 接口经常与键盘接口同时考虑和设计，这里以基于锁存器和 8155 的两种接口电路为例进行说明。

1) 采用锁存器构成键盘和显示器接口电路

图 9-12 是以锁存器作为接口器件组成的键盘和 8 位显示器电路。硬件电路采用两片

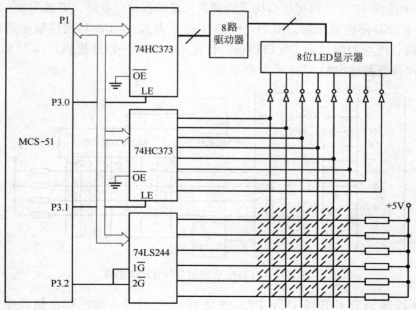

图 9-12　锁存器组成的键盘和显示器电路

74HC373 锁存器和一片 74LS244 三态缓冲器组成键盘、显示器接口。其中，一片 74HC373 锁存段选码，另一片 74HC373 锁存位选码，同时还作为 6×6 矩阵键盘的列扫描信号输出，而 74LS244 作为键盘的输入缓冲器。

考虑到动态显示时 LED 所需的电流，字位和字段都需采用驱动器进行放大，图中字段可由集成驱动器或三极管来实现电流放大。

编程设计时，为提高效率，CPU 可在等待按键释放的空闲过程中，完成显示器的显示。这里，仅把段选码(存在累加器 A 中)锁存入 74LS373 中的指令写出如下。

```
MOV P1, A      ；段选码送 P1 口
SETB P3.0      ；选第一片锁存器
CLR P3.0       ；数据写入锁存器中
```

2) 8155 构成的键盘和显示器接口电路

Intel 8155H/8156H 是可编程并行 I/O 接口，片内有 256 字节 RAM，2 个 8 位、1 个 6 位可编程并行 I/O 口和 1 个 14 位定时器/计数器。A、B 口是两个 8 位 I/O 端口，其中 A 口和 B 口为两个数据端口，C 口既可作数据口，也可作控制端口。内部有 1 个控制命令寄存器和 1 个状态标志寄存器。8155 有 3 种工作方式：方式 0 下 A、B 口为基本输入输出方式，C 口输入；方式 1 下 A、B 口为基本输入输出方式，C 口输出；方式 2 下 A 口为选通输入输出方式，B 口为基本输入输出。8155 和 8156 的区别仅在于片选信号的有效电平不同，其他功能完全一样。

图 9-13 中是用 8155 并行扩展口构成的键盘、显示器接口电路。键盘为 4×8 矩阵键盘，LED 为 8 位 8 段共阴极显示器。图中，8155 工作于方式 0，PA 口提供显示器位选码，PB 口提供段选码；键盘列输出由 PA 口提供，行输入由 PC0～PC3 提供。LED 的段、位信号均由 8 位集电极开路输出的 8718 驱动器驱动。

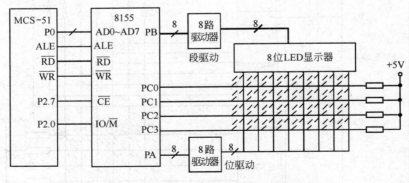

图 9-13　8155 组成的键盘和显示器电路

以 P2.7 控制 8155 片选线 $\overline{\text{CE}}$，P2.0 连接到 8155 的输入输出和存储器控制端 $\text{IO}/\overline{\text{M}}$，可得到其命令口地址为 7F00H，PA 口地址为 7F01H，PB 口地址为 7F02H，PC 口地址

为 7F03H。

　　编程时，LED 采用软件译码、动态扫描显示工作方式，键盘采用列扫描查询工作方式。在扫描键盘的过程中，完成显示器的显示。

　　应注意，由于显示器的位扫描线与键盘列扫描线共用，在 PA 口作列扫描时，应让段选码输出"0"，关闭显示器，以防止在扫描键盘时影响显示器的显示。

　　动态显示子程序框图参见图 9-14。

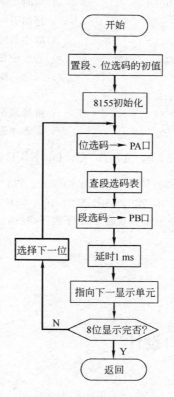

图 9-14　动态显示子程序框图

设显示数据放在 40H～47H 中，这里写出动态显示子程序的清单如下。

```
DISP:           MOV A, #00000011B          ; 8155 PA 和 PB 口为输出，PC 口为输入
                MOV DPTR, #7F00H           ; 8155 命令口地址送至 DPTR
                MOVX @DPTR, A              ; 写命令
                MOV R0, #40H               ; 40H～47H 单元存 8 个显示数据
                MOV R2, #7FH               ; 暂存第一位 LED 位选码
                MOV A, R2
NEXT:           MOV DPTR, #7F01H           ; 指向 PA 口
```

```
            MOVX @DPTR, A              ; 位选码送 PA 口
            MOV A, @R0                 ; 取显示数据，作为偏移量
            MOV DPTR, #DSEG            ; 取段选码表首址
            MOVC A, @A+ DPTR           ; 取段选码
            MOV DPTR, #7F02H           ; 指向 PB 口
            MOVX @DPTR, A              ; 段选码送 PB 口
            ACALL DL1MS                ; 延时 1 ms
            INC R0                     ; 指向下一显示数据单元
            MOV A, R2                  ; 取当前的位选码
            JNB ACC.0, EXIT            ; 若 8 位显示完，返回
            RR A                       ; 未完，指向下一位选码
            MOV R2, A
            AJMP NEXT                  ; 继续显示下一位
EXIT:       RET                        ; 子程序返回
```

0，1，2，3，4，5，6，7，8，9，A，B，C，D，E，F 的显示码。

```
DSEG:   DB 3FH, 06H, 5BH, 4FH, 66H, 6DH, 7DH, 07H
        DB 7FH, 6FH, 77H, 7CH, 39H, 5EH, 79H, 71H
DL1MS:  MOV R6, #0FAH      ; 延时 1 ms 子程序 (时钟 12 MHz)：DL1MS
DLP1:   NOP
        NOP
        DJNZ R6, DLP1
        RET
```

9.3.2　LCD 显示器接口设计

1. LCD 原理和分类

LCD(Liquid Crystal Display)是液晶显示器的缩写，它是在两片玻璃之间夹上 $10\sim12\ \mu\mathrm{m}$ 薄层液晶流体而制成的。LCD 是一种被动式的显示器，利用液晶能改变光线通过方向的特性，来达到显示的目的。LCD 的工作电流为 $\mu\mathrm{A}$ 级，寿命长，厚度约为 LED 的 $\frac{1}{3}$，显示清晰美观，具有功耗低、抗干扰能力强的优点，广泛应用于仪器仪表、控制系统，以及笔记本计算机和手持电子产品。

LCD 有各种分类方式，按显示排列形式可分为笔段型、字符型和点阵图形型。

笔段型类似于 LED 显示，是以长条状显示像素组成一位显示，主要用于数字显示，也可显示英文字母或特殊字符。通常有六段、七段、八段、九段、十四段和十六段等，其中七

段显示最常用，广泛用于万用表等数字仪表、计算器、电子表等电子产品中。

点阵字符型 LCD 模块由若干个 5×7 或 5×10 点阵组成，每个点阵用来显示一个字符，专门用来显示字母、数字、符号等，常用在各种单片机系统中。

点阵图形型是一块液晶板上排列了多行或多列矩阵形式的晶格点，点的大小可根据显示的清晰度来设计，广泛用于计算机、液晶电视、游戏机等设备。

与 LED 的驱动方式不同，由于直流驱动 LCD 会使液晶体产生电解和电极老化，大大降低使用寿命，因此 LCD 驱动信号多是交流电压，通常为 30～150 Hz 的方波，其工作时的静态直流电压不能大于 50 mV，一般采用 CMOS 门电路来驱动 LCD。

2. LCD 接口技术概述

LCD 电路工作时，必须有相应的控制器、驱动器，还需要存储命令和字符的 RAM 和 ROM。目前，这些电路已被设计组合在一块电路板上，称为液晶显示模块 LCM（Liquid Crystal Module）。这样，LCM 与单片机接口大大简化，只需按照液晶模块的时序，写入命令和显示内容，即可完成显示。LCM 包括字符型和图形型两种。

常用的有液晶模块有 Intersil 公司的 ICM 系列，以及日本 HITACHI（日立）和韩国 SAMSUNG（三星）等公司的不同种类的产品，国产的 LCM 系列也很丰富。LCD 与单片机的接口有并行方式和串行方式两种。

（1）LCD 与单片机的并行接口

设计接口电路首先应选择译码驱动电路，并使其具有输入锁存功能。并行接口芯片有四段 LCD 驱动器 4054，4 线—七段译码器（BCD 输入）CD4055/4056、MC14543/14544 等。

LCD/LCM 与单片机的硬件接口电路主要包括正确连接其片选控制、读、写和并行数据总线。此外，LCD 通常还有亮度调节等辅助功能。

一般地，软件编程应注意两点：第一，程序应先对 LCD 进行初始化；第二，每次向 LCD 写显示内容前，应检查 LCD 的状态，在空闲时才能写入数据。

并行 LCD 模块产品非常丰富，目前应用广泛的产品有基于 HITACHI 公司 HD 系列 LCD 控制器/驱动器的液晶模块，如 HD44780/44100，内置字符发生器 ROM 可显示 192 种字符，并有 64 字节的自定义字符 RAM；80 字节内部 RAM；接口特性适配 Motorola 公司 M6800 系列 CPU 的操作时序；单＋5V 电源供电。

（2）LCM 与单片机的串行接口

目前，串行接口的 LCD 已得到越来越多的应用，典型的接口芯片如 PHILIPS 公司的 PCF 8577 /8578 /8579 LCD 驱动器等。LCD 串行接口的协议有多种，从应用数量来看，符合 I^2C 总线串行接口的 LCM 产品相对还比较少。

3. LCM 0825 与单片机串行接口设计

这里，以国内青云公司的 8 位 8 段串行接口液晶显示模块 LCM 0825 为例，说明与单片机的串行接口方法。

1）LCM 0825 基本特性

LCM 0825 带有 3～4 线串行接口，与单片机接口和编程简单，低功耗，显示状态时典型值为 50 μA，省电模式下小于 1 μA，工作电压 2.7～5.2 V，视角和对比度均可调节。

LCM 0825 的引脚功能在表 9-2 中列出。

表 9-2　LCM 0825 的引脚功能

引脚序号	符　号	说　明	输入/输出
1	$\overline{CS}$	模块片选内部上拉，必须接	输　入
2	$\overline{RD}$	模块数据读出控制线，内部上拉	输　入
3	$\overline{WR}$	模块数据/指令写入控制线，内部上拉，必须接	输　入
4	DATA	数据输入/输出内部上拉，必须接	输入/输出
5	GND	负电源接地线，必须接	输　入
6	VLCD	LCD 屏工作电压调整可调整视角对比度，必须接	输　入
7	VDD	正电源，必须接	输　入
8	$\overline{INT}$	WDT/定时器输出集电极开路输出，不用可不接	输　出
9	BZ	压电陶瓷蜂鸣片驱动正极	输　出
10	$\overline{BZ}$	压电陶瓷蜂鸣片驱动负极	输　出

2）LCM 0825 时序

LCM 0825 操作时序包括读数据 RAM、写命令/数据、连续写数据 3 种。读写操作方式与 I²C 总线协议有所区别，其基本特点是：在片选 $\overline{CS}$ 有效期间，通过读信号 $\overline{RD}$ 和写信号 $\overline{WR}$ 的上升沿来读写数据，在读写脉冲期间，数据应保持稳定。

LCM 0825 有 3 种操作时序，分别为读显示 RAM、写命令/数据、连续写数据。

读数据 RAM 操作时序如图 9-15 所示。

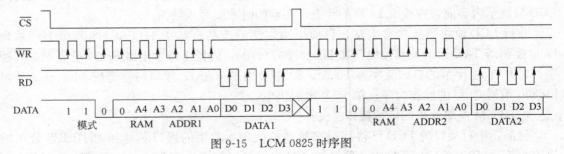

图 9-15　LCM 0825 时序图

图 9-15 中，CPU 先向 LCM 写入读命令的模式字 110 和 RAM 地址，然后读出相应地址中的数据，地址共 6 位，最高位为"0"，高位在先，数据共 4 位，低位在先。当需要读多个数据时，必须分次读出。在 $\overline{RD}$ 读取数据时，要求读 D0 应在 A0 上升沿之后 6 μs。

执行写命令/数据的操作时序与图 9-15 中的写操作部分相似，区别是写命令时，先写入模式字 100，然后写入命令代码；写数据时，先写模式字 101，然后写入 RAM 地址和数据。

连续写数据操作是在写入第一个数据后，连续写入后面的数据，地址自动加"1"。

3）读写数据格式

读显示 RAM 的格式为

$$1\ 1\ 0\ 0\quad A4\quad A3\quad A2\quad A1\quad A0$$

共 9 位，前 3 位为模式字，A4～A0 是 RAM 地址。相应读出的数据 DATA 格式为 D0 D1 D2 D3。

写命令的格式为

$$1\ 0\ 0\quad C7\quad C6\quad C5\quad C4\quad C3\quad C2\quad C1\quad C0\quad 0$$

共 12 位，前 3 位为模式字，后 8 位 C7～C0 为命令代码。命令代码的定义参见表 9-3。

表 9-3　LCM 0825 代码定义

序号	C7C6C5C4 C3C2C1C0	功　能	序号	C7C6C5C4 C3C2C1C0	功　能	序号	C7C6C5C4 C3C2C1C0	功　能
1	0000 0000	关闭振荡器，关 LCD，显示进入静态模式	10	0000 0101	关 WDT	19	1010 0000	WDT=4 s /定时器=1 Hz
2	0000 0001	开振荡器	11	0000 0111	开 WDT	20	1010 0001	WDT=2 s /定时器=2 Hz
3	0000 0010	关 LCD 显示	12	0000 0100	关定时器	21	1010 0010	WDT=1 s /定时器=4 Hz
4	0000 0011	开 LCD 显示	13	0000 0110	开定时器	22	1010 0011	WDT=1/2 s /定时器=8 Hz
5	0000 1000	关　蜂　鸣	14	0000 1110	WDT 清零	23	1010 0100	WDT=1/4 s /定时器=16 Hz
6	0000 1001	开　蜂　鸣	15	0000 1101	定时器清零	24	1010 0101	WDT=1/8 s /定时器=32 Hz
7	0110 0000	置蜂鸣 2 kHz	16	1000 0000	不允许 WDT/定时器输出	25	1010 0110	WDT=1/16 s /定时器=64 Hz
8	0100 0000	置蜂鸣 4 kHz	17	1000 1000	允许 WDT/定时器输出	26	1010 0111	WDT=1/32 s /定时器=128 Hz
9	0010 1001	模块专用初始化定义	18	0001 1000	定义模块内部 RC 振荡器工作	27	0001 0100	定义外接 32.768 kHz 晶体工作

写数据的格式为

$$1\ 0\ 1\quad 0\quad A4\quad A3\quad A2\quad A1\quad A0\quad D0\quad D1\quad D2\quad D3$$

共 13 位，前 3 位是模式字，后面为 RAM 地址和写入的数据 D0～D3。

显示 RAM 中对应的 8 个字符及其笔段在表 9-4 中列出，数据位为"1"时显示，为"0"时灭。10000～11111B 是未使用的空白地址，可置"0"。表 9-4 中，8 位显示字符的排列顺序是从左至右，笔段的定义与 8 段 LED 完全相同。

表 9-4 LCM 0825 显示字符笔段代码

D3	D2	D1	D0	ADDR
8A	8B	8C	DP8	00000
8F	8G	8E	8D	00001
7A	7B	7C	DP7	00010
7F	7G	7E	7D	00011
6A	6B	6C	DP6	00100
6F	6G	6E	6D	00101
5A	5B	5C	DP5	00110
5F	5G	5E	5D	00111
4A	4B	4C	DP4	01000
4F	4G	4E	4D	01001
3A	3B	3C	DP3	01010
3F	3G	3E	3D	01011
2A	2B	2C	DP2	01100
2F	2G	2E	2D	01101
1A	1B	1C	DP1	01110
1F	1G	1E	1D	01111

4）LCM 0825 与单片机接口设计

（1）硬件电路

LCM 0825 与单片机接口电路如图 9-16 所示，晶振采用 6 MHz。

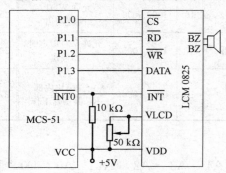

图 9-16 LCM 0825 与单片机接口电路图

　　LCM 0825 和单片机的接口线包括 $\overline{CS}$、$\overline{RD}$、$\overline{WR}$、DATA，分别与单片机 P1.0～P1.3 连接。中断线经上拉电阻后，可连至单片机的中断输入口。当 VDD 为 2.7～3.3V 时，可将 VLCD 与 VDD 短接。由于 LCM 0825 内部有上拉电阻，为保证低功耗，每次送数之后，$\overline{CS}$、$\overline{RD}$、$\overline{WR}$、DATA 应接高电平或悬浮。

　　（2）软件编程

　　液晶模块上电后，应延时 200 ms 以上再送命令。首先写初始化命令 0010 1001（29H）定义模块；第二，选择晶体振荡方式，写入 18H 选择内部 RC 振荡方式，写入 14H 选择外接晶体（必须为 32 768 Hz）；第三，写入 01H，开振荡器；第四，写入 03H，开显示器。然后，再根据实际应用的要求，写命令或数据，对写入的数据可用读 RAM 的方式进行校验。

　　下面程序中略去延时子程序，在对 LCM 0825 初始化后，循环显示"HELLO"，仅用到低 5 位 LCD 显示，即第 5～1 位，对应地址单元为 00110～01111。写完后，读取显示内容，进行校验。程序如下。

```
WRCOM    EQU    10000000B          ;高 3 位为写命令模式 100
WRDAT    EQU    10100000B          ;高 3 位为写数据模式 101
RDDAT    EQU    11000000B          ;高 3 位为读数据模式 110
INIT:    ACALL  DL200MS            ;延时 200 ms
         MOV    A, #WRCOM          ;写命令模式字 100
         MOV    R7, #3             ;仅写 3 位
         ACALL  WRITE             ;写入
         MOV    A, #29H            ;先送初始化命令
         MOV    R7, #8             ;写 8 位
         ACALL  WRITE             ;写命令字节
         MOV    A, #WRCOM
         MOV    R7, #3
         ACALL  WRITE
         MOV    A, #18H            ;选择内部振荡器
         MOV    R7, #8
         ACALL  WRITE
         MOV    A, #WRCOM
         MOV    R7, #3
         ACALL  WRITE
         MOV    A, #01H            ;开振荡器
         MOV    R7, #8
         ACALL  WRITE
         MOV    A, #WRCOM
         MOV    R7, #3
         ACALL  WRITE
```

```
              MOV    A, #03H              ; 开显示器
              MOV    R7, #8
              ACALL  WRITE               ; 初始化结束
     LOOP:    MOV    A, #WRDAT           ; 写数据模式字 101
              MOV    R7, #3              ; 仅写 3 位
              ACALL  WRITE               ; 写入
              MOV    A, #18H             ; 0001 1000B，高 6 位为首地址
              MOV    R7, #6              ; 6 位地址
              ACALL  WRITE               ; 写地址
              MOV    DPTR, #DTAB         ; 显示字符表首地址
              MOV    R6, #5              ; 显示字符数
     NEXT:    CLR    A
              MOVC   A, @A+ DPTR         ; 取显示字符
              MOV    R7, #8
              ACALL  WRITE               ; 连续写数据
              INC    DPTR
              DJNZ   R6, NEXT            ; 未显示完，继续
```

读出显示内容，校验是否正确，有错置标志 F0。

```
              MOV    DPTR, #DTAB
              MOV    R6, #5              ; 循环次数
              MOV    R5, #18H            ; 校验首地址
     CHECK:   MOV    A, #RDDAT           ; 读数据模式字 110
              MOV    R7, #3
              ACALL  WRITE
              MOV    A, R5               ; 取地址
              MOV    R7, #6              ; 6 位地址
              ACALL  WRITE               ; 写地址
              NOP                        ; 延时 (大于 6 μs)
              MOV    R7, #4              ; 读 4 位
              CLR    A                   ; 存于 A 中
              CLR    P1. 0               ; CS置低电平
     READ1:   CLR    P1. 1               ; RD置低电平
              MOV    C, P1. 3            ; 读数据
              RLC    A                   ; 将读入的数据位移入 A 中
              NOP
              SETB   P1. 1               ; RD置高电平
              DJNZ   R7, READ1           ; 未读完，继续
              MOV    R2, A               ; 暂存
```

```
            MOV     A, #RDDAT              ; 读数据低半字节
            MOV     R7, #3
            ACALL   WRITE
            MOV     A, R5                 ; 取下一地址
            ADD     A, #4                 ; 增量为 100B
            MOV     R5, A
            MOV     R7, #6                ; 6 位地址
            ACALL   WRITE                 ; 写地址
            NOP                           ; 延时
            MOV     R7, #4                ; 读 4 位
            MOV     A, R2                 ; 取暂存数据
READ2:      CLR     P1.1                  ; RD置低电平
            MOV     C, P1.3               ; 读数据
            RLC     A                     ; 将读入的数据位移入 A 中
            NOP
            SETB    P1.1                  ; RD置高电平
            DJNZ    R7, READ2             ; 未读完，继续
            SETB    P1.0
            MOV     R2, A                 ; 存显示 RAM 内容
            CLR     A
            MOVC    A, @A+ DPTR
            XRL     A, R2                 ; 比较
            JZ      RITE                  ; 若相等，A 为 0
            SETB    F0                    ; 置错误标志 F0
RITE:       INC     DPTR                  ; 下一字节数据指针
            MOV     A, R5                 ; 调整显示 RAM 地址
            ADD     A, #4
            MOV     R5, A
            DJNZ    R6, CHECK             ; 校验结束？
            ACALL   DL10MS                ; 延时 10 ms
            AJMP    LOOP
DTAB:       DB  67H, 1FH, 0DH, 0DH, 7DH ; "HELLO"的字型编码
```

子程序 WRITE 的入口参数为 A、R7，占用 R1。如果是写命令，最后还应写 0。

```
WRITE:      CLR     P1.0                  ; CS置低电平
            MOV     R1, A                 ; 暂存 A
WR1:        RLC     A                     ; 先发最高位，将发送位移入 C 中
            JC      WR2                   ; 此位为 1，转发送 1
            CLR     P1.2                  ; WR置低电平
```

```
              CLR    P1.3              ; 此位为 0, DATA= 0
              NOP
              SETB   P1.2              ; WR置高电平，写操作
              DJNZ   R7, WR1           ; 未发送完，继续
              SJMP   WR3
      WR2:    CLR    P1.2              ; WR置低电平
              SETB   P1.3              ; 此位为 1, DATA= 1
              NOP
              SETB   P1.2              ; WR置高电平，写操作
              DJNZ   R7, WR1           ; 未发送完，继续
      WR3:    CJNE   R1, #WRCOM, WREND ; 不是写命令，返回
              CLR    P1.2              ; WR置低电平
              CLR    P1.3              ; 写命令的结束位 DATA= 0
              NOP
              SETB   P1.2              ; WR置高电平，写操作
      WREND:  SETB   P1.0              ; CS置高电平
              SETB   P1.3              ; DATA 置高
              RET
```

　　主程序写命令和写数据操作，由于写操作时包括命令、数据和地址，为提高效率，所有操作都是通过调用"WRITE 子程序"来实现的。子程序中，写入内容在 A 中，用 R7 来控制写操作的次数。由于模式字和地址都不是 8 位，程序中送数时左移分别只用到有效的高 3 位和 6 位。

　　由于写数据时 D0 在最前，D3 在末位，而送数时采用逻辑左移，故显示代码与 LED 的编码不一样。也可单独编写数据字节的子程序，显示时数据逐位右移。

　　程序仅对最后写入的 4 位数据进行校验。根据芯片的要求，每次读写操作结束后，将各口线均置为高电平。

习题

1. 单片机通过 I/O 接口电路与外设进行数据交换时，对输入数据和输出数据有什么要求？
2. 单片机与 I/O 设备进行数据传送有哪几种控制方式？
3. 键盘接口设计时为什么要消除按键的抖动？试给出采用硬件来消除抖动的方法。
4. 参照图 9-9 电路，根据线反转法原理编写程序，可以识别 0～15 号按键按下，并得到其键号。
5. LED 显示器静态和动态显示各自的优点和缺点是什么？
6. 利用单片机和 8155 组成 8 位 LED 显示器接口电路，需要从左至右依次显示数字"1，2，3，4，5，6，7，8"，每位显示延时 100 ms，显示结束后保持上述 8 位显示结果。设晶振为 6 MHz，请画出电路连接图，并编写程序实现此功能。

7. 根据图 9-12 电路，设键盘的键号按行(1～6 行)、列(1～6 列)编码，如第 2 行第 3 列的键号为 23H。编写程序，当键盘有按键按下时，把该键的键号在 LED 上显示出来。

8. 单片机使用 8255A 作为开关和 LED 指示灯的接口，假设 8255A 的 A 口和 B 口分别连接 8 位 LED 指示灯和 8 位开关，单片机将 8 位开关的状态读入后，用 LED 来指示开关的状态。请画出接口电路图，并根据要求编写程序。

9. 现要求 8 位串行接口液晶模块 LCM 0825 的最低位显示字母"L"，请写出需要写入的数据字。

10. 查询一种可与单片机接口的并行 LCD 显示模块，画出与 MCS–51 单片机接口电路图，并简述接口工作原理和编程方法。

第 10 章　DAC、ADC 和其他接口设计

　　提要　本章介绍了DAC、ADC的主要指标参数，简要分析了在芯片选择时主要考虑的因素和与MCS-51单片机接口相关的特性。分别以 DAC0832/AD7542、TLC5620为例，说明了并行和串行DAC与单片机的接口设计方法；分别以 AD574A和TLC0834为例，说明了并行和串行ADC与单片机的接口设计方法。最后，还简要介绍了常用的单片机实用接口电路的设计方法，包括串行通信接口、开关量和功率接口、可编程量程转换接口、电源电路接口等。

　　单片机的输入输出和处理对象都是离散的数字量，而在实际应用中，经常会遇到模拟量。这样，在单片机构成的测控或智能仪表等应用系统中，必须先将检测到的连续变化的模拟量如温度、压力、流量、速度等转换成数字量，才能输入到单片机中进行处理。另一方面，处理结果即数字量经常需要转换成模拟量输出，以实现对被控对象（过程、仪器仪表、设备、装置）的控制。若输入的是非电量的模拟信号，还需经过传感器转换成电信号。把模拟量转换成数字信号的器件称为模数转换器（ADC），把数字信号转换为模拟电信号则是由数模转换器（DAC）来完成的。

　　模拟量和数字量之间的相互转换，大大扩展了单片机的应用领域，模数转换和数模转换已成为 I/O 接口设计中最常用的功能。现在很多单片机在片内集成了 ADC 和 DAC，但鉴于在 MCS-51 系列内部并未集成这两个部件，更重要的是，作为通用技术，掌握 A/D 和 D/A 的接口方法也是很有实用意义的。接口设计的主要任务是根据系统要求选择芯片，然后配置外围电路及器件，并完成软件编程。

10.1　数模转换器(DAC)接口技术

10.1.1　DAC 的构成和特性参数

1. DAC 工作原理和构成

DAC 的功能是将输入的数字量转换成与之惟一对应的模拟量。实际上，输出的电信号

并不是真正连续的，而是以所用 DAC 的绝对分辨率为单位来增减，是准模拟量输出。

　　DAC 基本结构包括模拟开关、转换网络、基准电压源(或基准电源、参考电压)及接口电路，即数字量经过接口电路后控制多路模拟开关各位的通断，从而改变转换网络的连接关系，使其输出的电流大小和输入数字信号的大小成正比，比例系数与基准电压有关。通常使输出电流正比于输入数字量和基准电压，此时构成的是线性数模转换器。如果希望输出电压模拟信号，可在电流输出端加一个由运算放大器构成的电流/电压变换器。

　　DAC 输出模拟电压 V_O 都可以表达成为输入数字量 D(数字代码)和模拟参考电压 V_R 的乘积。

$$V_O = D \cdot V_R$$

二进制代码 D 可以表示为

$$D = a_1 \cdot 2^{-1} + a_2 \cdot 2^{-2} + a_3 \cdot 2^{-3} + \cdots + a_n \cdot 2^{-n} \qquad (a_i = 0, 1)$$

式中，a_1 为最高有效位(MSB)，a_n 为最低有效位(LSB)。

　　由于目前大多数 D/A 输出的模拟量均为电流量，因而这个电流量要通过一个反相输入的运算放大器才能转换成模拟电压输出。

　　(1) 模拟开关

　　DAC 中的模拟开关按构成器件来分有晶体管型、结型场效应管型、绝缘栅型场效应管型、CMOS 管型等类型；按控制信号类型分有电压型、电流型和电压电流组合型。

　　模拟开关的主要特性参数包括导通电阻、漏电流、寄生电容、开启时间和关断时间。

　　(2) 转换网络

　　转换网络是 DAC 的核心，直接影响转换器的精度。转换网络的基本类型有加权网络和梯形网络，前者有权电阻网络、权电容网络后者有 R—2R 梯形电阻网络、倒梯形电阻网络等。在此基础上，还有各种改进型网络，如权电阻和梯形电阻网络并用结构、分段梯形电阻网络等。

　　(3) 基准电压源

　　双极性器件结构的基准电压源主要有齐纳二极管型和带隙型两种，CMOS 型器件的基准电源也有多种形式。

　　由于 DAC 的输出与基准电压有直接的比例关系，因此基准电压源最重要的特性是稳定性。一般基准电源的温度漂移可做到 10 ppm/℃以下。

　　有的 DAC 有内置基准电源，如果没有，则需要按照 DAC 的要求来配置外接电压基准器件。

2. DAC 主要特性参数

　　DAC 的技术指标或特性参数可分为静态特性参数、动态特性参数和温度特性参数。

　　(1) 分辨率(Resolution)

　　分辨率通常用输入二进制字的位数来表示。分辨率越高，转换时与数字输入信号最低位相对应的模拟信号电压数值越小，也就越灵敏。

　　N 位二进制输入的 DAC 最多可提供 2^N 个不同的模拟输出值，其分辨率为 $\frac{1}{2^N}$。对于一个 10 位二进制输入、满量程输出为 10 V 的转换器，可分辨的电压为 $\frac{10\ V}{2^{10}}=9.75\ mV$。

　　（2）线性度（Linearity）

　　通常用非线性误差的数值来表示 DAC 的线性度。非线性误差是指 DAC 实际转换特性曲线和最佳拟合直线的最大偏差。

　　（3）转换精度（Conversion Accuracy）

　　转换精度是指对给定的数字输入，其模拟量输出的实际值与理想值之间的最大偏差。以最大的静态转换误差的形式给出，包含非线性误差、比例系数误差及漂移误差等综合误差。一般有两种表示方法：一种用满量程范围的百分数表示（%FSR），另一种以最低位（LSB）对应的模拟输出值为单位表示。

　　转换精度与分辨率是两个不同的概念，前者是指转换后所得的实际值相对于理想值的精度，而后者是指能够对转换结果发生影响的最小输入量。

　　（4）建立时间（Settling Time）

　　建立时间是指数模转换器中的输入代码有一个阶跃变化时，其输出模拟信号电压达到规定误差范围时所需要的时间。通常用满量程建立时间和 1LSB 建立时间来度量。

　　建立时间是由于 DAC 电路中电容、电感和开关电路的时间延迟引起的。DAC 的速度是按照建立时间进行分类的，一般来说满量程建立时间大于 100 μs 的称为低速转换器，50 ns 至 1 μs 为高速转换器。

　　（5）其他参数

　　除上述特性参数外，DAC 的其他特性还包括温度特性系数、输出极性及范围、输入代码类型、工作温度范围等。按工作温度范围，民用（商用）产品范围在 0℃～70℃ 之间，工业级转换器为 -25 或 -40℃～85℃，军品为 -55℃～125℃。

10.1.2　DAC 芯片的选择

　　在系统设计时，需要根据功能和价格等因素选择 DAC，并考虑芯片的性能、结构及应用特性。DAC 芯片制造商通常会在网站上给出包含性能指标及应用等详细资料的数据手册。实际应用中选择 DAC 时，主要关注的是分辨率、转换精度、转换时间，同时还应考虑与单片机接口有关的特性。

1. 主要技术指标的确定

　　（1）转换精度

　　转换精度受到非线性误差、温度系数误差、电源波动误差等的共同作用。另外，作为完整的电路，D/A 还包括运算放大器等输出电路带来的影响。由于这些因素相互独立，DAC 的转换精度可以用上述各项均方误差来进行合成。这样，根据系统设计的精度要求，可选定满足要求的 D/A 芯片。

需要指出，DAC 的分辨率与转换精度密切相关。一般要求 DAC 最低有效位（LSB）1 位的变化所引起的误差应显著小于 DAC 的总误差。例如，若系统要求 D/A 电路总误差应小于 0.1%，考虑到 $\frac{1}{2^{10}} \approx 0.098\%$，非常接近总误差，而 $\frac{1}{2^{12}} \approx 0.024\%$，因此应选择分辨率为 12 位 DAC 芯片。

（2）转换时间

DAC 的转换时间与输出模拟信号的最高频率有关，是系统的实时性指标。

由于 D/A 电路中包括了运算放大器等器件，D/A 转换电路的转换时间实际是 D/A 芯片和放大器电路的建立时间之和。例如，若运算放大器电路的建立时间为 2 μs，而系统要求 D/A 电路的转换时间为 10 μs，则应选择转换时间小于 8 μs 的 DAC。

2. 与单片机接口相关的 DAC 特性

DAC 特性体现在芯片内部结构的配置状况，但对单片机与 D/A 转换接口电路设计会有很大影响，这些特性主要如下。

（1）数字输入特性

数字输入特性包括输入数据的码制、数据格式及逻辑电平等。多数 DAC 接收自然二进制或 BCD 码等数字代码，输出为单极性的模拟量。实际中，有时输入数字代码为偏置码或 2 的补码等双极性数码，要求把双极性的数字变换为双极性的模拟量，这时应外接适当的偏置电路后才能实现。

输入数据格式有并行和串行方式，串行接口 DAC 可以直接接收串行码输入，减少了器件的引脚数目和电路空间。

不同的 DAC 芯片有不同的输入逻辑电平要求。对于固定阈值电平的 DAC，一般只能和 TTL 或低压 CMOS 电路相连，而有些 DAC 的逻辑电平可以改变，满足与 TTL、高低压 CMOS、PMOS 等各种器件直接连接的要求。

（2）输出特性

目前多数 DAC 是电流输出器件，最大电流是在规定的输入参考电压及参考电阻之下全"1"输出电流，最大输出电压不应超过允许范围。

对于输出特性具有电流源性质的 DAC，输出电流和输入数字之间具有确定的转换关系，输出端的电压应小于输出电压允许范围。对于输出特性为非电流源特性的 DAC，如 AD7520 等，无输出电压允许范围指标，电流输出端应保持公共端或虚地电位，否则将破坏其转换关系。

（3）锁存特性及转换控制

DAC 对数字量输入是否具有锁存功能直接影响与 CPU 的接口设计。如果 DAC 没有输入锁存器，通过 CPU 数据总线传送数字量时，必须外加锁存器；否则只能通过具有输出锁存功能的 I/O 口给 D/A 送入数字量。

有些 DAC 并不是对锁存输入的数字量立即进行 D/A 转换，而是只有在外部施加了转换控制信号后才开始转换和输出。具有这种输入锁存及转换控制功能的 DAC（如 DAC0832），在 CPU 分时控制多路 D/A 输出时，可以做到多路 D/A 转换的同步输出。

（4）基准电源

D/A 转换中，参考电压源是惟一影响输出结果的模拟参量，对接口电路的工作性能、电路结构有很大影响。使用内部带有低漂移精密参考电压源的 DAC（如 AD558/AD1147），不仅能保证有较好的转换精度，而且可以简化接口电路。

很多常用的 DAC 不带有参考电压源，D/A 转换接口中的外接参考源电路有多种形式。外接参考电压源可以采用简单稳压电路形式，也可以采用带运算放大器的稳压电路，如 NSC（National Semiconductor）公司带缓冲运算放大器的集成参考电压源。

（5）DAC 模拟输出电压的极性

在二象限工作的 DAC 的模拟输出电压 V_O 与输入数字量 D 和参考电压 V_R 的关系为

$$V_O = -DV_R \quad (0 \leqslant D < 1)$$

这是一种工作范围为二象限的 DAC，即单值数字量 D 和正负参考电压 $\pm V_R$（模拟二象限）。输出模拟电压 V_O 的极性取决于模拟参考电压的极性，当参考电压极性不变时，只能获得单极性的模拟电压输出。如果 V_R 是交流电压参考源，则可以实现数字量至交流输出模拟电压的 D/A 转换。

3. DAC 产品和类型

1）产品命名

根据我国国家标准，数模转换器的命名由字母 CDA 和 4～5 位数字组成；仿制国外产品并达到规定技术标准的，数字和同类产品一致。

国外不同的制造商有各自的命名规则，一般是由首标字母、器件编号和尾标字母组成。首标通常表示公司代号或功能分类，数字编号表示器件的分类，尾标一般是指明器件的封装形式、温度范围和性能等级。

目前广泛应用的 DAC 芯片主要来自一些著名的公司，如 ADI（Analog Devices Inc.）公司（首标为 AD）、TII（Texas Instruments Inc.）公司（首标为 TLC）、BB（Burr-Brown）公司（首标为 DAC）、NSC 公司（首标为 DA）、MAXIM 公司（首标为 MAX）等。

2）类型

DAC 可按性能指标和结构进行分类，根据不同的角度和划分标准，如分辨率、转换速度、转换精度、功耗、并行或串行接口方式等，可将其分为相应的类型。

目前，DAC 速度可达 500 MHz，分辨率可达 18 位，以 AD 公司的标准 DAC 产品为例，如 AD1139 为高精度 18 位，AD5301 系列具有 2.5 V～5.5 V 工作电压和 2 线串行接口，AD5379 系列为 40 通道、14 位并行或串行输入、电压输出，AD5405 系列具有高带宽。

从结构方面，除标准 DAC 外，这里列出几种新型的数模转换器。

（1）对数 DAC

数模转换器一般都是线性的，在处理很宽动态范围的模拟信号时比较困难，对数转换器可用较少的输入位，得到宽范围、随输入单调变化并且有对数步长的输出，是一种增益与数字输入成指数关系的乘法型数模转换器。如 AD7111 等。

（2）调整数模转换器（Trim DAC）

这是一种数字式调节电子电路增益和电平的多通道数模转换器，可取代机械式调节器。如 8 位 AD8802/AD8804（12 通道）。

（3）Σ-Δ（sigma-delta）DAC

采用 Σ-Δ 技术的 DAC，可看做 Σ-Δ ADC 的逆过程，由内插式滤波器、Σ-Δ 调制器、1 位数模转换器和输出滤波器组成。输入数据送入数字内插式滤波器，重构为一个新的高采样率的数字信号，经 Σ-Δ 调制器进行去噪和整形，输出的比特流再由 1 位数模转换器转换为模拟信号。如 AD7710、AD7730 系列。

（4）直接数字合成器（Direct Digital Synthesizer）

DDS 通常由相位累加器、正弦查询表（存于 PROM 中）、DAC 和低通滤波器等组成。相位累加器的输出作为正弦查询表的地址，每个地址单元存有与相位对应的正弦波的幅值，经数模转换器和滤波器输出。如 AD7008、AD9852 等。

除此之外，还有乘算型 DAC、应用于通信和数字仪器的片内带有 RAM 的高速 DAC 等。

10.1.3　DAC 并行接口设计

完成 DAC 与 MCS-51 单片机总线的并行接口，要特别注意两个问题。首先，需考察 DAC 片内是否有锁存器；如果没有，为保持输入数据的稳定，应在 CPU 和 DAC 之间的数据总线上增加锁存器。其次，由于单片机的数据总线宽度是 8 位，而 DAC 有 8 位、10 位、12 位和 16 位等多种，当超过 8 位时，应通过接口线的控制，分时复用数据总线。

1. 8 位并行数模转换器接口设计

DAC0830/0831/0832 系列芯片是应用最多的 8 位 D/A 转换器，由 8 位输入锁存器、8 位 DAC 寄存器和 8 位 D/A 转换电路及转换控制电路构成，可直接与 MCS-51 及其他微处理器接口。单电源供电，电流稳定时间 1 μs，功耗 200 mW。其结构、基本特性和引脚功能这里不再赘述。

DAC0832 有两级锁存控制，其控制引脚 $\overline{CS}$（片选）、ILE（输入锁存允许）、$\overline{WR1}$（写

信号1)控制输入锁存器、$\overline{\text{WR2}}$(写信号2)和 $\overline{\text{XFER}}$(数据传送)控制 DAC 寄存器。与单片机连接时，通常有直通、单缓冲器和双缓冲器 3 种接口方式。直通方式下，ILE 接高电平，其他控制引脚均接数字地，DAC 的两个寄存器处于不锁存状态，输入数据直接进行 D/A 转换。

1) 单缓冲方式接口设计

当 DAC 系统中只有一路 D/A 转换，或多路转换但不要求同步输出时，采用单缓冲方式接口(如图 10-1)。此时，可将 ILE、$\overline{\text{XFER}}$ 和 $\overline{\text{CS}}$ 接为有效，即两级寄存器仅由 $\overline{\text{WR}}$ 信号控制，$\overline{\text{WR}}$ 有效时，完成 D/A 输入和转换。

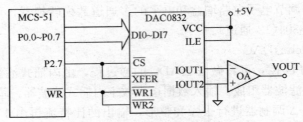

图 10-1　DAC0832 单缓冲方式接口

执行下面指令，即可完成一次 D/A 转换。

```
MOV DPTR, #7FFFH      ; P2.7 置 0，指向 DAC0832
MOV A, #DATA          ; 数字量先装入累加器
MOVX @DPTR, A         ; 数字量从 P0 口送出
```

2) 双缓冲方式接口及其应用

在多路 D/A 转换系统中，如果要求 D/A 转换同步输出，就必须采用双缓冲方式接口。采用这种方式时，数字量的输入锁存和 D/A 转换分两步完成，即 CPU 的数据总线分时向各路 DAC 输入要转换的数字量，并锁存在各自的输入寄存器(第一级缓冲)中，然后 CPU 对各路 DAC 发出控制信号，使数据同时写入 DAC 寄存器(第二级缓冲)，实现同步输出和转换。

DAC0832 与单片机的双缓冲方式接口电路参见图 10-2。根据控制信号的作用，将 ILE 接为高电平，用 P2.5 和 P2.6 分别接至两片 DAC 的片选端，以控制第一级缓冲；而用 P2.7 作为两片 DAC 的 $\overline{\text{XFER}}$ 公共控制端，以控制第二级缓冲。两个 DAC 的第一级缓冲(输入寄存器)地址分别为 DFFFH(1) 和 BFFFH(2)，第二级缓冲(DAC 寄存器)地址为 7FFFH。

执行下列程序段，可完成字节数据 #data1，#data2 从两路 D/A 的同步输出。

```
MOV  DPTR, #0DFFFH    ; 指向 DAC0832(1)
MOV  A, #data1        ; # data1 送入 DAC0832(1)
MOVX @DPTR, A         ; CS、WR1 有效，数据锁存
MOV  DPTR, #0BFFFH    ; 指向 DAC0832(2)
```

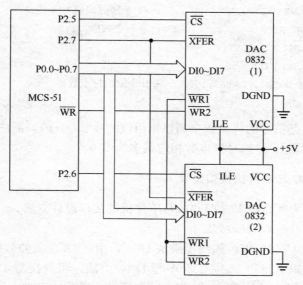

图 10-2   DAC0832 双缓冲方式接口电路

```
MOV   A, #data2          ; # data2 送入 DAC0832(2)
MOVX  #DPTR, A           ; CS、WR1有效，数据锁存
MOV   DPTR, #7FFFH       ; 给 0832(1)(2)提供
MOVX  @DPTR, A           ; XFER、WR2信号，同时完成 D/A 转换输出
```

　　应用双缓冲方式的实例如下：要求实现两路波形 X 和 Y 信号同步输出到绘图仪或示波器，X 为线性锯齿波，Y 为待显示的波形，待显示信号的 N 个字节样点值存于程序存储器的表格中。

　　按照图 10-2 的连接，编程时将 X 路锯齿波信号送至 DAC0832(1)，用查表法取出 Y 路信号的样点值送至 DAC0832(2)，最后将两路数据同时送入各自的 DAC 寄存器。实现上述要求的程序段如下。

```
INIT:    MOV R7, #N          ; N 个取样点
         MOV R2, #0          ; 锯齿波初值
NEXT:    MOV DPTR, #0DFFFH    ; DAC0832(1)输入寄存器地址
         MOV A, R2
         MOVX @DPTR, A       ; 锯齿波送 DAC0832(1)
         MOV DPTR, #TABL     ; Y 信号数据表首地址
         MOVC A, @DPTR+ A    ; 查表取 Y 数据，A 中为偏移量
         MOV DPTR, #0BFFFH   ; DAC0832(2)输入寄存器地址
         MOVX @DPTR, A       ; 输出 Y 信号到 DAC0832(2)
         MOV DPTR, #7FFFH    ; DAC 寄存器地址
```

```
        MOVX @DPTR, A           ; X、Y 同时完成 D/A 转换
        INC R2                  ; 下一个数据，step= 1
        DJNZ R7, NEXT
        SJMP INIT
TABL:   DB DATA1, DATA2,...     ; N 个输出样点数据
        END
```

程序中可根据 Y 路信号的样点数来调整锯齿波的步长(step)，需注意，由于本程序中锯齿波最大值为 FFH，故 Y 路信号样点数相应最多为 256 个。

2. 12 位并行 DAC 与单片机接口设计

这里以 AD7542 为例介绍 12 位 DAC 与单片机的接口设计方法。

1) AD7542 基本特性和引脚功能

AD7542 是 12 位 CMOS 电流输出型乘法 DAC，由 3×4 位缓冲数据寄存器、12 位 DAC 寄存器、地址译码逻辑电路和 12 位 CMOS 型 DAC 组成，可直接与 4 位或 8 位微处理器接口，无需外加锁存器。12 位数据分 3 次以 4 位形式装入数据寄存器，随后传送到 12 位 DAC 寄存器，均在 $\overline{WR}$ 信号周期中完成。

AD7542 主要参数包括：非线性度为 $\pm 1/2$ LSB；增益漂移典型值为 2 ppm/℃，最大 5 ppm/℃；最大功耗 40 mW；有双列直插式(DIP)和表面安装两种封装。DIP 封装 AD7542 引脚分布如图 10-3 所示，引脚功能描述参见表10-1。

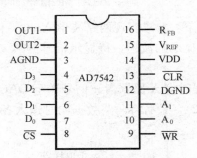

图 10-3　AD7542 引脚

表 10-1　AD7542 引脚功能

引脚序号	引脚名称	输入输出特性	描　　　述
1	OUT1	I	电流输出线，通常接运算放大器虚地
2	OUT2	O	电流输出线，OUT2 通常接地
3	AGND	O	模拟地
4～7	D3～D0	O	数据输入最高位～最低位
8	$\overline{CS}$	O	片选输入

续表

引脚序号	引脚名称	输入输出特性	描　　　述
9	$\overline{WR}$	I	写输入
10	A0	I	地址总线输入
11	A1	I	地址总线输入
12	DGND	I	数字地
13	$\overline{CLR}$	I	清除输入，单极性输出时，使输出为"0"；当双极性输出时，使输出等于$-V_{REF}$
14	VDD	I	正电源输入，通常接+5V
15	V_{REF}	I	基准(参考)电压输入
16	R_{FB}	I	DAC 反馈电阻输入线

其中，数据每次送 4 位，3 次分别送至高、中、低 3 个数据寄存器，由 A1，A0 编码控制。A1，A0 为数据缓冲寄存器的地址选择线，当 A1A0＝00 时，选中低 4 位寄存器；当 A1A0＝01 时，选中中间 4 位寄存器；当 A1A0＝10 时，选中高 4 位寄存器；当 A1A0＝11 时，选中 12 位 DAC 寄存器。选中时若 CS，$\overline{WR}$ 同时有效，便向相应寄存器写入数据。

2) AD7542 与单片机接口设计

根据时序和接口信号的要求，若用 P2.7 作片选控制，连接 $\overline{CS}$，P2.0 和 P2.1 分别连接到 A0 和 A1，AD7542 单片机的硬件接口电路如图 10-4 所示。电路中，用运算放大器将电流输出转化为电压输出。

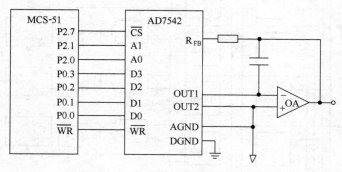

图 10-4　AD7542 与单片机硬件接口电路

设需要转换的 12 位数据低 8 位存于片内 RAM 的 70H、高 4 位存放在 71H 中。根据接口电路，可写出相应的 D/A 转换程序，具体如下。

```
MOV A, 70H            ;取低 8 位数据
MOV DPTR, #7CFFH      ;置低 4 位寄存器地址
```

```
MOVX @DPTR, A          ; 写入低 4 位数据
SWAP A                 ; 把中 4 位数据送到低 4 位
MOV DPTR, #7DFFH       ; 置中 4 位寄存器地址
MOVX @DPTR, A          ; 写入中 4 位数据
MOV A, 71H             ; 取高 4 位数据
MOV DPTR, #7EFFH       ; 置高 4 位寄存器地址
MOVX @DPTR, A          ; 写入高 4 位数据
MOV DPTR, #7FFFH       ; 置 12 位 DAC 地址
MOVX @DPTR, A          ; 12 位数据写入 DAC 寄存器,启动 D/A 转换
```

10.1.4 DAC 串行接口设计

这里以 TII 的 8 位串行 DAC TLC5620 为例,说明 DAC 与 MCS-51 单片机的串行接口设计方法。

1. TLC5620 引脚功能和基本特性

1) 引脚功能和描述

TLC5620 的内部结构如图 10-5 所示,其引脚配置如图 10-6 所示,引脚描述参见表 10-2。

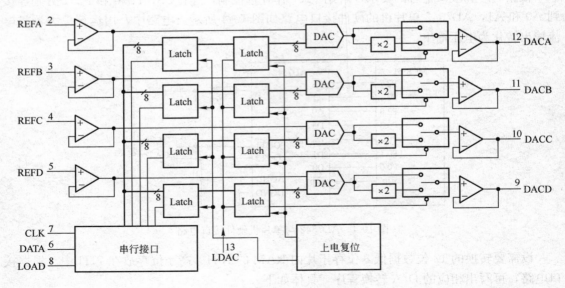

图 10-5 TLC5620 功能框图

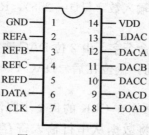

图 10-6　TLC5620 引脚

表 10-2　TLC5620 引脚描述

引脚名称	特 性	描 述
CLK	I	串行接口时钟，最高频率 1 MHz
DACA	O	DACA 模拟输出
DACB	O	DACB 模拟输出
DACC	O	DACC 模拟输出
DACD	O	DACD 模拟输出
DATA	I	串行接口数字数据输入
GND	I	接地
LDAC	I	装入 DAC。从高电平变化到低电平时，DAC 更新输出
LOAD	I	串行接口装入控制。在 LDAC 为低电平时，LOAD 下降沿将数字量锁存到输出锁存器，并在模拟输出引脚立即产生模拟电压
REFA	I	DACA 输入基准(参考)电压，定义输出模拟量电压范围
REFB	I	DACB 输入参考电压，定义输出模拟量电压范围
REFC	I	DACC 输入参考电压，定义输出模拟量电压范围
REFD	I	DACD 输入参考电压，定义输出模拟量电压范围
VDD	I	+5V 电源电压

2) 基本特性

TLC5620 有 C(商用)和 I(工业品)两种，其主要特性包括：8 位 4 个独立通道电压输出，+5V 单电压供电，低功耗，3 线串行总线接口，基准电压输入为高阻抗。此芯片应用于可编程电压源、数字控制放大器、过程监测和控制、自动测试设备、信号合成，以及移动通信等领域。

TLC5620 输入有 2 级缓冲，可编程选择 1 倍或 2 倍输出范围，半缓冲输出。通过 LDAC 控制信号来同时更新各路输出，输出建立时间为 10 μs。

TLC5620 的一个重要特点是：4 路模拟电压输出各带有一个可编程增益放大器，放大倍数可编程为 1 倍或 2 倍，输出电压 V_O 可表示为

$$V_O = V_{REF} \cdot \frac{CODE}{256} \times (1 + RNG)$$

其中，V_{REF} 为基准电压，CODE 为输入数字量（0～255），RNG 可编程为 "0" 或 "1"。

3）数据接口时序

TLC5620 的数据格式为 11 位命令字，由 2 位 DAC 选择位、1 位增益控制位、8 位数据组成。数据写入的格式是高位在前，低位在后。DACA～DACD 分别对应 A1A0 地址选择位，即 00，01，10，11。

在 LOAD 为高电平时，串行数据在 CLK 的每个下降沿输入 DATA 端。当数据完全写入后，LOAD 变低，脉冲下降沿将数据从串行输入寄存器传送到所选中的 DAC 中。若 LDAC 为低电平，一旦 LOAD 变低，所选中 DAC 的输出电压就会更新，如图 10-7 所示。若 LDAC 为高电平，则写入的数据锁存在第一级缓冲中，可由 LDAC 下降沿来将数据写入 DAC，完成转换，如图 10-8 所示。

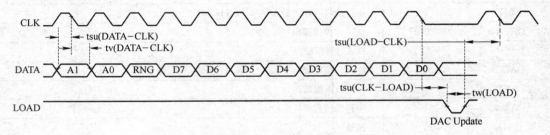

图 10-7　LOAD 信号控制 DAC 更新（LDAC＝0）

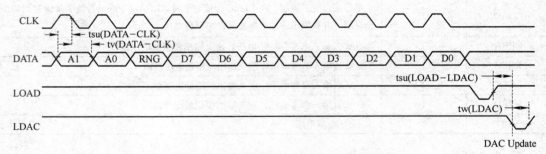

图 10-8　LDAC 信号控制 DAC 更新

11 位命令字也可以分两个 8 时钟周期写入 DAC，即先写地址（DAC 选择位）和 RNG，再写 8 位数据位，在没有写操作期间 CLK 保持低电平。相应的时序如图 10-9 和图 10-10 所示。

2. TLC5620 和单片机接口设计

TLC5620 与单片机接口电路如图 10-11 所示。

单片机通过 P1.0～P1.2 分别与 TLC5620 的 3 条串行总线 CLK、DATA 和 LOAD 连接。图中，DAC 输出电路中的电阻应大于等于 10 kΩ。

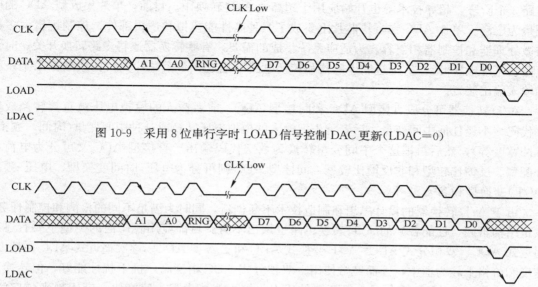

图 10-9　采用 8 位串行字时 LOAD 信号控制 DAC 更新（LDAC＝0）

图 10-10　采用 8 位串行字时 LOAD 信号控制 DAC 更新

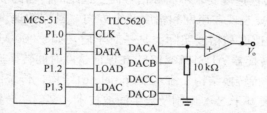

图 10-11　TLC5620 与单片机接口电路

当 TLC5620 工作在单缓冲方式时，LDAC 可直接接低电平，用 LOAD 端完成数据写入。图中利用 P1.3 控制 LDAC，此时 DAC 寄存器采用双缓冲方式。在多路转换时，可先将各通道数据分别写入第一级缓冲，再通过控制 LDAC 来实现各路 DAC 的同步输出。

单片机编程应按照 TLC5620 的操作时序来完成。

10.2　模数转换器(ADC)接口技术

10.2.1　ADC 基本构成和特性参数

1. ADC 概述

A/D 转换电路和计算机的发展相似，经历了电子管、晶体管、中小规模和大规模集成电路 3 个阶段，超导技术等也开始应用于超高速 A/D 转换中。目前，单片集成型 ADC 的应用最为广泛。单片 ADC 在一块芯片上集成了多种高性能模拟和逻辑部件，控制逻辑大多数与微处理器和控制器相兼容。为适应系统集成的需要，有些转换器还将多路转换开关、时钟电路、基准电压源、二/十进制译码器和转换电路等集成在一个芯片内，构成数据采集系统和输入输出装置。

A/D 转换器可分成直接型 ADC 和间接型 ADC。前者输入的模拟电压被直接转换成数字代码，不经任何中间变量；后者首先把输入的模拟电压转换成某种中间变量(时间、频率、脉冲宽度等)，然后再把这个中间变量转换为数字代码输出。直接型 ADC 又可分为电荷再分配型、反馈比较型和非反馈比较型，间接型 ADC 则可分为电压-时间变换型、电压-频率(V/F)变换型和 Σ-Δ 型等。

由于 A/D 转换器的设计思想和制造技术不断创新，同时为满足不同的检测和控制任务，大量结构不同、性能各异的 A/D 转换电路也层出不穷。目前应用较广泛的类型主要有逐次逼近式 ADC、双积分式 ADC、V/F 变换式 ADC 和 Σ-Δ 型 ADC。逐次逼近式 ADC 在精度、速度和价格上较为适中，因而经常使用；双积分式 ADC 精度高，抗干扰性能好，但转换速度较慢；Σ-Δ 型 ADC 综合了上述两者的优点，抗干扰能力强，速度快，应用越来越广泛；V/F 变换 ADC 多用于转换速度要求不高和信号需要远距离传输的场合。

ADC 的发展趋势主要表现在速度和精度两个方向，目前的速度已达到 1 000 MHz，而分辨率可达到 24 位。但速度和精度实际上是一对矛盾，如 1 000 MHz 高速 ADC 的精度只有 8 位，而 24 位 A/D 转换器 ADS1210/1211 在保证精度时的转换速度仅为 10 Hz。

高速 ADC 多采用并行转换结构、流水线(pipeline)结构，传统的高精度 ADC 大多采用逐次逼近方式，目前主要基于 Σ-Δ 调制及数字滤波技术、多斜率转换技术等。

实现高精度转换需要十分复杂的结构，如 ADS1210/1211 内部有两阶 Σ-Δ 调制器、3 阶数字滤波，采用多种自校正技术，输入端有可编程增益放大器，输出部分包括内部微处理器、指令寄存器、命令寄存器、数据输出寄存器、失调校正和满量程校正寄存器，以及基准电压源、时钟产生电路等。由于位数较多，高精度 ADC 经常采用串行输出方式。

2. ADC 的主要特性参数和芯片选择

ADC 和 DAC 的技术指标有密切的联系和相同的概念，如分辨率、量化误差、线性度、转换精度、稳定时间等。另外，转换速率(Conversion Rate)也是衡量 ADC 转换速度的指标，即每秒完成转换的次数，相当于完成一次 A/D 转换所需时间(稳定时间)的倒数。

这里，结合 A/D 转换器的特性参数给出设计时的选择要点。

(1) 分辨率

分辨率与系统要求的范围和精度有关，是系统各个环节如传感器、信号预处理电路、输出电路精度，甚至软件算法中的一部分。通常来说，与 DAC 相同，A/D 转换器的分辨率至少要比总精度要求的最低分辨率高一位，并与其他环节所能达到的精度相匹配。

（2）转换速率

速率是个相对的概念，一般来说，积分型、电荷平衡型和跟踪比较型 A/D 转换速度较慢，转换时间为毫秒级，通常构成低速转换器，适用于对温度、压力、流量等缓变参量的检测和控制。逐次比较型的 A/D 转换器的转换时间为微秒级，属于中速 A/D 转换器，常用于工业多通道单片机控制系统等。高速 A/D 转换器一般是用双极型或 CMOS 工艺制成的全并行型、串并行型和电压转移函数型的转换器，转换时间约 $20 \sim 100$ ns，即转换速率可达 5 000 万次/秒，多用于雷达和数字通信、实时瞬态记录和分析。

假定单片机的机器周期为 $1 \sim 2$ μs，考虑到读数据、启动转换、存数据及处理等任务，宜选用转换时间为 100 μs 左右的 A/D 转换器，其转换速率为 10 k 次/秒。实际中，若一个周期的波形采样 10 个点，这时 A/D 转换器最高可处理的信号频率为 1 kHz。如果要求转换时间为 10 μs 或更短，即信号频率在 100 kHz 以上，则应提高单片机的速度或者采用先采样后处理的策略。

（3）采样保持（Sample/Hold）电路

采样保持电路的目的是保证在 A/D 转换过程中，使模拟电压保持稳定，减小模拟电压变化带来的误差。是否加采样保持器应根据分辨率、转换时间和信号带宽关系综合确定。原则上，直流和变化非常缓慢的信号可不用采样保持器，其他情况都应加采样保持器。

（4）接口方式

A/D 转换器的数据输出有并行和串行接口方式。带有串行接口的单片机可与相应的串行 ADC 连接。MCS - 51 单片机可通过并行接口模拟串行协议，与串行 ADC 连接，减少连线和电路空间。

（5）量程控制引脚

应注意 A/D 转换器的模拟量输入可能是双极性或单极性，A/D 转换器是否提供了不同量程的引脚。有的 A/D 转换器提供了双极性偏置控制引脚（Bi-Offset Control），当此脚接地时，信号为单极性输入方式；当此脚接参考电压时，信号输入为双极性方式。有的 A/D 转换器（如 AD574A 等）还提供两个模拟输入引脚，分别为 10VIN 和 20VIN，不同量程的输入电压可从不同引脚输入。

另外，还应考虑影响 A/D 转换器技术指标的主要因素，如电源的稳定性、温度因素及电磁干扰等。

10.2.2　ADC 并行接口设计

80C51 单片机与 ADC 的并行接口非常方便，设计电路和编程应注意两个问题：一是 ADC 的时序包括启动方式、转换结束等，二是 ADC 片内有无三态门。

ADC 种类繁多，结构、功能、应用特性各不相同，考虑到与单片机的接口电路的典型性，这里以 12 位 AD574A 等芯片与单片机的设计为例进行说明。

1. 接口设计概述

1）ADC 输出接口

8 位单片机最常采用 8 位的 A/D 转换器，由于大部分集成 A/D 转换器的数据输出都是 TTL 电平，而且数据输出寄存器具有可控三态输出功能，因此 ADC 可直接挂在数据总线上，接口电路较简单。

当用到 10 位、12 位或以上的 A/D 转换器时，由于单片机数据总线是 8 位，就要加缓冲器接口，数据分两次读出。对于 16 位微处理器，16 位及以下 A/D 转换器则不需要加缓冲器。

2）控制信号

A/D 转换器需外部控制启动转换信号方能开始转换，一般由 CPU 提供，转换信号分脉冲和电平控制两种。前者只需在 A/D 转换器的启动控制转换的输入引脚上加一个符合要求的脉冲信号，即可启动 ADC 进行转换，ADC0804、ADC0809 等属于这种类型。后者需要把符合要求的电平加到控制转换的输入引脚上，此电平应在转换的全过程中保持不变，否则将会中止转换。电平控制信号可由 D 触发器锁存提供，AD574A 等属于此类。

A/D 转换器内部转换结束后，输出转换结束信号，通知 CPU 读取转换得到的数字量。转换结束信号的处理方法或读取转换结果数据的联络方式，通常有中断、查询和定时 3 种方式。具体方式的选择与 ADC 转换速度和系统设计要求有关。

由于 A/D 转换电路对精度要求较高，设计中还需要充分考虑抗干扰措施，如电源稳压和滤波。

2. ADC 与单片机接口设计

目前流行的 8 位 A/D 转换器是 ADC080X 系列，如 ADC0808/0809，它是一种逐次逼近式单片 CMOS 器件，具有与微处理器兼容的控制逻辑，内部有三态输出锁存器，可直接驱动数据总线，与单片机的接口十分简单，采用数字逻辑选通 8 通道多路开关，单 5V 电压供电。

单片机系统要求 ADC 分辨率超过 8 位时，就需要考虑 10 位、12 位，甚至 16 位的转换器，其接口方法相似。这里，以最为常见的 AD574A 为例介绍相应的设计方法。

1）AD574A 主要特性和引脚描述

AD574A 是单通道 12 位逐次逼近型快速 A/D 转换器，内部有三态输出缓冲电路，可直接与 MCS‐51 等 8 位或 16 位微处理器相连，并与 CMOS 及 TTL 电平兼容，片内有高精度基准电源和时钟电路，完成转换不需要外部电路或时钟信号。其主要参数为转换时间典型值为 25 μs，最大 35 μs，转换精度高于 0.05%，AD574AL 最大温漂为 10 ppm/℃。

AD574A 是应用最广泛的 A/D 转换器之一，可进行单极性或双极性模拟信号的转换，并有两个量程选择引脚，有不同温度特性和封装形式。与它引脚兼容的芯片还有 AD674B（15 μs），AD774B（80 μs），和带采样保持器的 AD1674（10 μs）。

AD574A 的引脚如图 10-12 所示，引脚描述参见表 10-3。

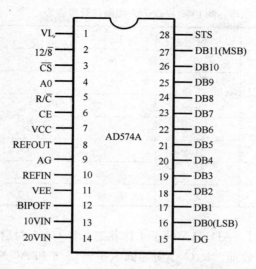

图 10-12　AD574A 引脚

表 10-3　AD574A 引脚功能

序　号	引脚名称	描　述
1	VL	数字逻辑电源＋5V
2	12/$\overline{8}$	数据格式选择，高电平时为双字节输出，低电平时为字节输出
3	$\overline{CS}$	片选信号
4	A0	字节选择控制线
5	R/$\overline{C}$	读出/转换控制信号
6	CE	启动转换信号
7	VCC	＋12/＋15V 工作电源
8	REFOUT	10V 基准电压输出
9	AG	模拟地
10	REFIN	内部解码网络所需基准电压输入
11	VEE	－12/－15 工作电源
12	BIPOFF	双极性偏置，用于补偿调整输出零点
13	10VIN	10 V 范围模拟输入
14	20VIN	20 V 范围模拟输入
15	DG	数字地
16～27	DB0～DB11	数据输出线
28	STS	输出状态信号，转换过程中保持高电平，转换结束后变为低电平

AD574A 的运行由 CE，$\overline{\text{CS}}$，R/$\overline{\text{C}}$，12/$\overline{8}$ 和 A0 控制信号来确定，具体如表 10-4 所示。

表 10-4　AD574A 控制信号逻辑表

CE	$\overline{\text{CS}}$	R/$\overline{\text{C}}$	12/$\overline{8}$	A0	操　作
0	×	×	×	×	无操作
×	1	×	×	×	无操作
1	0	0	×	0	启动 12 位转换
1	0	0	×	1	启动 8 位转换
1	0	1	+5V	×	允许 12 位并行输出
1	0	1	接　地	0	允许高 8 位输出
1	0	1	接　地	1	允许低 4 位输出

当 CE＝1 且 $\overline{\text{CS}}$＝0 时，AD574A 处于工作状态。R/$\overline{\text{C}}$＝0 时启动 AD 转换，R/$\overline{\text{C}}$＝1 时读出数据。在启动信号有效前，R/$\overline{\text{C}}$ 必须为低电平。12/$\overline{8}$ 和 A0 端用来控制转换字长和数据格式。A0＝0 时，按 12 位方式进行转换，A0＝1 时则按 8 位转换。在读出数据时，12/$\overline{8}$＝1 时，相应 12 位并行输出；12/$\overline{8}$＝0 时，对应 8 位双字节输出。A0＝0 时输出高 8 位，A0＝1 时，低 4 位有效，中间 4 位为"0"，高 4 位为三态。A0 在数据输出期间应保持不变。

应注意，12/$\overline{8}$ 端与 TTL 电平不兼容，须直接接电源或接地。

2）AD574A 与 MCS－51 单片机的接口设计

12 位 A/D 转换器 AD574A 与 MCS－51 单片机的接口设计可以采用定时、查询和中断方式，不同的方式下，与单片机的连接有所不同。查询和中断的区别在于对转换结束信号状态端（STS）的处理：查询方式时，将 STS 与一条 I/O 口线相连即可；中断方式时，利用 STS 的下降沿作为外部中断请求信号。采用定时方式时，既可通过延时（35 μs）的方法来读取数据，也可以利用定时中断在中断服务程序中完成此任务。

（1）查询方式接口和编程

图 10-13 是采用查询方式的 ADC 接口电路。

电路为双极性输入方式；采用 74LS373 锁存器作为缓冲器，也可采用其他通用并行接口器件；R/$\overline{\text{C}}$，A0 和 $\overline{\text{CS}}$ 分别与锁存器输出端连接，$\overline{\text{CS}}$ 可直接接低电平；12/$\overline{8}$ 端接地，数据格式为按字节分两次读出，由 A0 来决定读取高 8 位和低 4 位；STS 端接 P1.0 引脚。

根据时序要求，启动转换时需使 CE＝1，$\overline{\text{CS}}$＝0，R/$\overline{\text{C}}$＝0，A0＝0，即向 AD574A 执行写入操作时，地址线 A7，A1 和 A0 须为"0"。启动 AD 后，通过查询 P1.0 状态来判断是否完成转换。

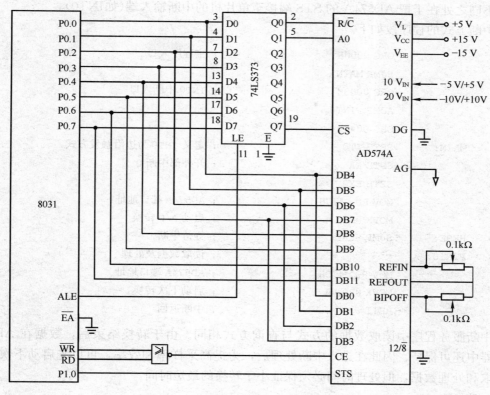

图 10-13　AD574A 与单片机的接口电路

下面是查询方式的程序段，12 位数据分别存到 R2 和 R3 中。

```
MAIN:    MOV     R0, #7CH         ; AD574A 端口地址
         MOVX    @R0, A           ; 启动 A/D 转换
         SETB    P1.0            ; 置 P1.0 为输入方式
WAIT:    JB      P1.0, WAIT       ; 查询 STS 状态
         INC     DPTR            ; 使 R/C̄ 为高电平
         MOVX    A, @R0           ; 读取高 8 位
         MOV     R2, A            ; 存储数据
         MOV     R0, #7FH         ; 使 R/C̄, A0 均为高电平
         MOVX    A, @R0           ; 读取低 4 位
         ANL     A, #0FH          ; 屏蔽高 4 位
         MOV     R3, A            ; 存储数据
```

（2）中断方式接口和编程

AD574A 通过中断方式与 8031 单片机的硬件接口电路、启动转换等控制与查询方式相

同，不同之处在于把 AD574A 的 STS 端接至单片机的中断输入端(如$\overline{INT0}$)。

中断方式的程序段如下。

```
                ORG 0000H                 ; 主程序入口
                SJMP MAIN
                ORG 0003H                 ; INT0 中断入口
                AJMP PINT0
                ORG 0040H
    MAIN:       SETB IT0                  ; 定义 INT0 为边沿触发方式
                SETB EA                   ; 开外部中断 0
                SETB EX0
                MOV R0, #7CH              ; AD574A 端口地址
                MOVX @R0, A               ; 启动 A/D 转换
    HERE:       SJMP HERE                 ; 等待中断
    PINT0:      …                         ; 读取数据及处理
                MOV R0, #7CH              ; AD574A 端口地址
                MOVX @R0, A               ; 启动下次转换
                RETI                      ; 中断返回
```

中断服务程序中读取数据的方式与查询方式相同。由于转换结束后，数据在 AD574A 锁存器中还可保持，因此在进入中断处理后，为提高采样率和效率，可以先启动下次转换，再读取和处理数据，但处理时间必须保证小于转换的最短时间。

10.2.3　ADC 串行接口设计

与 DAC 类似，这里以 8 位串行 A/D 转换器 TLC0834 为例介绍与单片机的接口设计方法。

1. TLC0834 引脚功能和基本特性

1) 引脚功能

TLC0834/0838 是 4/8 通道串行 A/D 转换器，TLC0834 的功能框图如图 10-14 所示。TLC0834 引脚配置(D 或 N 封装)参见图 10-15，功能描述见表 10-5。

2) 基本特性

TLC0834 是 4 通道、8 位分辨率的串行数据接口 ADC，输入通道多路开关采用数字逻辑控制，输入输出兼容 TTL 和 MOS 电平，单 5V 电压供电，与微处理器接口非常方便。时钟频率范围为 10~600 kHz。在 250 kHz 时钟下，转换时间为 32 μs，功能相当于片内没有齐纳调整网络的 ADC0834 和 ADC0838，总不可调整误差为 ±1LSB。

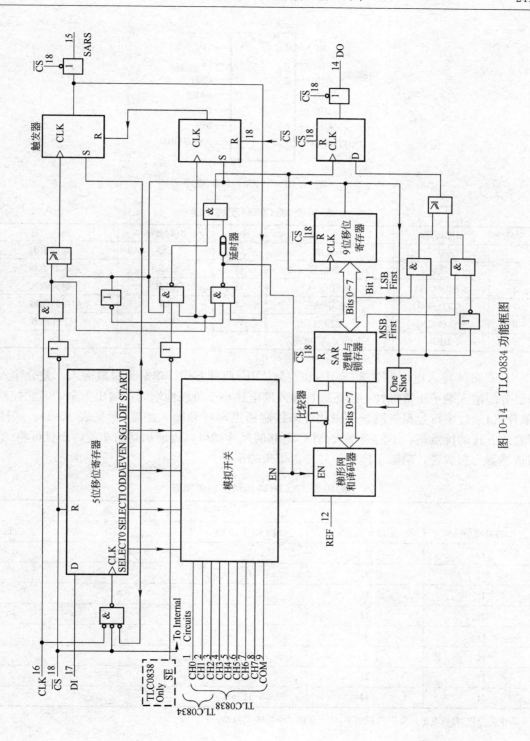

图 10-14　TLC0834 功能框图

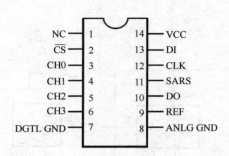

图 10-15　TLC0834 引脚

表 10-5　TLC0834 引脚功能

序号	引脚名称	描　述	序号	引脚名称	描　述
1	NC	不连接	10	DO	数据输出
2	$\overline{CS}$	片选信号	11	SARS	SAR 状态输出
3	CH0～CH3	通道 0～3	12	CLK	时钟输入
7	DGTL GND	数字地	13	DI	串行数据输入
8	ANLG GND	模拟地	14	VCC	工作电源
9	REF	基准(参考)电压			

　　TLC0834 输入电压有单端(SGL)和差分(DIF)两种方式。单端为对地输入,差分输入则需要分配输入端子正负极性,当正极性输入端电压小于负极性端时,输出为全"0"。控制器(单片机)通过串行数据链路,采用软件来控制通道选择和输入配置(参见表 10-6)。采用串行通信方式的优点是:不需要增大 ADC 电路的尺寸就可以再增加新的功能,而且可将 ADC 与传感器一起放置,消除了模拟信号传送带来的干扰。

表 10-6　TLC0834 地址控制逻辑表

地　址　位			通　道　号			
SGL/$\overline{DIF}$	ODD/$\overline{EVEN}$	SELECT BIT1	CH0	CH1	CH2	CH3
L	L	L	+	−		
L	L	H			+	−
L	H	L	−	+		
L	H	H			−	+
H	L	L	+			
H	L	H			+	
H	H	L		+		
H	H	H				+

　　表中:"H"为高电平,"L"为低电平,"−"或"+"表示极性。

2. TLC0834 操作时序图

TLC0834 的操作时序如图 10-16 所示。

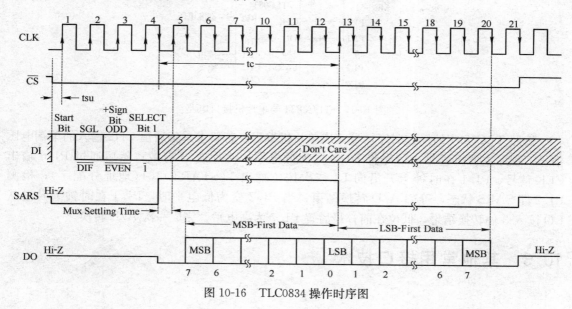

图 10-16　TLC0834 操作时序图

TLC0834 转换前，应先置 $\overline{CS}$ 有效，且在整个转换过程中 $\overline{CS}$ 必须保持低电平。DI 线上的数据在时钟 CLK 上升沿写入 ADC 的地址移位寄存器，第 1 位是开始位，随后为 3 位分配字，即单端/差分位、奇/偶位和选择位，其控制逻辑参见表 10-6。

参照图 10-16，TLC0834 的转换流程是：当开始位移位进入模拟开关寄存器时，输入通道即被选定，并启动 A/D 转换，SARS 相应变为高电平，表示正在进行转换，在转换期间 DI 变为无效。

随后 TLC0834 自动插入一个时钟周期，作为通道的建立时间，而 DO 则从高阻态退出，变为低电平。伴随着 TLC0834 内部逐次比较，DO 相应地从最高位（MSB）开始依次送出比较结果。在 8 个时钟周期以后，A/D 转换结束，SARS 变为低电平。然后 TLC0834 按照低位（LSB）在前的顺序，从 DO 输出转换结果。

转换结束后，当 $\overline{CS}$ 变为高电平后，TLC0834 内部寄存器全部清零，输出电路变为高阻态。如果需要启动下一次转换，$\overline{CS}$ 必须从高电平变为低电平，并从 DI 送入地址信息。

3. TLC0834 与单片机接口设计

TLC0834 与单片机接口电路如图 10-17 所示。

单片机与 TLC0834 的串行接口是：P1.0 模拟串行时钟，连接 CLK；P1.1 与数据输入 DI 和数据输出 DO 连接；P1.2 与 SAR 状态线 SARS 连接；P1.7 作为片选 $\overline{CS}$ 控制。由于

DI 输入数据时 DO 为高阻状态，而 DO 输出数据时对 DI 也没有影响，所以可把这两端连接在同一条I/O线。

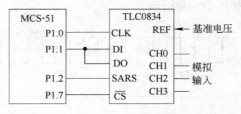

图 10-17　TLC0834 与单片机接口电路

按照 TLC0834 的操作时序，可完成单片机编程。若要求采集通道 CH2 输入的单端电压信号，程序主要流程是：首先将 P1.7 置为低电平，使片选$\overline{CS}$有效；然后通过 P1.0 输出 CLK 信号，P1.1 在时钟上升沿向 DI 依次按位输出 1(START)101(地址分配字)；检测 P1.2 即 SARS 状态，等待 A/D 转换结束；当 P1.2 变为低电平时，P1.1 在时钟上升沿从 DO 读入 8 位转换结果，低位在前；最后置 P1.7 为高电平，完成一次 A/D 转换。

10.3　其他常用接口技术

10.3.1　串行通信接口

随着通信和网络技术的发展，单片机除了单机应用外，还会作为大的控制系统或控制网络的一部分，构成多机系统或与 PC 机系统进行数据交换，这时单片机通过串行口按照通信协议来完成数据传输。通信协议对数据格式、同步方式、传送速度、传送步骤、检纠错方式及控制字符定义等方面都做了规定。这里，介绍单片机经常用到的 RS - 232C 等接口标准、工业控制领域的 CAN 总线及相应的芯片。

1. RS - 232C，RS - 422 和 RS - 485 接口标准

RS - 232C，RS - 422 和 RS - 485 等标准是物理接口标准，包括机械特性、电气特性、信号功能及传送过程等方面的定义，属于 ISO 提出的 OSI 七层模型中的物理层，规定了传送数据位的物理硬件规则。单片机接口电路设计较为简单，选择符合标准的芯片与单片机通过串行口连接即可。

1) RS - 232C 接口标准和常用芯片

RS - 232C 是美国电子工业协会 EIA(Electronic Industries Association)于 1969 年公布的通信协议，是为数据终端设备(DTE)和数据通信设备(DCE)之间连接而制定的，适合于数据传送率低于 20 Kb/s 范围内的通信。

RS-232C 对串行通信接口中信号功能、电气和机械特性都做了明确的规定，已成为包括单片机的计算机串行通信中广泛采用的标准。

RS-232C 接口器件很丰富，经典的 MC1488/1489 目前已很少使用，常用的有 MAXIM 公司的 MAX200～211 带 0.1 μF 电容器的＋5V RS-232 收发器、MAX220～249 多通道 RS-232 驱动器/接收器，NSC 公司的 DS14C232 采用单＋5V 供电、多通道 RS-232 双驱动器/接收器等。

2) RS-422 接口标准和常用芯片

由于 RS-232C 是单端收发，抗共模干扰能力差，所以传输速率低，传输距离短。为此，EIA 制定了更高性能的 RS-499，RS-422，RS-423，RS-485 接口标准，其目标是：与 RS-232C 兼容；支持更高的传送速率；支持更远的传送距离；增加信号引脚数目；改善接口的电气特性。

RS-423 标准用差分接收器代替了 RS-232C 的单端接收器，以非平衡方式进行传输，提高了抗共模干扰能力，传送距离为 90 m 时，最大数据传送速率可达 100 Kb/s。RS-422/RS-423 接口器件有 DS1691A/DS3691 具有三态输出的线路驱动器、DS3486 四线路接收器、DS3487 四线路三态驱动器等。

RS-422 标准以平衡方式传输，发送端和接收端分别采用平衡发送器和差动接收器，用双线传输，大大提高了抗共模干扰能力，最大传送速率可达 10 Mb/s（传送距离 15 m）。

RS-485 标准与 RS-422 标准兼容，并扩展了其功能，允许电路中有多个发送器。接口器件有 RS-422 接口芯片，也可用于 RS-485，如 SN75176 收发器、DS3695/DS3696 多点 RS-485/RS-422 收发器。

上述几种标准的主要特性参数比较如表 10-7 所示。

表 10-7　几种常用串行接口的特性对比

	RS-232C	RS-423	RS-422	RS-485
工 作 模 式	单端发，单端收	单端发，双端收	双端发，双端收	双端发，双端收
传输线上允许的驱动器和接收器数目	1 个驱动器 1 个接收器	1 个驱动器 10 个接收器	1 个驱动器 10 个接收器	32 个驱动器 32 个接收器
最大电缆长度	15 m	1 200 m(1 Kb/s)	1 200 m(90 Kb/s)	1 200 m(100 Kb/s)
最 大 速 率	20 Kb/s	100 Kb/s	10 Mb/s	10 Mb/s
驱动器输出 （最大电压）	±25 V	±6 V	±6 V	−7 V～12 V
驱动器输出 （信号电平）	±5 V(带负载) ±15 V(不带负载)	±3.6 V(带负载) ±6 V(不带负载)	±2 V(带负载) ±6 V(不带负载)	±1.5 V(带负载) ±5 V(不带负载)
驱动器负载阻抗	3 kΩ～7 kΩ	450 Ω	100 Ω	54 Ω

	RS-232C	RS-423	RS-422	RS-485
驱动器电源开路电流(高阻抗态)	$\dfrac{V_{max}}{300}\Omega$(开路)	$\pm100\,\mu A$(开路)	$\pm100\,\mu A$(开路)	$\pm100\,\mu A$(开路)
接收器输入电压范围	$\pm15\,V$	$\pm10\,V$	$\pm12\,V$	$-7\,V\sim12\,V$
接收器输入灵敏度	$\pm3\,V$	$\pm200\,mV$	$\pm200\,mV$	$\pm200\,mV$
接收器输入阻抗	$2\,k\Omega\sim7\,k\Omega$	$4\,k\Omega min$	$4\,k\Omega min$	$12\,k\Omega min$

2. CAN 总线

现场总线(Fieldbus)是用于现场控制系统的、直接与所有受控设备(节点)串行相连的通信网络，是集嵌入式系统、控制、计算机、数字通信、网络为一体的综合技术。其突出特点是对信息传输要求实时性强、可靠性高。自 20 世纪 80 年代开始，现场总线技术显示了强大的生命力，并与嵌入式系统的发展密切相关，目前应用的主要类型有 FF(Foundation Fieldbus) 基金会现场总线、Lonworks、PROFIBUS、HART(Highway Addressable Remote Transducer)、CAN(Controller Area Network)等。

CAN 总线 1986 年诞生于德国 Bosch 公司，称为汽车串行控制局域网。由于 CAN 的数据结构简单、网络规模小，虽然 CAN 协议也是建立在 OSI 模型上，但其模型结构只有 3 层，即物理层、数据链路层和应用层，应用层直接从数据链路层存取数据。目前的 CAN 控制器件几乎都支持 CAN2.0B 规范。

1) 主要特点

① CAN 是目前惟一有国际标准的现场总线(ISO 11898)。

② CAN 为多主方式工作，任一节点均可在任意时刻主动地向网络上其他节点发送信息。

③ 在报文标识符上，CAN 上的节点分成不同的优先级，满足不同的实时要求，优先级最高的数据最多可在 134 μs 内传输。节点只需通过对报文的标识符滤波即可实现点对点、一点对多点及全局广播等方式传送接收数据。

④ CAN 采用非破坏总线仲裁技术，当多个节点同时向总线发送信息出现冲突时，优先级低的会主动退出发送。

⑤ CAN 的直接通信距离最远可达 10 km(速率 5 Kbps 以下)，通信速率最高可达 1 Mbps(此时通信距离最长为 40 m)。CAN 上的节点数主要取决于总线驱动电路，目前可达 100 个。

⑥ CAN 报文采用短帧结构，传输数据短，受干扰概率低。因而数据差错率低。每帧信息有 CRC 校验和其他检错措施。

⑦ 通信介质可为双绞线、同轴电缆或光纤，选择灵活。

⑧ 结构简单，节点价格低，可利用单片机开发工具，易于开发。

2) CAN 总线系统组成

节点是 CAN 总线网络上信息的发送站和接收站，通常包括传感器或执行元件、接口电路、模块控制器、CAN 控制器和 CAN 收发（驱动）器。CAN 总线系统有两种类型的节点，即不带微处理器的非智能节点和带微处理器的智能节点。智能节点由微处理（控制）器和可编程的 CAN 控制芯片组成，两者可以合二为一（如 P8XC591），也可以由独立的控制芯片与单片机（或 PC）接口构成。前者的可靠性更高，后者可利用单片机开发系统，设计更灵活。

CAN 控制器的作用是实现数据链路层和物理层的功能，CPU 通过编程可以设置 CAN 控制器的工作方式，控制其工作状态，进行数据发送和接收，应用层建立在它的基础之上。典型芯片有 PHILIPS 公司的 SJA1000、西门子公司的独立双 CAN 控制器 Infineon82C900 等。

CAN 总线驱动器提供了 CAN 控制器与物理总线之间的接口，典型芯片有 PHILIPS 公司的 82C250 等。

3) 基于单片机的 CAN 总线系统

独立的 CAN 控制器需要 CPU 的控制才能运行，MCS-51 单片机可以实现这一目的。具体方案有两个：直接采用带 CAN 控制器的单片机或利用单片机与 CAN 控制器等器件组成接口电路。

(1) 带 CAN 控制器的单片机 P8xC591

P8xC591 在与 MCS-51 完全兼容的基础上，内置了 CAN 控制器，并增加了许多专用的部件。它组合了 P87C554 微控制器和 SJA1000，采用 80C51 指令集。其改进的 1∶1 内部分频器在 12 MHz 外部时钟时，可实现 500 ns 指令周期。

其他主要资源还包括：16 KB 内部程序存储器；512B 片内 RAM；3 个 16 位定时器/计数器，片内看门狗定时器 T3；6 通道 10 位 ADC，可选择 8 位快速 ADC；2 个 8 位分辨率的脉宽调制输出（PWM）；I^2C 总线接口；4 个中断优先级，15 个中断源；带有保密位，32B 加密阵列等。另外，还带有降低功耗和 EMI 及电源管理功能。

(2) CAN 控制器与单片机接口设计

CAN 总线系统智能节点一般由微处理器、CAN 控制器、CAN 总线驱动器及光电耦合器等构成。采用 80C51 单片机作为节点的微处理器，CAN 控制器采用 SJA1000，CAN 总线驱动器采用 82C250。这里，对 89C51 单片机和 SJA1000 的接口设计进行简要说明。

SJA1000 的 AD0～AD7 连接到 89C51 的 P0 口，$\overline{CS}$ 连接到 P2.0 作为片选控制，$\overline{RD}$，$\overline{WR}$，ALE 分别与单片机对应引脚相连，$\overline{INT}$ 连接到 $\overline{INT0}$，89C51 通过中断方式访问 SJA1000。

89C51 完成 SJA1000 的初始化，并通过控制 SJA1000 实现数据的发送和接收。相应地，软件设计主要包括 3 大部分：CAN 节点初始化、报文发送和报文接收。在通信任务复杂的系统中，还需完成更多的功能，如 CAN 总线错误处理、接收滤波处理、波特率参数设置和自动检测等。

10.3.2 开关量和功率接口

MCS-51 单片机 P0 口每位可驱动 8 个 LS 型 TTL 负载，P1、P2、P3 口每位能驱动 4 个 LS 型 TTL 负载，驱动能力是有限的，通常要加总线驱动器或其他驱动电路。

对于低压情况下开关量控制输出，如驱动低压电磁阀、指示灯等可采用晶体管、OC(开路集电极)门或运算放大器等方式输出。OC 门为直流驱动，必须外接上拉电阻，输出驱动电流主要由电源提供，电流约在几十毫安数量级。如果设备所需驱动电流较大，可采用三极管输出方式。

在单片机应用系统中，有时需要驱动高电压、大电流负载，如继电器、电磁铁、电动机等，同时由于这些设备大多安装于工业环境中，还应考虑对电磁干扰的防护。此时，单片机通过集成芯片输出的 TTL 电平等低压信号，不能直接驱动外设，必须利用各种开关电路和驱动电路经接口转换等处理后才能驱动设备开启或关闭。另外，为防止电磁干扰信号对系统造成系统误动作或损坏，在接口处理中经常采用光电耦合等隔离技术。

1. 单片机常用外围驱动电路

常用的高电压、大电流负载驱动器参见表 10-8。有些驱动器内部还具有逻辑门电路，这些驱动器加装合适的限流和偏置电阻，即可直接由 TTL、CMOS 电路来驱动。如果需驱动感性负载，应加上钳位二极管和限流电阻。

表 10-8 常用外围驱动器

具有逻辑门的驱动器					逻辑电路功能			
开关电压	最大输出电流	典型延迟时间	驱动器数量	是否有钳位二极管	与	与 非	或	或 非
15 V	300 mA	15 ns	2	无	SN75430 SN75431	SN75432	SN75433	SN75434
30 V	300 mA	33 ns	2	无	SN75460 SN75461	SN75462	SN75463	SN75464
50 V	350 mA	300 ns	2	有	SN75446	SN75447	SN75448	SN75449
无逻辑门的驱动器					驱 动 器			
开关电压	最大输出电流	典型延迟时间	驱动器数量	是否有钳位二极管				
50 V	500 mA	1 μs	7	有	ULN2001A MC1411	ULN2002A MC1412	ULN2003A MC1413	ULN2004A MC1416
	1.5 A	500 ns	4	有	ULN2065 SN75065	ULN2067 SN75067	ULN2069 SN75069	

2. 单片机与光电耦合器接口

单片机系统常用的隔离方法有变压器隔离和光电隔离。光电隔离（耦合）器体积小、功耗低，可有效抑制电磁干扰的传输。

光电耦合器件（简称光耦）是指由发光和受光器件组成的光耦合器件，其输入端加上电信号后，发光二极管通电发光，光敏元件受到光照后产生光电流，呈导通状态，实现了以光作为媒介的电信号传输。按输出结构分类，光耦器件包括直流输出和交流输出两大类，前者有晶体管、达林顿管和施密特触发器输出等类型；交流输出有单向可控硅、双向可控硅和过零触发双向可控硅输出等类型。

MCS-51 单片机的输入通道和输出通道都可以采用光电耦合器，一般用于数字量的隔离。如果需要对输入模拟量进行隔离，应选用线性度好的光耦，必要时进行补偿。光电耦合器还可用于远距离信号的隔离传送，使收发系统的电源相互独立，消除地电位差的影响；还可以利用电流环的传送方式，减低对线路噪音的敏感度，提高抗干扰能力。

常用的光耦有 TLP521，ISO100，4N25 等。光电耦合器与单片机的接口电路如图 10-18 所示。

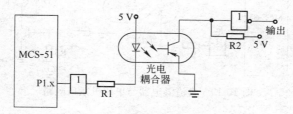

图 10-18　光电耦合器与单片机接口电路

图 10-18 中，R1 为限流电阻，P1 口 P1.x 输出高电平时，光耦输入端电流为“0”，反相器输入为高，输出为低电平。P1.x 输出为低电平时，光耦输入端产生电流，反相器输出高电平。通过调整输出电路电源电压，上述电路可用于驱动继电器或可控硅。在某些需较大驱动电流的场合，则可在光耦与继电器之间再接一级三极管以增加驱动电流。

可见，利用光耦把单片机电路和输出电路进行了有效的隔离，两部分电流各自独立。

3. 单片机与开关电路接口

单片机控制系统中，往往需要通过弱电电路来控制强电电路，即控制信号是电子电路信号，执行电路是电气电路，要求二者保持良好的隔离，以保证弱电电路安全可靠工作。利用开关电路可完成这种功能。常用的开关电路器件包括继电器、可控硅、固态继电器、功率 MOSFET 等。

继电器方式的开关量输出是工业、铁路等系统中常见的输出方式。在驱动大型设备时，利用继电器作为系统输出到输出驱动级之间的第一级执行机构，可完成从低压直流到高压交流的过渡。继电器输出也可用于低压场合，输入端与输出端具有一定的隔离功能。

　　常用的继电器有直流电磁式继电器和交流接触器。由于采用电磁吸合方式，在开关瞬间，触点容易产生火花，从而引起干扰。另外，由于继电器的驱动线圈为电感性，在关断瞬间可能会产生较大的反电动势，继电器的驱动电路上因此常反接一个保护二极管用于反向放电。

　　继电器主要电气参数包括：线圈电源和功率、额定工作电压或电流、线圈电阻、吸合电压或电流、释放电压或电流等。继电器的释放电压（或电流）往往比吸合电压（或电流）小得多，因此继电器类似于一种具有大回差电压的施密特触发器。

　　不同的继电器，允许驱动电流不尽一致。设计接口电路时，考虑的主要因素是根据器件的额定工作电压（或电流）及工作特性，确定单片机输出是否应加驱动和隔离电路。图 10-19 为采用隔离电路的直流继电器与单片机接口电路。

　　如图 10-19 所示，继电器 J 由三极管 VT（或功率集成电路）来驱动，二极管 VD 用来吸收继电器释放时的感应电流，以防止对三极管造成损坏。继电器的动作由单片机 P1.x 控制，P1.x 输出低电平时，继电器吸合；P1.x 为高电平时，继电器释放（落下）。

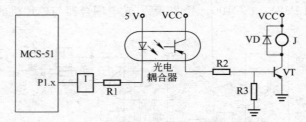

图 10-19　直流继电器与单片机接口电路

　　固态继电器（Solid State Relay，SSR）是一种新型的电子继电器，其输入控制电流小，用 TTL、CMOS 等集成电路就可直接驱动；输出利用晶体管或可控硅驱动，无触点；输入输出之间采用光电隔离。与电磁式继电器相比，具有无机械噪音和抖动、开关速度快、体积小、可靠性高、抗干扰能力强等明显的优点。因此，SSR 作为开关量输出控制元件，越来越多地应用于单片机系统中。

10.3.3　程控量程转换接口

　　在单片机系统中经常会用到多路模拟信号采集和检测，多个通道可能共用一个放大器，经放大处理后进入 A/D 转换器。由于各个输入量送到放大器的信号电平不同，放大器的增益也不同。另外，对于单通道信号输入，如果该信号的动态范围较大，当放大器增益固定时，会出现小信号得不到有效放大而降低 A/D 转换精度的情况。

　　一般情况下，应使被转换量落在 A/D 转换线性区间内，并尽可能使模拟量在 $\frac{1}{2}$ 满度到接近满度的区域中。解决方法就是对小信号输入采用高放大倍数，对大信号输入采用小放大倍数，即根据未知参数值的范围，自动选择合适的增益或衰减，以切换到合适的量程。量程自动设定的方法是在采集通道中设置可变增益放大器，借助量程转换开关获得所需的量程。可以用模拟开关来切换或直接采用可编程增益放大器。

应当注意，如果采用软件方法来实现量程转换，必须考虑系统实时性的要求，即采样率和处理时间之间的关系，要求采样处理和比较、量程转换所需的最大时间应小于采样周期。

1. 采用模拟开关和电阻网络的量程转换

1）硬件电路

单通道数据采集自动转换量程的硬件电路原理图如图 10-20 所示。图中，量程控制部分采用反馈式程控增益放大器，多路转换模拟开关 CD4051 用来改变放大器的增益，当 P1.1P1.0＝00 时，K1 接通，此时放大器增益为 $A_{K1}=1$；当 P1.1P1.0＝01 时，K2 接通，$A_{K2}=(R1+R2+R3)/(R2+R3)$；当 P1.1P1.0＝10 时，K2 接通，$A_{K3}=(R1+R2+R3)/R3$。根据所需量程的要求，可通过选取不同的电阻值来实现。

若分别取 R1、R2、R3 电阻值为 9 kΩ、900 Ω 和 100 Ω，可得到 K1 挡量程增益为 1，K2 挡量程增益为 10，K3 挡量程增益为 100。根据输入信号的幅度，由单片机软件来控制放大器的增益。

图 10-20 中的量程控制方法存在的缺点是：模拟开关 CD4051 转换到不同的挡时，运放输入端电阻失去对称性会引起失调电流，带来放大器的零漂误差。

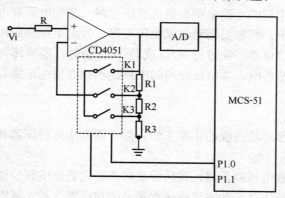

图 10-20 量程自动转换电路原理图

2）转换量程的软件设计

在实时性要求不高和通用性强的场合，常采用软件切换的方法来转换量程。不论量程控制的硬件结构如何，其软件控制的方法基本相同。在图 10-20 中，系统的量程设置有 3 挡，即×1 挡、×10 挡和×100 挡，分别由多路转换开关 K1～K3 控制。因为只有 3 挡，故只需两根控制线 P1.1 和 P1.0 给出开关地址编码。

软件控制量程的基本方法是：首先将量程设置为最大挡，即（×1 挡）进行数据采集，把采样值与下挡量程(×10 挡)的满度值进行比较判别，若采集值大于下挡量程(×10 挡)的满度值，就在大量程挡进行采集；反之，则还要继续与更小量程挡(×100 挡)的满度值进行比较，直到采集值大于下一挡的满度值。这样，所选择的量程必然是处在最适合于该采集值的量程挡内。

2. 采用可编程增益放大器的量程转换

目前有各种类型的单片可编程增益放大器，这里列出 AD 公司的一种常用芯片 AD526。

单片软件可编程增益放大器(SPGA)AD526 内部包括完整的电阻网络和 TTL 兼容的锁存输入，无需外接输入接口电路；放大器可选增益为 1，2，4，8 和 16；具有低增益误差和低线性误差，在增益为 16 时，小信号带宽为 350 kHz，非常适合于精密度高的场合。

主要特性和参数为：增益误差最大值为 0.01%(增益 $G=1$，2，4 时)，0.02%($G=8$，16 时)；温度漂移为 0.5 ppm/℃；快速建立时间；低线性误差，最大为 ±0.005% 满量程；具有优良的直流特性，失调电压最大值为 0.5 mV，失调电压漂移为 3 μV/℃。

民用级(J 级)AD526 为 DIP16 封装，与单片机接口非常方便，在 AD526 片选信号有效时，写入相应的增益设置值即可。

10.3.4　电源电路接口

单片机系统中经常用到的电源电路有集成稳压电路、基准电源和电压监控报警电路。

在单片机应用设计中，经常要用到集成稳压电路。为给单片机应用系统提供稳定的直流供电电压，需采用集成稳压器；在进行 A/D 或 D/A 转换时，需给转换电路提供精密基准电压源；在采用光电隔离器件时，要给被隔离的电路提供独立供电电源等。

1. 工作电源电路

工作电源直接影响单片机系统的正常工作，通常用到集成稳压器和电源隔离技术。

（1）集成稳压电路

集成稳压器也称集成电压调节器，其功能是将非稳定直流电压换成稳定的直流电压。按工作方式可分为串联型稳压器、并联型稳压器和开关稳压器 3 种。其中，开关型稳压器的效率最高，但输出电压纹波最大，计算机和电视机的电源大多使用这种稳压器；串联型稳压器的效率最低，一般用于电压基准或只需输出低压小电流的场合。

集成稳压器按外引线数目可分为三端集成稳压器和多端稳压器两类，按输出电压又可分为固定输出稳压器和可调输出稳压器两类。前者不需外接元件调整，具有保护功能，安全可靠，输出稳定度高，常用的标称值有 ±5 V，±12 V 等；后者输出电压可通过调节外接元件的数值来获得所需的输出电压，输出电压值可为非标称值。

三端集成稳压器仅有输入端、输出端和公共端 3 个引脚，芯片内部有过流、过热保护及调整管安全保护电路，广泛用于各种电子设备中。最常用的三端固定正电压稳压器有 LM7800 系列、LM78L00 系列和 LM78M00 系列。它们的电路结构基本相同，区别主要在于最大输出电流大小不同，统称 7800 系列稳压器。常用的三端固定负电压稳压器有 LM7900 系列、LM79M00 系列及 LM79L00 系列等，统称 7900 系列稳压器。

（2）电源隔离

电源是电磁干扰最主要的耦合通道之一，为了防止工频谐波等现场电磁干扰通过造成对系统的危害，电源部分经常采用隔离技术。在单片机系统设计时，使被隔离的各个部分具有独立的隔离电源进行供电，以切断通过电源窜入的干扰。实现电源隔离的方法有采用隔离电源和采用 DC/DC 变换器等。

隔离电源的获得，可采用不同的电源供电或通过变压器耦合对次级输出电压进行整流、稳压等处理，得到与初级不共地的电源，可有效地抑制高频干扰对系统的影响。

利用具有直流隔离功能的 DC/DC 变换器也可实现输入电压与输出电压之间的隔离。输出电压可以与输入电压相同，也可不同。

2. 电压基准

目前的 A/D、D/A 转换器片内多数不带有基准（参考）电压源，有时为改变 D/A 转换器输出模拟电压的范围或极性，也需配置相应的参考电压源。为了保证转换精度，经常采用高精度电压基准作为参考电压源。这种集成电路具有输出精度高、温漂小、输出噪音小、动态内阻小等优点，除用于 A/D、D/A 转换外，也常用于温度补偿等场合。但需要注意的是，电压基准的输出电流较小，一般不能作为稳压器使用。

目前多数参考电压源均由带温度补偿的齐纳二极管构成，即将两个不同特性的齐纳二极管反向串接，利用具有负温度系数正向导通的二极管来补偿正温度系数反向导通的稳压二极管，使温度系数近于零。

目前的典型产品有 AD 公司的 AD580/581/584/589、AD2700/2701/2702、AD2710/2712 等系列、Motorola 公司 MC1403、NS 公司 LM185、国产型号 5G1403 等。这里仅列出部分常用产品的主要参数。

（1）AD580/581/584

AD580 是三端高精度电压基准，输出电压为 2.5000 V±0.4%，输入电压范围为 4.5 V～30 V，适用于 8 位、10 位和 12 位 DAC。

AD581 输出电压 10.000 V±5 mV，输入电压范围为 12 V～30 V，输出电流为 10 mA。

AD584 内部有电阻网络，输出电压可编程为 10.000 V、7.500 V、5.000 V、2.500 V，输入电压为 +15 V，输出电流为 10 mA。

（2）REF02

REF02 系列是 Burr-Brown 公司精密电压基准，输入电压范围为 8 V～40 V，输出电压为 5.0 V，最大偏差为 ±0.2%，初始精度为 0.13%，温度漂移最大为 10 ppm/℃（−40 ℃～

85 ℃），长期稳定度为 50 ppm/1 000 h，噪音最大为 10 μVp-p(0.1～10 Hz)，电源电流 1.4 mA，芯片还带有短路保护。除 AD 和 DA 转换电路外，REF02 还可应用于精密调节器、恒流源、数字电压表等。

REF02 引脚和＋5 V 可调节连接电路参见图 10-21。

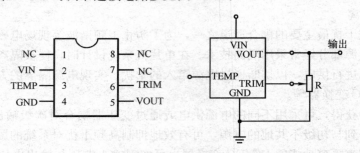

图 10-21　REF02 引脚和＋5 V 可调节连接电路

3. 电压监控电路

在单片机测控系统中，为保证微处理器工作保持稳定可靠，应当配置电源电压监控电路。这样，当电源电压异常降低或系统掉电时，可以切换到备用电池，实现掉电数据保护。

常用的电压监控芯片有 MAX690A/MAX692A，其主要功能有：在微处理器上电、掉电和低压(低于门限电平)供电时，产生一个 200 ms 复位脉冲输出信号；具有备用电池切换电路，可供给 CMOS RAM、CMOS 处理器或其他低功耗逻辑电路；另外，还具有 Watch-dog(看门狗) 电路，如果外触发脉冲时间间隔超过 1.6 s，即产生一个复位脉冲输出。MAX690A 复位门限电平为 4.65 V，MAX692A 的复位门限电平为 4.40 V。

习题

1. 请列出 DAC 的主要技术指标，并简述其分辨率和精度之间的关系。
2. 16 位 DAC 的满量程输出电压为 5 V，试计算其输出电压的分辨率。
3. 请检索一种 DDS 芯片和 Σ-Δ 型 ADC 芯片，说明其主要特性参数和接口方法。
4. 利用单片机控制 DAC0832 输出周期为 10 ms 的三角波信号，要求每个周期输出 100 个样点。请画出接口电路并编写程序。
5. DAC0832 与单片机有哪几种接口方式？双缓冲方式通常用在什么场合？
6. 单片机采用串行接口 TLC5620 作为 DAC，要求从 C 通道输出数据 6AH，增益为 1(RGN＝0)，请写出相应的命令字；如果需要将此数据增益变为 2，从 D 通道同步输出，请说明实现的方法。
7. 单片机从 ADC 获取转换结果数据有哪些方式？各自的特点是什么？
8. 根据图 10-13 电路，分别利用查询方式和中断方式编写程序，控制 AD574A 采集 100 个数据，并存于外部 RAM 2000H 开始的单元中。

9. 采用 ADC0809 和 DAC0832 组成一个单片机应用系统，要求从 ADC 采集一组数据后，再通过 DAC 输出。请给出电路连接图，并编写程序。

10. 单片机以 TLC5620 作为 A/D 转换器，假定模拟信号从通道 0(CH0)单端对地输入，地址位应该如何设置？对照图 10-16，简述 TLC5620 完成转换的工作流程。

11. 试对比 RS-485 总线和 CAN 总线的主要特点。

12. 请以一种应用于工业现场(如铁路信号)的功率器件(如继电器)为例，根据其驱动要求，设计与单片机的接口电路。

第 11 章　C51 语言及嵌入式
实时操作系统基础

提要　本章介绍了 C51 语言的特点与优势，以及 C51 语言的数据类型、存储模式、变量及对中断的支持，同时对 Keil Software 的 MCS-51 开发工具也做了简单介绍。本章讨论了嵌入式实时操作系统的概念、特点及 RTX51 在 MCS-51 的应用，给出了利用实时多任务操作系统实现交通灯控制器的方法及主要程序，并且介绍了仿真过程。

MCS-51 的编程语言常用的有两种：一种是汇编语言，一种是由 C 语言演变的 C51 高级语言。C 语言是一种高级程序设计语言，它提供了十分完备的规范化流程控制结构。嵌入式实时操作系统大多数采用高级语言编程（如 C，C++，java 等），学会用 C51 编程，就可使单片机的应用水平上一个台阶并能节省时间。本章只介绍 C51 语言的特点，有关 C 语言本身的知识请参考相应书籍。

11.1　C51 语言基础

11.1.1　C51 语言概述

汇编语言的机器代码生成效率很高但可读性并不强，而 C 语言在大多数情况下其机器代码生成效率和汇编语言相当，但可读性和可移植性却远超过汇编语言，而且 C 语言还可以嵌入汇编来解决高时效性的代码编写问题。对于开发周期来说，中大型的软件编写用 C 语言的开发周期通常要比汇编语言短很多。

将 C 语言向单片机上的移植始于 20 世纪 80 年代的中后期，于 20 世纪 90 年代开始且趋于成熟，并成为专业化的单片机高级语言。过去长期困扰人们的所谓"高级语言产生代码太长，运行速度太慢，因此不适合单片机使用"的缺点已被大幅地克服。目前，MCS-51 上 C51 语言的代码长度已经做到了汇编水平的 1.2～1.5 倍，对于 4KB 以上的长度，C51 语言的优越性更能得到充分显示。至于执行速度的问题，只要有好的仿真器的帮助，找出关键代码，进一步用人工优化，就可达到很好的程度。在开发速度、软件质量、结构严谨、程序坚固等方面，C51 语言要更好些。

MCS-51 单片机使用 C51 语言的优越性如下。

① 不懂单片机的指令集，也能够编写的单片机程序。

② 无需懂单片机的具体硬件，也能够编写出符合硬件实际的具有专业水平的程序。

③ 不同函数的数据实行覆盖，可有效利用单片机片内有限的 RAM 空间。

④ 程序具有坚固性。数据被破坏是导致程序运行异常的重要因素，C 语言对数据进行了许多专业性的处理，避免了运行中间非异步的破坏。

⑤ C 语言提供的数据类型（数组、结构、联合、枚举、指针等），极大地增强了程序处理能力和灵活性。

⑥ 提供 auto，static，const 等存储类型和专门针对 MCS - 51 单片机的 data，idata，pdata，xdata，code 等存储类型，自动为变量合理地分配地址。

⑦ 提供 small，compact，large 等编译模式，以适应片上存储器的大小。

⑧ 中断服务程序的现场保护和恢复，中断向量表的填写，是直接与单片机相关的，都由 C 编译器自动处理。

⑨ 提供常用的标准函数库，以供用户直接使用。

⑩ 头文件中定义宏、说明复杂数据类型和函数原型，有利于程序的移植和支持单片机系列化产品的开发。

⑪ 有严格的句法检查，错误很少，并可在高级语言的水平上迅速地被排除掉。

⑫ 可方便地接受多种实用程序的服务，如片内资源的初始化有专门的实用程序自动生成；再如有实时多任务操作系统可调度多道任务，简化用户编程，提高运行的安全性等。

11.1.2　C51 的数据类型及存储模式

C51 变量数据类型和存储模式如表 11-1 所示。

表 11-1　C51 变量数据类型和存储模式

数 据 类 型	Bits	Bytes	取 值 范 围
bit*	1		0～1
signed char	8	1	−128～+127
unsigned char	8	1	0～255
enum	8/16	1 或 2	−128～+127 或 −32 768～+32 767
signed short	16	2	−32 768～+32 767
unsigned short	16	2	0～65 535
signed int	16	2	−32 768～+32 767
unsigned int	16	2	0～65 535
signed long	32	4	−2 147 483 648～+2 147 483 647
unsigned long	32	4	0～4 294 967 295
float	32	4	±1.175 494E−38～±3.402 823E+38
sbit*	1		0 或 1
sfr*	8	1	0～255
sfr16*	16	2	0～65 535

注：bit，sbit，sfr 和 sfr16 数据类型在 ANSI C 中不提供，只用于 C51 编译器。

数据和变量可以不指定存储器类型，让编译器按照内存模式自动指定，也可以在程序中指定如下存储器类型。

（1）程序存储器

程序存储器存放程序或常数等，存储类型说明 code，一般为只读类型，$\overline{\text{PSEN}}$ 信号选择物理存储器。

（2）内部存储器

内部存储器位于 MCS-51 CPU 片内，可读写类型，访问速度快，存储类型分为以下 3 种。

data：　00～7FH，直接寻址，速度最快。

idata：　00～0FFH，间接寻址，速度比 data 类型慢。

bdata：　20～2FH，16 字节，可以位寻址，共 128 位。

（3）外部存储器

外部存储器一般位于 CPU 片外，当在片外时用 $\overline{\text{RD}}$ 及 $\overline{\text{WR}}$ 信号选择物理存储器，最大空间一般为 64 KB，用指针访问，执行速度最慢。外部存储器分为以下两种类型。

xdata：64 KB 空间中任何位置，用 DPTR 数据指针访问"@DPTR"。

pdata：64 KB 空间中某一页内，用寄存器间接寻址访问"@R0，@R1"。

注意，CPU 外部的各种 I/O 设备连接在总线上时，作为存储器映射 I/O 也按照外部存储器方式访问。

（4）特殊功能寄存器 SFR

特殊功能寄存器 SFR 位于 80H 开始的 128B 空间内，可以按字、字节或位寻址，用于控制 CPU 片上的定时器/计数器、串行口、并行口和其他片上外围器件（AD、DA、比较器、电源管理、I^2C 或 USB 通信口等）。

11.1.3　C51 变量

C51 变量有多种类型，下面是几种变量定义的举例。

```
int code logtab [256];              /* 位于程序存储器中的 256 个整数的常数表* /
char data var1;                     /* 片内直接寻址字符变量* /
char code text [] = "GOOD:";        /* 程序存储器中的常量字符数组* /
unsigned long xdata array [100];    /* 外部存储器中长整数型变量数组* /
float idata x, y, z;                /* 片内浮点变量* /
char bdata flags;                   /* 可以位寻址的字符变量* /
```
　　位寻址变量：

（1）bit 变量类型

例如

```
static bit done_ flag= 0;              /*  bit 变量* /
bit testfunc (bit flag1, bit flag2) {  /* bit 函数，bit 参数* /
.
.
.
return (0);                            /* bit 返回值* /
}
```

（2）可位寻址对象

可以按字、字节或位寻址的对象，bdata 存储类型，必须说明为全局变量。例如

```
int bdata ibase;          /* 可位寻址 int 变量* /
char bdata bary [4];      /* 可位寻址字符数组* /
...
...
sbit mybit0= ibase ^ 0;    /*  ibase 变量的 bit 0 * /
sbit mybit15= ibase ^ 15;  /* ibase 变量的 bit 15 * /
sbit Ary07= bary [0] ^ 7;  /*  bary [0] 的 bit 7 * /
sbit Ary37= bary [3] ^ 7;  /*  bary [3] 的 bit 7 * /
...
...
mybit0= 1;
Ary07= 0;
ibase= 0x3f4C;
mybit15= 1;
```

特殊功能寄存器作为位寻址对象，变量的说明一般包含在对应芯片的头文件中。例如

```
sfr P1= 0x90;        /* 头文件中对 P1 口地址的定义* /
sbit P1_ 0= 0x90;    /* P1 端口 bit0 地址* /
    char c;
...
...
c= P1;               /* 读取 P1 口数据* /
P1_ 0= 1;            /* 将 P1 的 bit 0 置 1* /
```

（3）变量指针

变量指针可以为通用变量指针，占用 3 个字节，执行速度较慢。例如

```
char * s;
int * n;
```

也可以是指定存储类型的变量指针，占用 2 个字节，执行速度较快。例如

```
char data * str;
int xdata * number;
long code * powtab;
```

注意，不可以有 bit 变量类型的指针。

11.1.4 C51 对中断的支持

标准 MCS - 51 CPU 支持的中断如表 11-2 所示。

表 11-2 标准 MCS - 51 CPU 支持的中断

中断编号	中 断 描 述	中断入口地址	中断编号	中 断 描 述	中断入口地址
0	EXTERNAL INT 0	0003h	3	TIMER/COUNTER 1	001Bh
1	TIMER/COUNTER 0	000Bh	4	SERIAL PORT	0023h
2	EXTERNAL INT 1	0013h			

C51 利用 interrput 函数支持中断处理，例如

```
unsigned int interruptcnt;
unsigned char second;

void timer0 (void) interrupt 1 using 2 {
if(+ + interruptcnt = =  4000) {  /*  count to 4000 * /
second+ + ;                       /*  second counter * /
interruptcnt= 0;                  /*  clear int counter * /
}
}
```

代码中，假定 MCS - 51 的定时器每隔 1/4 000 秒产生一次中断（定时器 0 中断，中断号为 1），函数 timer0 处理 1 号中断，使用寄存器组 2。在函数中对中断进行计数，当计数值达到 4 000（1 秒钟间隔）时，秒变量 second 加 1。

中断函数中中断编号为 0～31，在函数原形宣布中不可以使用 interrupt 属性，不可以对编号用表达式。函数的 interrupt 属性将在以下几方面影响编译器产生的目标代码。

● 如果有必要，将在调用函数时把 ACC，B，DPH，DPL 和 PSW 的内容保存在堆栈内。
● 如果没有使用 using 参数，则在中断函数中使用的工作寄存器都将保存在堆栈。
● 保存在堆栈的特殊功能寄存器和工作寄存器内容在函数推出时从堆栈中恢复。
● 函数以一个 MCS - 51 的 RETI 指令结束。

此外，C51 编译器自动产生中断矢量。

11.2　开发工具 Keil Software 简介

11.2.1　概述

　　Keil Software 的 MCS-51 开发工具是众多单片机应用开发软件中比较好的软件之一，它支持不同公司的 MCS-51 架构芯片，它集编辑、编译、仿真等于一体，同时还支持 PLM、汇编和 C 语言的程序设计，界面友好，易学易用，在调试程序、软件仿真方面也有很强大的功能，因此在开发单片机应用得到了广泛的应用。Keil μVision2 是一个商业软件，可以到 Keil 中国代理周立功公司的网站上下载免费的能编译 2KB 代码的 DEMO 版软件，基本可以满足一般的个人学习和小型应用软件的开发。

　　Keil Software 的 MCS-51 开发工具提供以下程序，可以用它们来编译 C 源码，汇编用户的汇编源程序，连接和重定位目标文件和库文件，创建 HEX 文件，调试目标程序。

- Windows 应用程序 μVision2 是一个集成开发环境，它把项目管理、源代码编辑、程序调试等集成到一个功能强大的环境中。
- C51 美国标准优化 C 交叉编译器从 C 源代码产生可重定位的目标文件。
- A51 宏汇编器从用户的 MCS-51 汇编源代码产生可重定位的目标文件。
- BL51 连接/重定位器组合用户的由 C51 和 A51 产生的可重定位的目标文件，生成绝对目标文件。
- LIB51 库管理器组合用户的目标文件，生成可以被连接器使用的库文件。
- OH51 目标文件到 HEX 格式的转换器从绝对目标文件创建 Intel HEX 格式的文件。
- RTX-51 实时操作系统简化了复杂的和对时间要求敏感的软件项目。

11.2.2　μVision2 集成开发环境

　　μVision2 集成开发环境集成了一个项目管理器，一个功能丰富、有错误提示的编辑器，以及设置选项、生成工具和在线帮助。利用 μVision2 创建用户的源代码并把它们组织到一个能确定用户的目标应用的项目中去。μVision2 自动编译、汇编、连接嵌入式应用，并为开发提供一个单一的焦点。

　　（1）C51 编译器和 A51 汇编器

　　源代码由 μVision2 集成开发环境创建，并被 C51 编译或 A51 汇编。编译器和汇编器从源代码生成可重定位的目标文件。

　　Keil C51 编译器完全遵照 ANSI C 语言标准，支持 C 语言的所有标准特性。另外，直接支持 MCS-51 结构的几个特性被添加到里面。

Keil A51 宏汇编器支持 MCS-51 及其派生系列的全部指令集。

（2）LIB51 库管理器

LIB51 库管理器允许用户从由编译器或汇编器生成的目标文件创建目标库。库是一种被特别组织过并在以后可以被连接重用的对象模块。当连接器处理一个库时，仅仅被使用的目标模块才被真正使用。

（3）BL51 连接器/定位器

BL51 连接器/定位器利用从库中提取的目标模块和由编译器或汇编器生成的目标模块创建一个绝对地址的目标模块。一个绝对地址目标模块或文件包含不可重定位的代码和数据，所有的代码和数据被安置在固定的存储器单元中。此绝对地址目标文件可以用来：

- 写入 EPROM 或其他存储器件。
- 由 μVision2 调试器使用来模拟和调试。
- 由仿真器用来测试程序。

（4）μVision2 调试器

μVision2 源代码级调试器是一个快速、可靠的程序调试器。此调试器包含一个高速模拟器，能够模拟整个 MCS-51 系统，包括片上外围器件和外部硬件。当从器件库中选择器件时，这个器件的特性将自动配置。

μVision2 调试器在实际目标板上测试程序时有以下几种方法。

① 安装 MON51 目标监控器到用户的目标系统并且通过 Monitor-51 接口下载用户的程序。

② 利用高级的 GDI（AGDI）接口，把 μVision2 调试器绑定到目标系统。

（5）Monitor-51

μVision2 调试器支持用 Monitor-51 进行目标板调试。此监控程序驻留在目标板的存储器里，它利用串口和 μVision2 调试器进行通信。利用 Monitor-51，μVision2 调试器可以对目标硬件实行源代码级的调试。

（6）RTX51 实时操作系统

RTX51 实时操作系统是一个针对 MCS-51 系列的多任务核。RTX51 实时内核从本质上简化了对实时事件反应速度要求高的复杂应用系统的设计、编程和调试，它是完全集成到 C51 编译器中的，从而方便使用。任务描述表和操作系统的连接由 BL51 连接器/定位器自动控制。

11.2.3　工具套件

Keil Software MCS-51 开发工具的每一个套件及其内容描述如下。

（1）PK51 专业开发套件

PK51 专业开发套件包括了所有专业开发人员创建和调试复杂 MCS-51 嵌入式应用系统所要用到的一切工具。PK51 专业开发套件可以针对所有的 MCS-51 及其派生系列进行配置使用。

（2）DK51 开发套件

DK51 开发套件是 PK51 专业开发套件的精简版本，它不包括小型 RTX51 实时操作系统。此套件可以针对所有的 MCS－51 及其派生系列进行配置使用。

（3）CA51 编译套件

CA51 编译套件是那些需要 C 编译器而不需要调试系统的开发人员的最好选择。CA51 开发包仅仅包含 μVision2 IDE，uVision2 调试器不包括在内。此套件可以针对所有的 MCS－51 及其派生系列进行配置使用。

（4）A51 汇编套件

A51 汇编套件包括一个汇编器和创建嵌入式应用所需要的所有功能。此套件可以针对所有的 MCS－51 及其派生系列进行配置使用。

（5）RTX51 实时操作系统（FR51）

RTX51 实时操作系统是一个 MCS－51 系列 MCU 的实时内核。RTX51 FULL 提供 RTX51 TINY 的所有功能和一些扩展功能，并且包括 CAN 通信协议接口。

（6）开发套件和工具的对照表

表 11-3 是开发套件和工具的对照表，利用此表可以选择所需要的开发套件。

表 11-3　开发套件和工具的对照表

套　件	PK51	DK51	CA51	A51	FR51
μVision2 IDE	Y	Y	Y	Y	
A51 汇编器	Y	Y	Y	Y	
C51 编译器	Y	Y	Y	Y	
LIB51 库管理器	Y	Y	Y	Y	
BL51 连接器/定位器	Y	Y	Y	Y	
μVision2 调试器	Y	Y			
RTX51 Tiny	Y				
RTX51 Full					Y

11.2.4　开发流程

当使用 Keil Software 工具时，项目开发流程和其他软件开发项目的流程极其相似，具体如下。

① 创建一个项目，从器件库中选择目标器件，配置工具设置。

② 用 C 语言或汇编语言创建源程序。

③ 用项目管理器生成用户的应用。

④ 修改源程序中的错误。

⑤ 测试，连接应用。

一个完整的 MCS-51 工具集的框图可以较好地表述此开发流程，如图 11-1 所示。

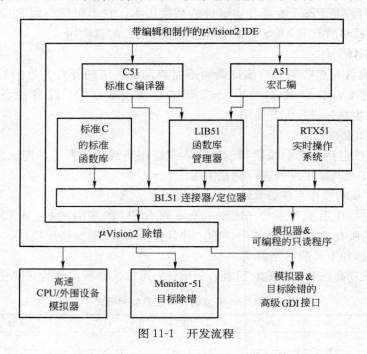

图 11-1　开发流程

11.2.5　程序应用与编写优化代码

许多配置参数影响 MCS-51 应用的代码质量。然而，对于大部分应用，使用默认的工具设置都能产生良好的代码，用户应该知道这些改善代码空间和执行速度的参数。这一节描述主要的代码优化技术。

1. 存储模式

对代码空间和执行速度影响最大的是存储模式。存储模式影响变量的存取，它的选择在 Options for Target-Target dialog 对话框。

2. 全局寄存器优化

Keil MCS-51 工具支持大范围的寄存器优化，此选项的使能对应 Options for Target-C51 对话框中的 Global Register Optimization 选项。利用大范围寄存器优化，C51 编译器知道哪些寄存器被外部程序修改，那些没有被外部程序修改的寄存器将被用来存储寄存器变量。这样，C 编译器产生的代码将占用较少的空间，并且执行速度更快。为了改善寄存器的分配，μVision2 在编译时对 C 语言源程序自动进行多次编译。

11.2.6　C51 编译器指示参数

还有几个其他的 C51 编译参数能够改善代码质量，这些参数的选择由 Options-C51 对话框提供。在一个应用中，可以用不同的编译设置来编译 C 程序模块。通过列表文件，可以比较由不同的编译设置编译生成代码的质量，如图 11-2 所示。

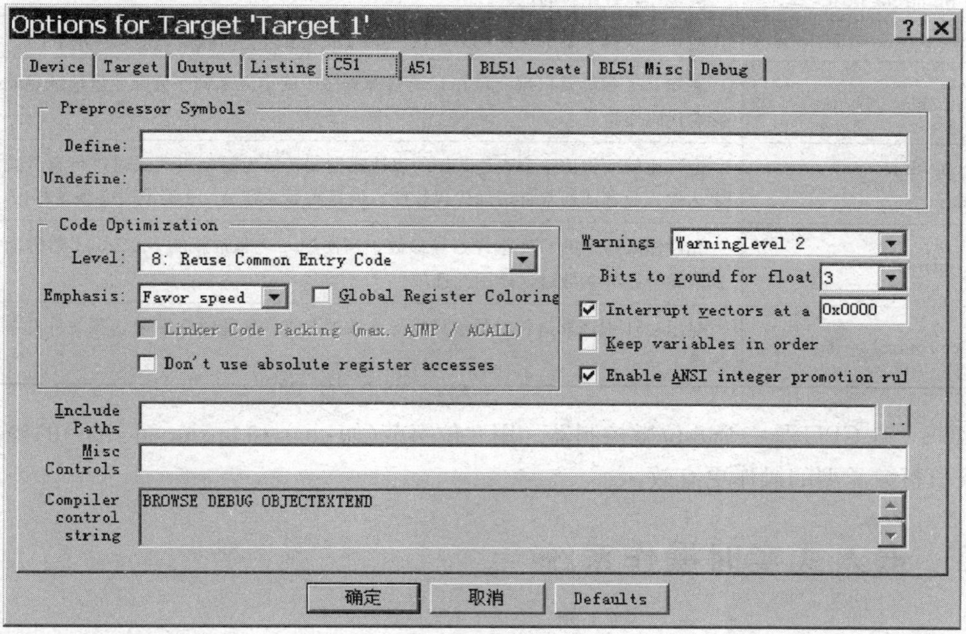

图 11-2　C51 参数的选择对话框

表 11-4 描述了 C51 对话框页的选项。

表 11-4　对话框选项说明

对话框条目	描　　述
Define	定义预处理符号。
Undefine	仅仅在组或文件的 Options 中有效，它允许删除高一级的 Options 中定义的预处理符号。
Code Optimization Level	定义 C51 优化级别。通常情况下，不用改变默认的值。利用其最高级别的优化："9：公共块提取为子程序"，编译器检测多次使用的指令块，并把它们提取到一个子程序中。在分析代码时，编译器也试图用简单的指令重新安排指令序列。既然编译器插入子程序和 CALL 指令，优化后的代码的运行速度也许会变慢。此种优化往往能够显著提高代码密度。
Code Optimization Emphasis	可以根据代码空间或执行速度为目的来选择优化。利用 "Favor Code Size"，C51 编译器用库函数调用代替运行速度快的内联代码。
Global Register Optimization	使能 "Global Register Optimization"

对 话 框 条 目	描　述
Don't use absolute register accesses	禁止使用寄存器 R0～R7 的绝对地址访问。由于 C51 不能使用 ARx 符号，所以代码将有一点增加，比如用 PUSH 和 POP 指令时，需要插入替代代码。然而，代码也将不依赖于寄存器段。
Warnings	选择 C51 输出告警信息的级别。级别 0 禁止所有告警。
Bits to round for float	决定浮点数比较的位数。
Interrupt vectors at address	通知 C51 编译器为中断函数产生中断向量并定义中断向量表的基本地址。
Keep variables in order	通知 C51 编译器根据变量在 C 语言源程序中的定义来顺序分配变量地址。此选项不影响代码质量。
Enable ANSI interger promotion rules	进行比较而将比整型表达式短的表达式类型转换为整型表达式时进行符号位扩展的表达式。此选项通常将增加代码长度，但是需要兼容 ANSI 标准时必须这样做。
Misc Controls	允许输入特别的 C51 编译指导参数。当使用一个非常新的 MCS-51 器件而需要特别的编译指导参数时，使用此选项。
Compiler control string	显示 C51 编译器运行时的编译指导参数的名称，便能够立即确认源文件的各个编译选项。

　　MCS-51 CPU 是一个 8 位微控制器。用 8 位字节（如 char 和 unsigned char）的操作比用整数或长整数类型的操作更有效。

11.3　嵌入式实时操作系统

11.3.1　实时操作系统的概念

　　计算机从其问世到现在，经过几十年的发展，其系统软件主要经历了从最初无操作系统的机器码时代，到有监控程度的汇编语言，再到今天的有操作系统（OS）、采用高级语言编程的时代。同时各种 OS 日益完善且功能不断强大，使用更加方便（从 DOS 的字符型界面到 WINDOWS 的图形界面），各种应用软件更使得计算机如虎添翼，使得计算机不再是专业人员的专用工具，而是连小学生也能掌握大部分应用软件的普通工具。但是，在构成多任务多处理机系统时，特别是实时系统时，却一直停留在汇编语言的层次上。研究开发常常是从硬件开始的，但了解硬件结构，知道相互间传递数据的各个单元之间每个信号的情况是很复杂、很费事的。近年来，实时操作系统（RTOS）有了很大的发展，使开发人员已能在更高的层次上着手研究，并把着眼点放在满足最终用户的使用需求上，而不是在复杂的具体硬件上。

　　典型实时系统常常是一个多任务多处理机并行系统，其结构一般有两大类，即流水结构和并行结构。如图 11-3 所示。

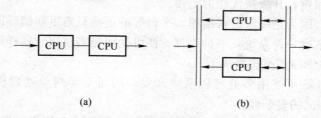

(a)　　　　　　　　　　(b)

图 11-3　流水结构和并行结构

没有 RTOS 时，图中 DSP 板间的通信都必须由开发设计者自己设计，每做一套实时系统就必须重新设计一次，而且必须事先定好结构（即是采用图 11-3（a）的流水结构或是图 11-3（b）的并行结构），一旦定下来，就不可更改，否则就相当于重新设计。而研究开发初期，对系统的了解总是很少的，因而要定下来很困难。做过系统开发的人都能体会到这一点，采用 RTOS 可避免这些困难。因为我们可让上述结构标准化，然后用 RTOS 像搭积木一样，在两种结构及其可能组合中任意组装、改变，直到构成需要的系统。在这之后，还可对系统进行优化，这些都是不采用 RTOS 时不可想像的。

RTOS 是帮助用户构成实时系统的有力工具。RTOS 使用户从硬件同步、汇编语言水平上升到软件同步、高级语言编程（如 C，C++，FORTRAN，Java 等），而且使用户不必每采用一种新的芯片就必须学习一种新的汇编语言，节省了开发时间。这样，不仅使我们把精力放在主要问题上，而且还使我们能跟上日新月异的电子世界。

进入 20 世纪 90 年代，RTOS 有了很大的发展，许多公司都开发 RTOS，且有适用于各种平台、各种 CPU、DSP 板的产品。目前，RTOS 已成为开发实时系统方便、灵活、重要的工具。

11.3.2　实时操作系统的特点

RTOS 典型应用是需要实时处理的系统，如在工业现场控制。另一方面，随着科学技术的发展，系统也变得越来越复杂，因而需要广泛采用 RTOS。

采用 RTOS 主要有以下特点。

① 低成本。

② 高性能。

③ 可重新构造（reconfigurable）。

④ 易学易用，一劳永逸。

⑤ 用高级语言（C，C++，Java，FORTRAN 等）代替汇编语言。

⑥ 适应性广，即可用于很广泛的系统及内存要求。

⑦ 灵活性，即改变和增强系统方便，不必做硬件改动。

⑧ 再开发周期缩短，升级换代能力增强。

⑨ 可移植性强，因为是高级语言编程，平台等的更换只需重新编程即可。

⑩ 积累性，即掌握一种系统，一种语言，便可受用相当时间。这样可专心于主要工作，而不必把时间都花在学习语言与系统上。

⑪ 复杂性。RTOS可使用多处理机系统开发，从而变得与单处理机系统复杂性相当，大大降低系统开发调试的复杂性。

⑫ 可维护性。高级语言编程，软件可维护性大大提高。在技术发展的今天，大系统的软件可维护性比硬件可维护性还要重要。

11.3.3 多任务实时系统的基本特征

多任务RTOS的基本结构包括一个程序接口、内核程序、器件驱动程序及可供选择的服务模块。其中，内核程序是每个RTOS的根本，其基本特征如下。

(1) 任务

任务(Task)是RTOS中最重要的操作对象，每个任务在RTOS的控制下由CPU分时执行。任务的调度目前主要有时间分片式(TimeSlicing)、轮流查询式(RoundRobin)和优先抢占式(Preemptive)3种。不同的RTOS可能支持其中的一种或几种，其中优先抢占式对实时性的支持最好，也是目前流行RTOS采用的调度方式。

(2) 任务切换

任务的切换有两种原因。一种是当一个任务正常结束操作时，它就把CPU控制权交给RTOS，RTOS则判断下面哪个任务的优先级最高，需要先执行。另一种情况是在一个任务执行时，一个优先级更高的任务发生了中断，这时RTOS就将当前任务的上下文保存起来，切换到中断任务。

(3) 消息和邮箱

消息(Message)和邮箱(Mailbox)是RTOS中任务之间数据传递的载体和渠道，一个任务可以有多个邮箱。通过邮箱，各个任务之间可以异步传递信息。

(4) 信号灯

信号灯(Semaphore)相当于一种标志(Flag)，通过预置，一个事件的发生可以改变信号灯。一个任务可以通过监测信号灯的变化来决定其行动，信号灯对任务的触发是由RTOS来完成的。

(5) 存储区分配

RTOS对系统存储区进行统一分配，分配的方式可以是动态的或静态的。每个任务在需要存储区时都要向RTOS内核申请，RTOS在动态分配时能够防止存储区的零碎化。

(6) 中断和资源管理

RTOS 提供一种通用的设计用于中断管理，效率高且灵活，这样可以实现最小的中断延迟。RTOS 内核中的资源管理实现了对系统资源的独占式访问，设计完善的 RTOS 具有检查可能导致系统死锁的资源调用设计。

11.3.4　MCS-51 的实时操作系统 RTX51

RTX51 是一个适用于 MCS-51 家族的实时多任务操作系统。RTX51 使复杂的系统和软件设计及有时间限制的工程开发变得简单。RTX51 是一个工具，它可以在单个 CPU 上管理多个任务。RTX51 有两种不同的版本，即 RTX51 Full 和 RTX51 Tiny。

RTX51 Full 允许 4 个优先权任务的循环和切换，并且还能并行的利用中断功能。RTX51 Full 支持信号传递，以及与系统邮箱和信号量进行消息传递。RTX51 Full 的 os_wait 函数可以等待中断、时间到、来自任务或中断的信号、来自任务或中断的消息、信号量等事件。

RTX51 Tiny 是 RTX51 Full 的一个子集，它可以很容易地运行在没有扩展外部存储器的单片机系统上。RTX51 Tiny 允许循环任务切换，并且支持信号传递，还能并行的利用中断功能。RTX51 Tiny 的 os_wait 函数可以等待时间到、时间间隔、来自任务或者中断的信号等事件。

许多微处理器应用都需要同时执行多个任务。对于这种应用，一个实时的操作系统（RTOS）允许系统资源（CPU、内存等）被灵活地分配给几个任务。RTX51 是一个很小的实时操作系统，并且易于应用，它可以工作在 MCS-51 系列的微处理器上。

使用标准 C 语言编写 RTX51 应用程序，并且用 C51 来编译它们。为了具体指明任务的标志和优先级，会与标准 C 存在一点差别。RTX51 应用程序要求将 TX51.H 或 RTX51TNY.H 头文件包含进来。仿真使用 μVision2 集成环境。打开目标选项对话框，选择目标操作系统以后，链接器便会添加合适的 RTX51 库文件。

11.3.5　MCS-51 的 RTX51 简单应用

1. 单任务程序

一个标准 C 程序从主函数开始执行。在嵌入式应用里，主函数经常被编写为一个无穷循环，也可以被认为是一个连续执行的单个任务。例如

```
int counter;
  void main (void) {
  counter= 0;
while (1) {              /* 无限循环 * /
 counter+ + ;            /*  counter 增加 * /
```

```
            }
        }
```

2. 循环任务切换

RTX51 Tiny 允许"准并行"的同时执行多个任务，每一个任务在预先定义好的时间片内得以执行。时间到使正在执行的任务挂起，并使另一个任务开始执行。下面的例子使用了循环任务切换的技术。

以下是一个使用 RTX51 Tiny 的 C 程序例子。

```
# include < rtx51tny. h>          /*  RTX51 Tiny 的定义头文件* /
int counter0;
int counter1;
job0 () _ task_ 0 {
  os_ create_ task (1);           /*  标记任务 1 为"准备完毕" * /
  while (1) {                     /*  无限循环 * /
    counter0+ + ;                 /*  counter 0 增加* /
  }
}
job1 () _ task_ 1 {
  while (1) {                     /*  无限循环 * /
    counter1+ + ;                 /*  counter 1 增加 * /
  }
}
```

RTX51 Tiny 从任务 0（分配给任务 0）开始执行程序，os_ create_ task 函数标记任务 1（分配给任务 1）为准备执行。这两个任务是简单的计数循环。在一个时间片结束后，RTX51 Tiny 中断任务 0，并且开始执行任务 1。任务 1 在一个时间片结束后，系统重新开始执行任务 0。

os_ wait 函数提供了一种更为有效的方式来给多个任务分配可使用的处理器时间。os_ wait 函数中断当前正在运行的任务，并且等待特定的事件，在一个任务等待事件的时间里，其他任务可以被执行。

3. 等待时间到

RTX51 使用 MCS - 51 的一个定时器来产生一个循环的中断（时钟周期）。响应 os_ wait 的最简单事件是时间到，当前正在执行的任务被指定的时钟周期所中断。下面的延时例子使用的是时间到。

以下是一个使用 os_ wait 函数编程的例子。

```
# include < rtx51tny. h>           /*  RTX51 Tiny 的定义头文件* /
int counter0;
int counter1;
job0 () _ task_ 0 {
  os_ create_ task (1);
  while (1) {
    counter0+ + ;                   /*  counter 0 增加 * /
    os_ wait (K_ TMO, 3, 0);        /*  等待 3 个时间周期* /
  }
}
job1 () _ task_ 1 {
while (1) {
  counter1+ + ;                     /*  counter 1 增加 * /
  os_ wait (K_ TMO, 5, 0);          /*  等待 5 个时间周期 * /
}
  }
```

这个程序与上一个程序相似，不同的是任务 0 是在计数器 0 完成计数后是被 os _ wait 函数中断的。RTX51 Tiny 等待 3 个时钟周期任务 0 准备好再次运行为止。在这期间，任务 1 得以执行。任务 1 也调用了 os _ wait 函数，等待 5 个时钟周期。结果是定时器 0 每 3 个时钟周期增加一次，计数器 1 则每 5 个时钟周期增加一次。

4. 等待信号

os _ wait 函数的另一个事件是信号，信号被用来协调任务。直到另一个任务发出信号，在 os _ wait 函数控制下的任务才结束等待状态。如果信号预先就被发送出来，那么任务将立即继续执行。

以下是一个使用等待信号的程序。

```
# include < rtx51tny. h>           /*  RTX51 Tiny 的定义头文件* /
int counter0;
int counter1;
job0 () _ task_ 0 {
  os_ create_ task (1);
  while (1) {
    if (+ + counter0 = = 0) {       /*  直到 counter 0 溢出* /
    os_ send_ signal (1);           /*  向任务 1 送信号 * /
    }
  }
```

```
job1 () _ task_ 1 {
  while (1) {
    os_ wait (K_ SIG, 0, 0);          /* 无时间限制，等待信号* /
    counter1+ + ;                     /* counter 1 增加* /
  }
}
```

在这个例子中，任务 1 等待着由任务 0 发出的信号，并且以此来处理计数器 0 产生的溢出。

5. 抢先任务切换

RTX51 Full 提供了抢先的任务切换，RTX51 Tiny 不具备这个功能。为了对多任务的概念有一个完整的了解，在这里对抢先任务切换加以解释。在上一个例子中，任务 1 收到一个信号后不会立即开始，只有当任务 0 发生了时间到事件后，任务 1 才会启动。如果任务 1 被赋予了比任务 0 高的优先级，如果通过抢先任务切换，任务 1 收到了信号，就会立即开始。优先级在任务定义中被指定(默认的优先级是 0)。

11.4　实时系统应用——交通灯控制器

下面主要是应用 RTX51 Tiny，模拟一个行人过街的交通控制灯系统。

在一个用户定义的时间段里，控制灯受到控制正常运行。在时间段以外，黄色灯闪烁。如果一个步行者按下了请求按钮，控制灯立即进入设置状态；否则，交通灯持续不断的工作。

11.4.1　交通灯控制器命令

表 11-6 列出了此软件所支持的一系列命令，这些命令由 ASCII 文本字符构成，所有的命令必须以回车符来终止。

表 11-6　交通灯控制器命令

操　作	命 令 格 式	描　　　述
Display	D	显示开始和结束时间，控制灯倒计时
Time	T	显示时钟
Set Time	R hh：mm：ss	设置当前时间(24 小时格式)
Start	S hh：mm：ss	设置开始时间(24 小时格式)。交通控制通常在开始和结束的时间段里操作，在此时间段以外，黄色灯闪烁
End	E hh：mm：ss	设置结束时间(24 小时格式)

11.4.2　应用程序

下面列出主要程序及对程序的分析，简单介绍程序中的任务作用及行进过程。

PASS. C

这部分是主要的控制程序，下面分段加以说明。PASS. C 包含了控制灯的控制程序，程序被分成了如下几个任务。

任务 0　初始化。初始化串口，并且启动所有其他任务。由于初始化只需要进行一次，所以任务 0 将自动删除。

任务 1　命令。任务 1 完成交通灯控制器的命令处理，这个任务负责控制和处理接收到的串行命令。

任务 2　时钟。控制时钟。

任务 3　闪烁。当时间落在活跃的时间段以外后，黄灯闪烁。

任务 4　灯。当时间落在活跃的时间段（在开始和结束时间之间）里以后，控制交通灯的相位。

任务 5　读按键。读取行人按下的按钮，并且向任务 4 发送信号。

任务 6　返回。如果在串行指令流里遇到了 ESC 字符，任务 1 获得一个信号，并且终止显示命令。

任务 7　计时。允许通过和不允许通过各 45 秒倒计时。

整个程序分为以下 11 个大部分。

（1）第 1 部分

第 1 部分主要完成各个变量的定义，调入所需的函数库和头文件。例如，定义时间的格式为 HH：MM：SS，同时定义了菜单，并连接另外的两个 C 程序。

```
extern getline (char idata * , char); /* 外联函数：单线式输入* /
extern serial_ init ();                 /* 外联函数：初始化连续接口* /
```

定义了对应 P0，P1，P2 口的输出变量，便于调用。定义了所用到的任务及这个任务的排号等

```
# define INIT       0       /* 定义任务的任务号：  init  * /
# define COMMAND  1       /* 定义任务的任务号：  command  * /
# define CLOCK     2       /* 定义任务的任务号：  clock  * /
# define BLINKING   3       /* 定义任务的任务号：  blinking  * /
# define LIGHTS      4       /* 定义任务的任务号：  signal  * /
# define KEYREAD    5       /* 定义任务的任务号：  keyread  * /
# define GET_ ESC    6       /* 定义任务的任务号：  get_ escape  * /
```

排号同时规定了任务的优先级别。

（2）第 2 个部分

第 2 部分是初始化。这个部分按顺序启动要用到的任务，并且初始化接口及中断的 Serial.C 程序也在这个部分被调用。

（3）第 3 个部分

第 3 部分是任务"时钟"。该任务为整个程序内建了一个时钟，只要设定好当前时间，时钟就会单独计时下去，为控制提供标准。而且，每一秒的变化该任务都会向任务"命令"发送信号，以保证及时地产生变化。用 os _ send _ signal（COMMAND）向任务"命令"发送信号。内建时钟如下。

```
while (1) {                              /* 时钟是一个无限循环  * /
   if (+ + ctime. sec= = 60) {           /* 计算秒          * /
    ctime. sec= 0;
    if(+ + ctime. min= = 60) {           /* 计算分          * /
     ctime. min= 0;
     if(+ + ctime. hour= = 24) {         /* 计算时  * /
      ctime. hour =  0;
         }}
```

（4）第 4 个部分

第 4 部分是函数"show"。此函数的作用伴随整个程序的运作，通过 P0 口和 P1 口控制显示器 LED，显示出相应的计数值。这个部分其实也就是控制显示硬件的部分。通过后面任务对此函数的调用，及时地获取当前应该显示的灯色，以及该灯色的倒计时值，将十位数从 P0 口输出，个位数从 P2 口输出。由于 LED 显示 0～9 的代码需要变换，因此才使用了所有的 8 个口，输出相应的二进制代码。灯色由 P2.6 和 P2.7 来控制，一个控制红灯，另一个控制绿灯。对应该时刻的灯色，相应的口输出高电平，启动 LED。

（5）第 5 个部分

第 5 部分为函数"readtime"。用来检测输入的时间值是否为合法值及时间是否在 00：00：00～23：59：59 之间或是否为 HH：MM：SS 格式。若不是合法值，则显示出错信息。当输入为合法值时，才将原有值替换。检查部分的程序如下。

```
args= sscanf (buffer,"% bd:% bd:% bd",    /* 检查单线输入 时、分、秒* /
             &rtime. hour,
             &rtime. min,
             &rtime. sec);
  if (rtime. hour> 23 ‖ rtime. min> 59 ‖      /* 判断是否是有效输入* /
     rtime. sec> 59 ‖ args< 2 ‖ args= = EOF) {
printf(" \ n* * *  ERROR: INVALID TIME FORMAT \ n");
```

```
return (0);
    }
```

（6）第 6 个部分

第 6 部分是任务"返回"。当行人输入显示命令后，通过此任务来返回命令提示符状态。此任务主要是判断"ESC"键是否按下。用 os ＿ send ＿ signal（COMMAND）向任务"命令"发送信号。

```
while (1) {                          /*  无限循环    * /
    if(＿ getkey ()= = ESC) escape= 1;/*  当 ESC 输入，置标识符* /
    if(escape) {                     /*  返回标识符出现时送信号* /
    os＿ send＿ signal (COMMAND); }     /*  送向任务'command' * /
    }
```

（7）第 7 个部分

第 7 部分就是任务"命令"，显示命令菜单"menu"，命令提示符"command"：，然后根据使用者输入的命令，显示对应的结果。命令 D，显示命令，显示该程序的工作起始时间和结束时间，当前的灯色及其倒计时间；倒计时在接到其他任务发来的信号后，实时的改变。命令 T，时间命令，显示当前的时间，在接到别的任务发来的信号后，时间也实时的改变。命令 R，时间设置命令，让使用者自己改变当前时间。命令 S，开始时间设置，让使用者自定义软件的工作起始时间。命令 E，结束时间设置，让使用者自定义软件的工作结束时间。此任务使用"swicth-case"来完成菜单命令操作，用"os ＿ create ＿ task"（GET ＿ ESC）调用"返回"任务来结束 D，T 两个命令，置显示标识符"display ＿ time"来联系"时钟"等任务，确保其及时的变化。输入错误的命令时，此任务重置。输入的命令为

```
    getline(&inline, sizeof (inline));        /*  等待命令输入* /
```

显示的命令（部分）为

```
    switch (inline [i]) {                      /*  启动命令函数    * /
    case 'D':                                  /*  显示时间的命令  * /
    printf ("Start Time: % 02bd:% 02bd:% 02bd"
        "End Time: % 02bd:% 02bd:% 02bd \ n",
        start. hour, start. min, start. sec,
        end. hour,    end. min,   end. sec);
    printf("                      type ESC to abort \ r");

    o s＿ create＿ task (GET＿ ESC);             /*  在显示循环中等待返回 * /
    escape= 0;                                 /*  清返回标识符 * /
    display＿ time= 1;                          /*  设置显示标识符   * /
    os＿ clear＿ signal (COMMAND);               /*  清除未决信号    * /
```

```
while(! escape) {                           /* 当没有接到返回命令时 */
 printf ("Red:% 02bd Green:% 02bd \ r",     /* 显示倒计时时间   */
        realcount.min, realcount.sec);
 os_ wait (K_ SIG, 0, 0);                   /* 等待时间变化或返回命令 */
 }
 os_ delete_ task (GET_ ESC);               /* 不需要再等待返回 */
 display_ time= 0;                          /* 清除显示标识符        */
 printf (" \ n \ n");
 break;
```

(8) 第 8 部分

第 8 部分是函数 signalon。后面的"闪烁"和"灯"任务通过调用此函数来判断是否该互相转换。此函数的判断依据就是将当前时间与开始时间和结束时间相比较,看当前时间是否在开始和结束所规定的时间段之间,若当前时间在这之间,则启动"灯"任务;若不在,则启动"闪烁"任务。两个判断条件如下。

```
if(memcmp (&start, &ctime, sizeof (struct time))< 0 &&
        memcmp(&ctime, &end, sizeof(struct time))< 0)return (1);
if(memcmp (&end, &ctime, sizeof (start))> 0 &&
        memcmp (&ctime, &start, sizeof (start))> 0)return (1);
```

(9) 第 9 部分

第 9 部分是任务"闪烁"。由第 8 部分的函数知,当前时间在开始和结束所规定的时间段之外时,程序会启动这个任务,当需要转换时用 os_ create_ task(LIGHTS)来启动"灯"任务,用 os_ delete_ task(BLINKING)来结束本任务。这个任务运作期间,只是显示黄灯不停的闪烁。闪烁和转换的程序部分如下。

```
while(1) {                          /* 无限循环  */
    yellow= 1;                      /* 显示黄灯 */
    os_ wait (K_ TMO, 80, 0);       /* 等待 80 个周期 */
    yellow= 0;                      /* 停止显示黄灯  */
    os_ wait (K_ TMO, 80, 0);       /* 等待 80 个周期  */
    if(signalon ()) {               /*  当闪烁结束  */
      os_ create_ task (LIGHTS);    /*  lights 任务启动 */
      os_ delete_ task (BLINKING);  /*  blinking 任务结束 */
      }}
```

(10) 第 10 部分

第 10 部分是"灯"任务。当前时间在开始和结束时间之间时,启用此任务。此任务启动后,"闪烁"任务中止,红绿灯开始交替变化,用 os＿wait(K＿IVL,100,0)来控制时间间隔,实现每秒的及时监测、及时变化。行车交通灯和行人交通灯按规律交替变化,红、绿各 45 秒,黄 6 秒,可以通过控制面板(Command)观察。简单的倒计时程序如下。

```
while ( walk= = 1 ) {realcount.sec =  45;
    while (- - realcount.sec ! = 0) {
    show();
    os_ wait (K_ IVL, 100, 0);                    /* 等待 1 秒 * /
        } break;}
```

(11) 第 11 部分

任务 "keyboard" 的作用只有一个,就是向"灯"任务发送有人按键的信号。程序如下。

```
while (1) {                             /*  无限循环      * /
    if (key) {                          /*  当有键按下      * /
    os_ send_ signal (LIGHTS);          /* 向任务 lights 送信号* /
    }
```

PASS.C 是整个软件的核心,也是运行调试时容易出错的部分。程序中,灯的显示与时间的调配,即对应在控制面板上的输出之间的关系比较难调整。时间的及时显示就是一个问题。时钟和倒计时要每秒都发生变化,仅在输出命令"printf"中用"\r"是不够的,必须要将对应的几个变量,如 ctime.hour 等都定义为 char 型。若用 int 型之类的,显示时只有最后输出的变量才会产生变化,达不到要求的效果。只有使用 char 型,才能使所有的输出变量及时的产生变化。

2. SERIAL. C

SERIAL.C 程序执行一个中断来驱动所有的串行口。这个文件包含了函数 putchar 和 getkey。高级的输入输出函数 printf 和 getline 调用这些基本的输入输出子函数。不用这个程序即使没有中断驱动串行输入输出,交通灯应用程序也会启动,但不会完成任务。同时,这个程序也完成了各串口的初始化,为链接提供支持,完成了单片机内定时器的初始化,而且还定义了各类数据传输时使用的缓冲器及其大小,实现对外输入输出控制。

```
putchar():
char putchar (char c) {
  if (c = = ' \ n') {                    /* 扩展新的字符系列: * /
    while (sendfull) {                   /* 等待缓冲器变空 * /
    otask = os_ running_ task_ id ();/* 设置任务号 * /
    os_ wait (K_ SIG, 0, 0);             /* 呼叫 RTX51 等待信号 * /
    otask = 0xff;                        /* 清除输出任务号 * /
```

```
        }
      putbuf (0x0D);                                /*  在送出 LF 之前为< new line > 送出
CR * /
      }
    while (sendfull) {                              /* 等待缓冲器变空 * /
      otask = os_ running_ task_ id ();            /* 设置任务号 * /
      os_ wait (K_ SIG, 0, 0);                      /* 呼叫 RTX51：等待信号 * /
      otask = 0xff;                                 /* 清除输出任务号 * /
    }
    putbuf (c);                                     /* 送字符 * /
    return (c); }                                   /* 返回字符：要求 ANSI * /


    getkey():
    char _ getkey (void) {
      while (iend = = istart) {
      itask = os_ running_ task_ id ();            /* 设置输入任务号 * /
      os_ wait (K_ SIG, 0, 0);                      /* 呼叫 RTX-51：等待信号 * /
      itask = 0xff;                                 /* 清除输入任务号 * /
      }
    return (inbuf [istart+ + & (ILEN-1)]);}
```

3. GETLINE. C

命令行编辑程序 GETLINE. C 用来编辑从串口接收到的字符，主要是其中的命令行编辑函数来完成此功能。这个源文件也可以用来测量程序。

```
    void getline (char idata * line, unsigned char n) {
    unsigned char cnt = 0;
    char c;
    do {
      if((c = _ getkey ()) = = CR)c= LF;            /* 读字符 * /
      if(c = = BACKSPACE ‖ c = = DEL) {             /* 处理 backspace * /
      if (cnt ! = 0) {
        cnt- - ;                                    /* 减小计数 * /
        line- - ;                                   /* 路线指示器向前指 * /
        putchar (0x08);                             /* 回应 backspace * /
        putchar (' ');
        putchar (0x08);
      }
```

```
        }
        else if(c ! = CNTLQ && c! = CNTLS) {      /* 忽略 Ctrl+ S/Q * /
        putchar(* line= c);                        /* 响应并存储字符 * /
        line+ + ;                                  /* 路线指示器向后指 * /
        cnt+ + ;                                    /* 增大计数 * /
        }
    } while (cnt< n- 1 && c! = LF);                 /* 检查限届和流量 * /
        * line= 0;}                                 /* 标出字符串的结尾 * /
```

11.4.3　实时系统仿真

1. 硬件部分设计

此软件的目的是要控制一个行人的过街交通控制灯，为实现此目的需要对外控制一个红灯和一个绿灯，分别代表"walk"和"stop"。程序的"command"部分虽有显示，却只限于显示器上，是供调试使用的，不能作为实际使用。因此，利用 P0 口和 P2 口分别控制两个 LED，P0 口对应 LED 十位上的数值，P2 口对应 LED 个位上的数值。同时，为了将两组

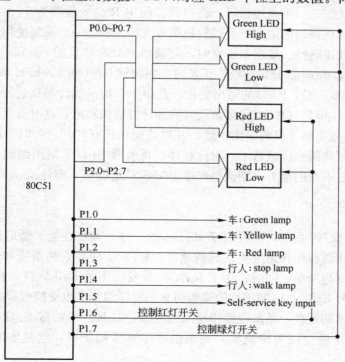

图 11-4　过街交通控制灯系统框图

LED 作为红和绿区分开来，所以用 P1.6 和 P1.7 分别对应输出 stop 灯的 P1.3 和输出 walk
灯的 P1.4，然后去分别控制一组 LED，以达到两组 LED 交替的效果。利用 P1.0～P1.2 口
控制显示器的输出，P1.5 口的定义是按键。在调试时，加入了一个功能 get＿key()，用来
模拟用户按键发出申请。图 11-4 为过街交通控制灯系统框图。

2．调试

按操作顺序，建好项目，设置好调试选项，开始观察调试的结果。

首先，在 Command 面板里输入 T，D 指令，结果是能按要求的格式显示。同时观察 T
时，时钟能正常走动；D 时，RED 和 GREEN 的计数能够交替的倒计时，计时为 45 秒。刚
启动时，开始时间的默认值为 7：30：00，结束时间的默认值为 18：30：00，当前时间的默
认值为 12：00：00。用户要检测当前时间的两个状态：处于开始结束时间段之内和处于那
个时间段之外。所以，一开始是处于状态一(之内)，计时和倒计时应该正常进行；然后用户
用 S 命令将开始时间值调为 18：00：00，即让状态转为状态二(之外)；再用 T 和 D 分别察
看，发现已经开始的 45 秒倒计时，无论是通行灯还是停止灯，仍在继续倒计时，但当这个
45 秒计完后，灯色将不会再转变，两个灯都不再工作了，这时程序应该才正式转为状态二。
再观察 P1.1 口，这是在显示器上的黄灯工作指示，可以发现其在不停的闪烁，此时可以确
定系统已经转为状态二。稍做观察后，将当前时间用 R 命令设置为 17：59：00，然后等 1
分钟，观察之前所观察过的地方，可以发现系统又转入状态一。反复使用这种方法来调试系
统的工作稳定性和正确性。显示不正常时，则调整 PASS．C 里的 command 部分；计时数据
不正常时，则调整 show 部分；转换不正常时，则调整 light 和 blinking 部分。

然后，观察 P0、P1、P2 口的输出变化，看命令 D 时的倒计时在进行时，对应并口的输
出是否正确，P2 口和 P0 口的变化应该及时的和计时数值对应。这时再看右下角，其中的变
量的 0、1 变化也应当和并口的输出一致。并口的变化只有 “0” 和 “1” 两种，所以观察时
就把它看成二进制代码来读就行了。对比程序，再看看 LED 的输出编码，是否与仿真显示
的相符合；如果有不对的地方，则调整程序 PASS．C 里的第 4 部分 show 里的内容。

3．总结

MCS－51 的 RTX 系统，同样属于 RTOS 的一种，其在性能、适应性、灵活性和可维
护性上都存在有比以往操作系统更优越的地方。RTX51 使复杂的系统和软件设计及有时间
限制的工程开发变得简单。同时，为了 RTX 的开发而用的 Keil 软件，在对包括 MCS－51
及其他的许多型号 CPU 在内的芯片的模拟仿真和程序编写上也支持得很好。

随着科学技术的发展，系统也变得越来越复杂，对 RTOS 的需求也就日渐增多，RTOS
将会更加流行，并将会成为构成实时系统的必不可少的工具，这是实时系统研究发展的
趋势。

习题

1. C51 语言有哪些特点？与汇编语言比较有哪些优势？
2. C51 语言有哪些数据类型？它们的取值范围各是多少？
3. C51 语言中的数据和变量可以指定哪些存储器类型？
4. 试举例说明 C51 语言 bit 变量、可位寻址对象和变量指针。
5. C51 语言是如何对 MCS－51 单片机中断支持的？
6. Keil Software 的 MCS－51 开发工具由哪几部分组成？每部分的作用是什么？
7. 什么是嵌入式实时操作系统？有哪些优势？其基本特征有什么？
8. 如何将原来用汇编语言实现的系统用嵌入式实时操作系统实现？

第 12 章　ZKS-03 单片机实验仪简介及使用说明

　　ZKS-03 单片机综合实验仪是基于 Keil C51 集成开发环境下的单片机仿真实验仪,它具有三大功能:一是可作为实验仪使用,通过它丰富的外围器件和设备接口,可完成各种接口实验;二是可作为仿真器使用,实现用户系统的仿真调试;三是它具有下载功能,可当做用户样机使用。因此,ZKS-03 实验仪是功能强大的集学习、实验、开发于一体的综合实验仪。

12.1　电路外观

　　图 12-1 是 ZKS-03 单片机实验仪的电路外观。

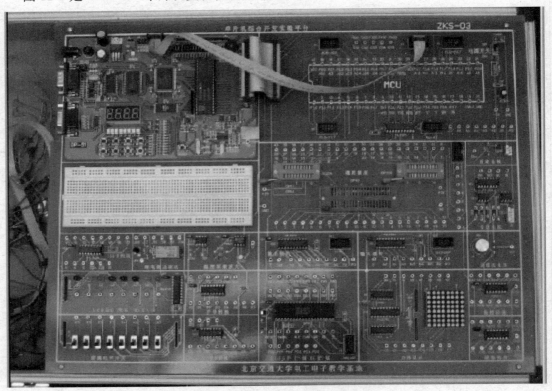

图 12-1　电路外观

12.2　系统组成

ZKS-03 单片机综合实验仪是由增强型 80C51 单片机 P87C52X2、接口实验单元和内置稳压电源组成，通过 RS-232C 串行接口与 PC 微机相连。系统硬件主要内容如表 12-1 所示。

表 12-1　系统硬件主要内容

CPU	PHILIPS P87C52X2 普通型 8 位 OTP 单片机
系统存储器	P87C52X2 单片机内 8 KB 下载监控、程序存储器 AT29C040A（512 KB Flash）、数据存储器 M5M51008(128 KB SRAM)
接口芯片及单元实验	TJA1050T、MAX232、8155、74LS377、74LS244、74LS164、74LS165、TLC0834、TLC5620、8×8 点阵显示、步进电机控制、直流电机控制、温度采集控制、继电器控制、串行数/模转换、串行模/数转换
外设接口	RS-232C 串口、USB 接口、CANBUS 接口、字符型液晶显示屏接口、步进电机驱动接口、直流电机驱动接口、CPLD 的 JTAG 接口
系统电源	+5V/3A

12.3　实验仪功能与特点

ZKS-03 单片机综合实验仪具有以下功能和特点。

① CPU 为 PHILIPS P87C52X2 普通型 8 位 OTP 单片机，可工作于 6 Clock 模式下，双 DPTR，内置 3 个定时器，采用 11.059 2 MHz 的晶振频率。

② 扩展 I^2C 接口的实时时钟芯片 PCF8563T、E^2PROM 芯片 CAT24WC02，并提供完整的模拟 I^2C 汇编和 C51 源程序软件包。

③ 扩展 PDIUSBD12 USB 接口，提供完整的单片机固件程序、上位机驱动程序源码及其完整的软件包和应用范例。

④ 扩展 1 个光电隔离、DC/DC 隔离供电的 CAN 接口，提供完整的 BasicCAN 软件包，并可直接连接现场总线。

⑤ 采用动态扫描方式连接 8 个按键、4 位 8 段数码管。

⑥ 连接 1 个无源蜂鸣器，可用于输出音乐。

⑦ 预留 1 个 LCD 字符液晶显示的标准接口，可连接各种型号的字符液晶显示屏。

⑧ CPU 信号全部引出，并增加 5 个设定地址的片选输出信号。

⑨ 提供多种接口单元及通用插座，可进行各类接口实验。

⑩ 内置 MON51 软件接口，可与 Keil C51 联机，提供单步、断点、连续等多种调试。

12.4　实验仪结构

12.4.1　应用接口

（1）扩展的片选输出信号

实验仪向用户提供了 5 个扩展的片选信号供用户使用，方便用户开发自己的应用电路。这 5 个片选信号及其对应的地址空间如表 12-2 所示。

表 12-2　扩展的片选输出信号

信　号	地址空间（XDATA）	信　号	地址空间（XDATA）
CS1	0F1xxH	CS4	0F4xxH
CS2	0F2xxH	CS5	0F5xxH
CS3	0F3xxH		

（2）单片机扩展总线

扩展总线接口引出了单片机的所有输出信号，方便用户将 ZKS－03 实验仪连接至自己的应用系统。扩展总线引脚如图 12-2 所示。

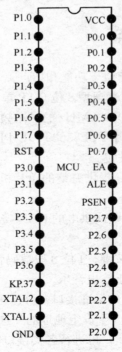

图 12-2　单片机扩展总线

（3）RS-232 连接器 CZ1

RS-232 连接器 CZ1 的功能说明如表 12-3 所示。

表 12-3　RS-232 连接器 CZ1

引　脚	名　　称	功　能	引　脚	名　　称	功　能
2	RXD	PC 接收数据	5	GND	信号地
3	TXD	PC 发送数据	1、4、67、8、9	空	未用

（4）CAN 总线连接器 CZ2

通过这个接口，实验仪可直接连接至 CAN 现场总线网络。CAN 总线连接器 CZ2 的名称及功能如表 12-4 所示。

表 12-4　CAN 总线连接器 CZ2

引　脚	名　　称	功　能	引　脚	名　　称	功　能
2	CAN_L	CAN_L 信号线	7	CAN_H	CAN_H 信号线
3	V−	参考电源地	9	V+	CANBUS 参考电源
5	CAN_SHIELD	屏蔽线	1、4、8	空	未用
6	V−	参考电源地			

（5）USB 接口 CZ3

USB 接口 CZ3 的名称及功能如表 12-5 所示。

表 12-5　USB 接口 CZ3

引　脚	名　　称	功　能	引　脚	名　　称	功　能
1	VBUS	USB 电源	3	D+	D+信号线
2	D−	D−信号线	4	GND	USB 电源地

（6）点阵字符液晶显示屏通用接口 J4

通过 J4 接口，实验仪可以驱动显示一个标准的点阵字符液晶显示屏（16×1 行、16×2 行、16×4 行）等。J4 的引脚信号如图 12-3 所示，点阵字符型 LCD 液晶显示屏通用接口 J4 的 16 个引脚信号的管脚定义如表 12-6 所示。

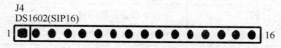

图 12-3　点阵字符液晶显示屏通用接口 J4

表 12-6　点阵字符液晶显示屏通用接口 J4

引　脚	符　号	功　能　说　明
1	Vss	电源地：0 V
2	Vdd	电源：5 V

引　　脚	符　　号	功　能　说　明
3	Vadj	LCD 驱动电压：0 V～5 V
4	RS	寄存器选择："0" 为指令寄存器，"1" 为数据寄存器
5	R/W	读写操作："1" 为读操作，"0" 为写操作
6	E	LCD 使能信号
7～14	D0～D7	8 位双向数据信号线
15～16	V+、V−	背光照明电源输入正、负极

12.4.2　I/O 地址分配

在 ZKS‐03 实验仪中，XDATA 空间的 0xF000～0xFFFF 为 I/O 扩展区，用于向板上的各个 I/O 器件分配独立的地址空间，地址分配如表 12-7 所示。在这里，将分别介绍关于 CODE 和 XDATA 分段控制寄存器的概念。

表 12-7　I/O 地址分配

标　　号	器　　件	说　　明	地　　址
U4	AT29C040A	CODE 空间分段控制寄存器	0xF000
U5	M5M51008	XDATA 空间分段控制寄存器	0xF001
J6	/CS1	扩展的外部片选信号 1	0xF100
J6	/CS2	扩展的外部片选信号 2	0xF200
J6	/CS3	扩展的外部片选信号 3	0xF300
J6	/CS4	扩展的外部片选信号 4	0xF400
J6	/CS5	扩展的外部片选信号 5	0xF500
J4	DS1602	字符点阵液晶显示屏	0xF800
K1～K8	KEY	8 个独立按键	0xF900
U6	LED	4 位 8 段共阳数码管	
U10	SJA1000	PHILIPS CAN 控制器	0xFA00
U100	PDIUSBD12	PHILIPS USB 控制器	0xFB00

80C51 单片机的最大寻址空间为 64 KB，即可以寻址 64 KB 的 CODE 区、64 KB 的 XDATA 区。由于 Flash 器件 AT29C040A 的容量是 512 KB，SRAM 器件 M5M51008 的容量为 128 KB，其容量均超出了 80C51 的寻址范围。因此，ZKS‐03 实验仪采用分段方式来管理 CODE 空间和 XDATA 空间。

　　存储空间分段有两种方式：一种是 I/O 引脚方式，它占用 I/O 引脚；另一种是 XDATA 方式，它占用 XDATA 空间。这里，ZKS‐03 实验仪采用 XDATA 方式。

　　XDATA 空间的 0xF000 单元为 CODE 空间分段控制寄存器，该寄存器的控制内容如图 12‐4 所示。

CODE 空间分段控制寄存器　　地址：0xF000							
D7	D6	D5	D4	D3	D2	D1	D0
—	—	—	—	—	CODE2	CODE1	CODE0
当 CODE2、CODE1、CODE0（以下简称 CODE）分别为下列组合值时，选中不同的 OCDE 空间。 　CODE=000，则选中 AT29C040A 的第 1 段 64 KB 空间，地址为 0x00000～0x0FFFF； 　CODE=001，则选中 AT29C040A 的第 2 段 64 KB 空间，地址为 0x10000～0x1FFFF； 　CODE=010，则选中 AT29C040A 的第 3 段 64 KB 空间，地址为 0x20000～0x2FFFF； 　CODE=011，则选中 AT29C040A 的第 4 段 64 KB 空间，地址为 0x30000～0x3FFFF； 　CODE=100，则选中 AT29C040A 的第 5 段 64 KB 空间，地址为 0x40000～0x4FFFF； 　CODE=101，则选中 AT29C040A 的第 6 段 64 KB 空间，地址为 0x50000～0x5FFFF； 　CODE=110，则选中 AT29C040A 的第 7 段 64 KB 空间，地址为 0x60000～0x6FFFF； 　CODE=111，则选中 AT29C040A 的第 8 段 64 KB 空间，地址为 0x70000～0x7FFFF。							

图 12-4　CODE 空间分段控制寄存器

　　XDATA 空间的 0xF001 单元为 XDATA 空间分段控制寄存器，该寄存器的控制内容如图 12-5 所示。

XDATA 空间分段控制寄存器　　地址：0xF001							
D7	D6	D5	D4	D3	D2	D1	D0
—	—	—	—	—	—	—	XDATA0
当 XDATA0 分别为下列值时，选中不同的 XDATA 空间。 　XDATA0=0，则选中 M5M51008 的第 1 段 64 KB 空间，地址为 0x00000～0x0FFFF； 　XDATA0=1，则选中 M5M51008 的第 2 段 64 KB 空间，地址为 0x10000～0x1FFFF。							

图 12-5　XDATA 空间分段控制寄存器

12.4.3　跳线选择器

　　实验仪为用户分配了一些跳线选择器。通过这些跳线选择器，用户可以指定 I/O 口或功能部件实现第一功能或第二功能，从而可以充分利用系统资源。跳线选择器的默认设置为第一功能，即出厂设置，实验仪的跳线选择器如表 12-8 所示。

表 12-8　跳线选择器一览表

标　号	I/O	选　择		说　明
		A 位（默认）	C 位	
JP1	P1.0	KD_DAT	—	LED、KEY 串行数据寄存器的数据输入信号
	P1.1	KD_CLK	—	LED、KEY 串行数据寄存器的时钟输入信号
	P1.2	KD_KEY	—	KEY 串行检测的数据输出信号
	P1.3	EBIT_4	—	EBIT_4：控制第 4 位数码管的位选信号
	P1.4	EBIT_3	—	EBIT_3：控制第 3 位数码管的位选信号
	P1.5	EBIT_2	—	EBIT_2：控制第 2 位数码管的位选信号
	P1.6	EBIT_1	—	EBIT_1：控制第 1 位数码管的位选信号
	P1.7	EBIT_0	BUZZER	EBIT_0：控制 8 个 LED 的位选信号 BUZZER 为控制蜂鸣器
JP2	P3.0	RXD_232	—	RXD_232：连接 MAX232 的数据接收引脚
	P3.1	TXD_232	—	TXD_232：连接 MAX232 的数据发送引脚
JP3	P3.2	INT_CAN	OUT_RTC	INT_CAN：来自 SJA1000T 的中断信号 OUT_RTC：来自 PCF8563T 的控制信号
	P3.3	INT_USB	INT_RTC	INT_USB：来自 PDIUSBD12 的中断信号 INT_RTC：来自 PCF8563T 的中断信号
JP4	P3.4	SDA	D12SUSPD	SDA：用于 I²C 总线的数据信号 D12SUSPD：USB 总线挂起信号
	P3.5	SCL	USBVIN	SCL：用于 I²C 总线的时钟信号 USBVIN：USB 总线电源输入信号
JP5	Vcan	OFF	ON	OFF：CANBUS 电源由 DC/DC 模块提供 ON：CANBUS 电源由本身提供（无 DC/DC 模块）
JP6	Vout	OFF	ON	OFF：扩展总线 J1 的 VCC 不向用户电路输出 ON：扩展总线 J1 的 VCC 输出到用户电路

下面是各个跳线选择器的详细说明。

（1）跳线选择器 JP1

通过 JP1，可以设置 P87C52X2 器件 P1 口的不同功能。默认状态下，P1 口用作 KEY、LED 的动态扫描处理信号线；当跳线选择器位于 C 位时，P1.7 的第二功能为蜂鸣器 BUZZ-ER 输出。而 P1.0～P1.6 暂时无第二功能。

（2）跳线选择器 JP2

通过 JP2，可以设置 P87C52X2 器件 P3.0 和 P3.1 引脚的功能。实验仪的 P3.0 和 P3.1 引脚仅用于 RS232 串行通信，暂时无第二功能。

（3）跳线选择器 JP3

通过 JP3，可以设置 P87C52X2 器件 P3.2(INT0)和 P3.3(INT1)引脚的不同功能。默认状态下，P3.2 接收来自 CAN 控制器 SJA1000T 的中断信号，P3.3 接收来自 USB 控制器 PDIUSBD12 的中断信号。当跳线选择器位于 C 位时，P3.2 的第二功能是接收来自实时时钟器件 PCF8563T 的控制信号 OUT_RTC，而 P3.3 的第二功能是接收来自实时时钟器件

PCF8563T 的中断信号 INT_RTC。

（4）跳线选择器 JP4

通过 JP4，可以设置 P87C52X2 器件 P3.4(T0)和 P3.5(T1)引脚的不同功能。默认状态下，P3.4、P3.5 用于 I²C 总线接口，即 P3.4 用作数据线 SDA，P3.5 用作时钟线 SCL。当跳线选择器位于 C 位时，P3.4 用作为 USB 总线挂起控制信号，P3.5 用作为 USB 总线电源输入检测信号。JP1、JP2、JP3、JP4 并排安放在 P87C52X2 上方，排列如图 12-6 所示。

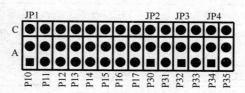

图 12-6　跳线选择器 JP4

（5）跳线选择器 JP5

通过 JP5，可以设置 CANBUS 总线供电方式。默认状态下，JP5 处于 OFF 状态，CANBUS 总线电源由 DC/DC 模块 B0505S_1W 提供；当不使用 DC/DC 模块时，用户可以将 JP5 设置为 ON，此时 CANBUS 总线电源将由 ZKS-03 实验仪自身供应。用户必须严格按照 CANBUS 总线要求进行这两种方式的切换，JP5 如图 12-7 所示。

图 12-7　跳线选择器 JP5

12.4.4　DP-51 单元器件简介

DP-51 单元主要器件如表 12-9 所示。

表 12-9　DP-51 单元主要器件一览表

标　号	型　号	功　能　说　明
U2	P87C52X2	PHILIPS 80C51 增强型 8 位单片机
U3	MAX708	MAXIM 电源监控与复位器件
U4	AT29C040A	512 KB Flash 器件
U5	M5M51008	128 KB SRAM 器件
U6	LN3461	4 位 8 段共阳极数码管

标　号	型　号	功　能　说　明
U7	XC9572	XILINX CPLD 器件
U8	MAX232	MAXIM RS-232 接口器件
U9	CAT24WC02	CATALYST 256 字节 I^2C 接口 E^2PROM
U10	SJA1000T	PHILIPS CAN 控制器
U11	TJA1050T	PHILIPS 高速 CAN 收发器
U12	B0505S_1W	5 V/5 V 隔离输出 DC/DC 模块
U13	PCF8563T	PHILIPS I^2C 接口时钟芯片
U14	TLP113	光电耦合器
U15	TLP113	光电耦合器
U100	PDIUSBD12	PHILIPS USB1.1 控制器
B1	BUZZER	无源蜂鸣器
K1～K8	KEY	8 个按键
RESET	KEY	系统复位按键
SX	KEY	工作模式选择开关：LOAD、MON、RUN
L1～L8	LED	8 个 LED
POWER	LED	＋5 V 电源指示
L100	LED	USB 连接指示
Y1	11.0592 MHz 石英晶振	P87C52X2 时钟信号源
Y2	16 MHz 石英晶振	SJA1000T 时钟信号源
Y3	3.58 MHz 石英晶振	PCF8563T 时钟信号源
X100	6 MHz 石英晶振	PDIUSBD12 时钟信号源

12.4.5　基本实验电路单元简介

（1）LED 发光二极管电路

如图 12-8 所示，实验台上设有 8 个发光二极管及相关驱动电路，L0～L7 为相应发光二极管输入端，该输入端为低电平"0"时，发光二极管亮；为"1"时，发光二极管灭。

（2）逻辑电平开关电路

如图 12-9 所示，实验台左下方设有 8 个开关 K7～K0，开关拨到"1"位置时开关断开，输出高电平；向下打到"0"位置时，开关接通输出低电平。电路中串接了保护电阻，使接口电路不直接与＋5V、GND 相连，可有效地防止因误操作、误编程损坏集成电路现象。

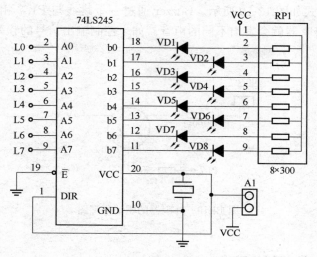

图 12-8　LED 显示电路

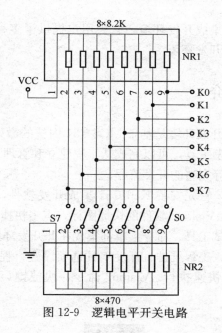

图 12-9　逻辑电平开关电路

（3）蜂鸣器电路

蜂鸣器有交流和直流两种。直流蜂鸣器驱动简单，一旦在 2 引脚上加入直流电源它就会发出一定频率的声音，此时声音的音调和音量是固定的；而交流蜂鸣器在这方面则显得较灵活，输入声音信号的频率和音长是可控的，因此输出的声响将更逼真、更悦耳。本实验仪上有一个交流蜂鸣器，由于一般 I/O 口的驱动能力有限，因此不用它直接驱动蜂鸣器，它与

P87C52X2 的连接方式如图 12-10 所示。Buzzer 通过一个跳线与 P1.7 相连，P1.7 输出不同频率的方波信号，蜂鸣器就会发出不同的声音。如果控制输出信号的频率和音长，蜂鸣器则会发出悦耳的音乐。

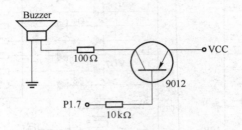

图 12-10　蜂鸣器的驱动原理图

12.5　实验仪使用说明

实验仪利用了 Keil C51 集成开发环境，它为用户提供了多种调试运行程序的方法。下面首先介绍 Keil C51 的集成开发环境。

12.5.1　Keil C51 简介

Keil C51 μVision2 集成开发环境是基于 MCS‐51 内核的微处理器软件开发平台，内嵌多种符合当前工业标准的开发工具，可以完成从工程建立和管理、编译、连接、目标代码的生成、软件仿真、硬件仿真等完整的开发流程。

在使用这一开发环境前，首先安装 Keil C51 集成开发软件，安装完成后在桌面上可以看到如图 12-11 所示的 Keil μVision2 软件的快捷图标，点击快捷图标即可进入如图 12-12 所示的集成开发环境。各种调试工具、命令菜单都集成在此开发环境中，其中菜单栏提供了各种操作菜单，如编辑器操作、工程维护、开发工具选项设置、程序调试、窗体选择和操作、在线帮助，工具栏按钮可以快速执行 μVision2 命令，快捷键（可以自己配置）也可以执行 μVision2 命令。

12-11　快捷图标

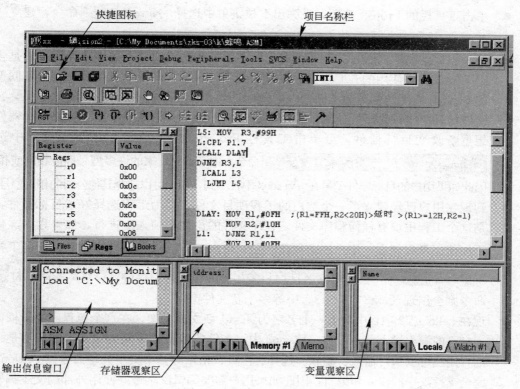

图 12-12　μVision2 操作界面

12.5.2　建立第一个 Keil C51 应用程序

在 Keil C51 集成开发环境下是使用工程的方法来管理文件的，而不是单一文件的模式。所有的文件包括源程序（包括 C 程序、汇编程序）、头文件，甚至说明性的技术文档都可以放在工程项目文件里统一管理。

一般可以按照下面的步骤来创建一个自己的 Keil C51 应用程序。

① 新建一个工程项目文件；

② 为工程选择目标器件（如选择 PHILIPS 的 P87C52X2）；

③ 为工程项目设置软硬件调试环境；

④ 创建源程序文件并输入程序代码；

⑤ 保存创建的源程序项目文件；

⑥ 把源程序文件添加到项目中。

下面以创建一个新的工程文件 hello.μV2 为例，详细介绍如何建立一个 Keil C51 的应用程序。

● 单击桌面的 Keil C51 快捷图标，进入 Keil C51 集成开发环境。

- 单击工具栏的 Project 选项，在弹出下拉菜单中选择 New Project 命令，建立一个新的 μVision2 工程。
- 在工程建立完毕以后，μVision2 会立即弹出器件选择窗口。器件选择的目的是告诉 μVision2 最终使用的 80C51 芯片的型号是哪一种公司的哪一种型号，因为不同型号的 51 芯片内部的资源是不同的，μVision2 可以根据选择进行 SFR 的预定义，在软硬件仿真中提供易于操作的外设浮动窗口等。另外，如果用户在选择完目标器件后想重新改变目标器件，可单击工具栏 Project 选项，在弹出的下拉菜单中选择 Select Device for Target 'Target1' 命令。由于不同厂家的许多型号性能相同或相近，因此如果用户的目标器件型号在 μVision2 中找不到，用户可以选择其他公司的相近型号。
- 到现在用户已经建立了一个空白的工程项目文件，并为工程选择好了目标器件，但是这个工程里没有任何程序文件。程序文件的添加必须人工进行，如果程序文件在添加前还没有创立，用户还必须建立它。单击工具栏的 File 选项，在弹出的下拉菜单中选择 New 命令，这时在文件窗口会出现新文件窗口 Text1，如果多次执行 New 命令则会出现 Text2，Text3，…等多个新文件窗口。
- 现在 hello. μV2 项目中有了一个名字为 Text1 新文件框架，在这个源程序编辑框内输入自己的源程序 hello. c。在 μVision2 中，文件的编辑方法同其他文本编辑器是一样的，用户可以执行输入、删除、选择、拷贝、粘贴等基本文字处理命令。μVision2 不完全支持汉字的输入和编辑，因此如果用户需要编辑汉字最好使用外部的文本编辑器来编辑(如 edit. com 或 VC++)。编辑完毕后保存到磁盘中，μVision2 中有文件变化感知功能，提示外部编辑器改变了该文件，是否需要把 μVision2 中的该文件刷新。选择 是 命令按钮，然后就可以看到 μVision2 中文件的刷新。
- 输入完毕后单击工具栏的 File 选项，在弹出的下拉菜单中选择 保存 命令存盘源程序文件。注意由于 Keil C51 支持汇编和 C 语言，且 μVision2 要根据后缀判断文件的类型，从而自动进行处理，因此存盘时应注意输入的文件名应带扩展名 .ASM 或 .C。源程序文件 hello. c 是一个 C 语言程序，如果用户想建立的是一个汇编程序，则输入文件名称hello. asm。保存完毕后请注意观察，保存前后源程序有哪些不同，关键字变成蓝颜色了吗? 这也是用户检查程序命令行的好方法。

12.5.3　程序文件的编译、连接

1. 编译连接环境设置

μVision2 调试器有两种工作模式，用户可以通过单击工具栏 Project 选项，在弹出下拉

菜单中选择 Option For Target 'Target 1' 命令为目标设置工具选项，这时会出现调试环境设置界面，选择 Debug 选项会出现如图 12-13 所示的工作模式选择对话框。

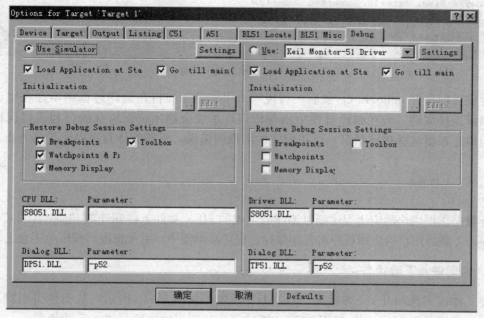

图 12-13　Debug 设置对话框

从图 12-13 可以看出，μVision2 的两种工作模式分别是 Use Simulator（软件模拟）和 Use（硬件仿真）。其中，Use Simulator 选项是将 μVision2 调试器设置成软件模拟仿真模式，在此模式下不需要实际目标硬件就可以模拟 80C51 微控制器的很多功能，在准备硬件之前就可以测试应用程序。

本节由于只需要调试程序，因此用户应选择软件模拟仿真，在 Debug 栏内选中 Use Simulator 选项，单击 确定 命令按钮加以确认，此时 μVision2 调试器即配置为软件仿真。

2. 程序

经过以上的编译、连接的工作，到此就可以编译程序了。单击工具栏 Project 选项，在弹出的下拉菜单中选择 Build Target 命令对源程序文件进行编译，当然也可以选择 Rebuild All Target Files 命令对所有的工程文件进行重新编译，此时会在 "Output Windows" 信息输出窗口输出一些相关的信息，如图 12-14 所示。

图 12-14 中，第 2 行 "Compiling hello. c" 表示此时正在编译 hello. c 源程序，第 3 行 "linking…" 表示此时正在连接工程项目文件，第 5 行 "Creating hex file from 'hello'" 说

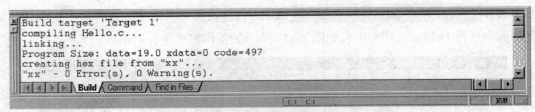

图 12-14　输出提示信息

明已生成目标文件 hello. hex，最后一行说明 hello. μV2 项目在编译过程中不存在错误和警告，编译连接成功。若在编译过程中出现错误，系统会给出错误所在的行和该错误提示信息，用户应根据这些提示信息，更正程序中出现的错误，重新编译直至完全正确为止。

12.5.4　下载

下载是指把用户的应用程序经过编译后生成的 HEX 文件下载到外部 Flash(AT 29C040)中的过程。下载后用户的应用程序将长期保存在程序存储器中，系统掉电后程序也不会丢失。

1. 如何进入下载状态

将工作模式选择开关 SX 拨至"LOAD"位置，如图 12-15 所示，从而使得引脚 EA 为高电平，这样按下复位开关"RESET"，系统复位后即可使实验仪进入下载状态。

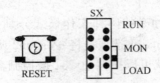

12-15　下载状态时工作模式转换开关 SX 位置图

2. 下载状态的存储器模型

当实验仪处于下载状态时，用户可将经 PC 机编译的程序代码文件(＊. HEX)下载至实验仪上 Flash(AT29C040A)中，或者用户也可以读出 Flash 中指定地址段的内容。下载状态下，实验仪的存储器模型如图 12-16 所示。

P87C52X2

Flash(AT29C040A)

Flash BANK7	64 KB
—	64 KB
Flash BANK2	64 KB
Flash BANK1	64 KB
Flash BANK0	64 KB

8KB 下载监控程序

图 12-16　下载状态下存储器模型

系统复位后，实验仪将执行 P87C52X2 中的下载监控程序，实现与上位机进行通信，完成下载程序的功能。

3. 下载程序的方法

下载程序步骤如下。

① 正确连接实验仪与主机的 RS-232 通信电缆和电源。

② 把实验仪的工作模式选择开关切换到 LOAD 处，复位系统使实验仪工作于下载状态。

③ 在 PC 机上双击如图 12-17 所示的 DPFlash 下载软件的快捷图标，运行 DPFlash 下载软件，这时将出现如图 12-18 所示的 DPFlash 下载软件的操作界面，单击它就可运行该程序。

图 12-17　快捷图标

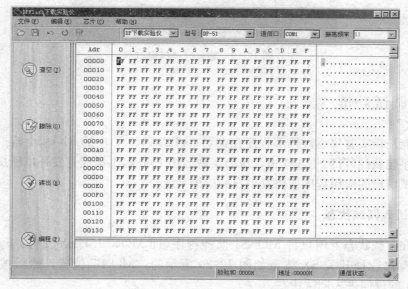

图 12-18　DPFlash 编程界面

④ 根据需要正确配置各项的属性，在此编程对象必须选择为 DP 下载仿真实验仪，型号应选择 DP-51，而串行通信口用户应根据自己所使用的串口进行正确设置。

⑤ 单击工具栏的 文件 选择 装载 命令，就会出现装载对话框，选择需下载的程序文件，即 HEX 文件。这时选择上例所生成的 hello.hex 文件，单击 确定 命令即可把 hello. hex 程序文件装载到上位机的缓冲区中。

⑥ 然后单击左边命令栏内的 编程 命令，即可进入如图 12-19 所示的编程窗口，正确选择编程区（一般情况下选择 其它编程选择 栏的 编程文件区），单击 编程 命令按钮就可以把目标程序文件 hello. hex 下载到实验仪的外部 Flash 中。

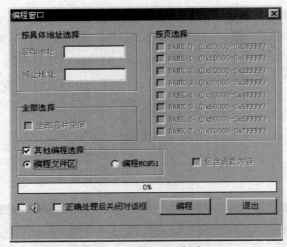

图 12-19　编程区选择窗口

12.5.5　调试功能

调试功能是指实验仪运行外部程序存储器（AT29C040A）中的 MON51 监控程序，把用户的应用程序装载到外部 SRAM 中，从而实现运用 Keil C51 集成开发环境所提供的所有调试命令来调试用户的应用程序或仿真用户的应用系统。

1. 如何进入调试状态

首先，在下载状态下用户将 MON51 监控程序（即 MON51. HEX 文件）下载至实验仪；然后将工作模式选择开关 SX 拨至如图 12-20 所示的"MON"位置，然后按下复位开关"RESET"实验仪便进入调试状态。

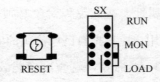

12-20　调试状态下工作模式选择开关位置图

2. 调试状态的存储器模型

当实验仪处于调试状态时将执行 MON51 监控程序，这样可在 Keil μVision2 集成开发环境下调试程序，即作为 MON51 调试器。用户必须先下载 MON51 监控程序才能执行此功能。调试状态下，实验仪的存储器模型如图 12-21 所示。

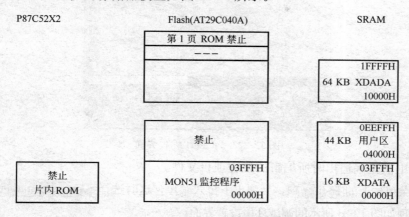

图 12-21　调试状态下存储空间分配图

系统复位后，实验仪执行 MON51 监控程序。在调试状态下，用户的应用程序必须从 SRAM 的 0x4000 地址开始存放，中断矢量也应从相应的地址单元转移到从 0x4000 开始的相应单元。

注意：调试状态下，定时器 T2、串行口 UART 已被"MON51 监控程序"所占用，用户不能再使用这些资源。

3. 调试前的准备工作

(1) 下载 "MON51 监控程序"

● 正确连接实验仪的 RS-232 串行通信电缆及电源，使系统与 PC 机通信正常，然后把将工作模式选择开关 SX 拨至 "LOAD" 处。

● 运行 DPFlash 下载软件，在如图 12-18 所示的主界面中单击 编程 命令按钮，在出现如图 12-22 所示的编程窗口中选择 其它编程选择 栏的 MON51 编程 选项，单击 编程 命令按钮即可自动把 MON51. HEX 监控程序下载到实验仪的 Flash 中。

● 若无异常，则提示 编程正常结束 ，这时关闭该窗口退出 DPFlash 软件。

● 最后把工作模式选择开关 SX 拨至 "MON" 位置，按一下复位开关 "RESET" 即可进入系统调试状态，用户可以调试自己的程序。

(2) MON51 调试环境的设置

● 双击 Keil C51 快捷图标，进入 Keil C51 集成开发环境，这时 Keil C51 集成环境自动

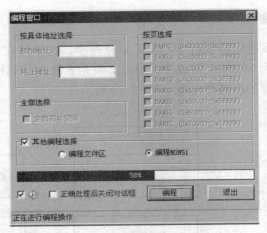

図 12-22　MON51 编程界面

打开上次正确退出时所编辑的工程项目文件。

- 单击菜单栏上的 Project 项, 会弹出下拉式菜单, 这时选择 Option for target 'target 1',
  将出现如图 12-23 所示的调试环境设置界面。
- 第 1 项 Target 属性的设置。对于在实验仪上进行的仿真、调试, 由于 MON51 监控

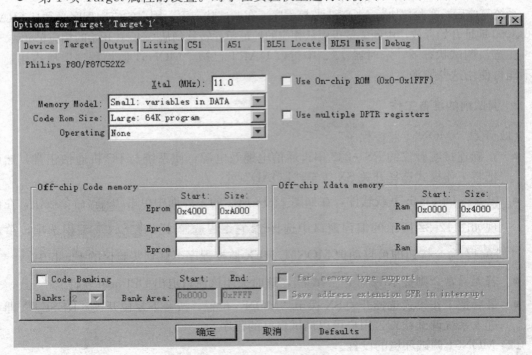

图 12-23　调试环境设置窗口

程序已经占用了从 0000H～3FFFH 地址单元的程序存储空间，因此用户的应用程序必须从 4000H 地址单元开始存放，即用户应设置 Off-Chip Code Memory 栏内的 Eprom 选项。具体配置请见图 12-23。对于第 4 项"C51"的配置如图 12-24 进行设置。

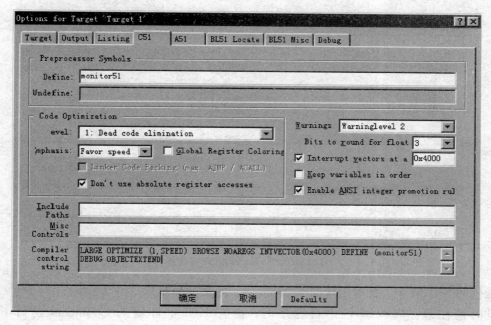

图 12-24　C51 属性栏的设置

- Debug 环境的设置。首先选择 Debug 项，进入如图 12-25 所示的设置画面，这时就可以对其中的每项进行具体设置了，当然也可以按照图 12-25 进行设置，同时它的 Settings 项还提供了一个串口通信设置环境，通过它可以灵活设置串行通信的端口和波特率。但要注意：由于在调试模式下，实验仪需要与上位机进行通信，因此它们的通信协议必须一致，波特率也必须相同。当然要进入系统调试环境设置也可以单击工具栏上的快捷图标进入，Keil C51 集成开发环境提供了很多这样的快捷功能，好好利用往往能达到事半功倍的效果。
- 至于其他的选项用户可按默认值进行设置或不用设置。

（3）运行、调试

执行 Debug 工具栏内的 Rebuild all target files 命令对工程项目文件进行编译、连接，此时会出现"编译正确、连接成功"的提示信息。若编译出错，它将提示出错的原因及所在的位置，更正后重新编译直至完全正确为止，接下来单击工具栏内的"Debug"选项，在出现的下拉式菜单中选择 Start/Stop Debug Session 调试命令，这样即可把用户程序就下载

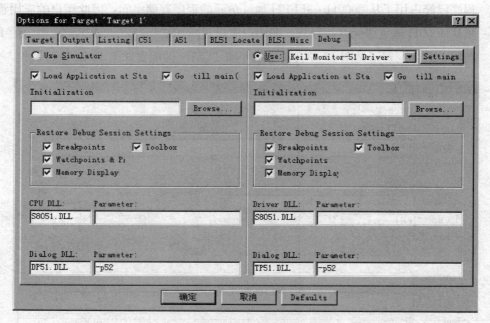

图 12-25　Debug 调试环境设置

到实验仪的 SRAM 中。此时出现如图 12-26 所示的调试画面。

　　此时请注意：当调试 C 语言程序时，应在 Keil C 环境的 Command 窗口下执行 `g，main` 命令；而当调试的是汇编语言程序时，在 Keil C 环境的 Command 窗口下执行 `g` 命令进入程序调试状态。程序指针 PC 将指向第一命令语句，并等待用户输入调试命令。Keil C51 给出了许多调试快捷图标和调试命令。下面介绍几种常用的调试命令及方法。

　　断点。断点可以用以下的方法定义和修改。

- 用 File Toolbar 按钮。在 Editor 或 Disassembly 窗口中的代码行单击断点按钮即可在该设置断点。
- 用快捷菜单的断点命令。在 Editor 或 Disassembly 窗口中的代码行单击鼠标右键在打开的快捷菜单中选择 Insert/Remove Breakpoint 命令也同样可以在该行设置断点。
- 在 Output Window—Command 页，可以使用 Breakset，Breakkill，BreakEnable，Breaklist，Breakpoint 命令来设置断点。

当然，若此处已经设置了断点，再次在此行设置断点将取消该断点。断点设置成功后，会在该行首出现红颜色的断点标志。

　　单步跟踪(F11)。用 Debug 工具栏的 Step 或快捷命令 StepInto 命令按钮可以单步跟踪程序。每执行一次此命令，程序将运行一条指令(以指令为基本执行单元)，当前的指令用黄

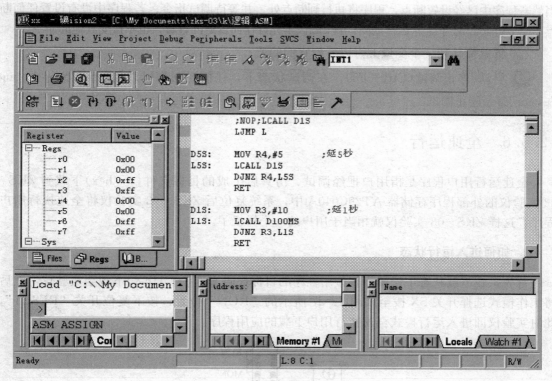

图 12-26　调试界面

色箭头标出，每执行一步箭头都会移动，已执行过的语句呈现绿色。单步跟踪在 C 语言环境调试下最小的运行单位是一条 C 语句，如果一条 C 语句只对应一条汇编指令，则单步跟踪一次可以运行 C 语句对应一条汇编指令；如果一条 C 语句对应多条汇编指令，则一次单步跟踪将运行完对应的所有汇编指令。在汇编语言调试下，可以跟踪到每一个汇编指令的执行。

　　单步运行(F10)。用 Debug 工具栏的 Step Over 或快捷命令 Step Over 即可实现单步运行程序。此时单步运行命令将把函数和函数调用当做一个实体来看待，因此单步运行是以语句(这一语句不管是单一命令行还是函数调用)为基本执行单元的。

　　执行返回(Ctrl＋F11)。在用单步跟踪指令跟踪到子函数或子程序内部时，可以使用 Debug 工具栏的 Step Out of Current Function 或快捷命令 Step Out 即可实现程序的 PC 指针返回到调用此子程序或函数的下一条语句。

　　执行到光标所在命令行(Ctrl＋F10)。用工具栏或快捷菜单命令 Run till Cursor Line 即可执行此命令，使程序执行到光标所在行，但不包括此行，其实质是把当前光标所在的行当做临时断点。

　　全速运行(F5)。用 Debug 工具栏的 Go 快捷命令或 Run 命令即可实现全速运行程序。

当然若程序中已经设置断点，程序将执行到断点处，并等待调试指令；若程序中没有设置任何断点，当 μVision2 处于全速运行期间，μVision2 不允许任何资源的查看，也不接受其他的命令。

将鼠标移到一个变量上可以看到它们的值。

启动/停止调试（Ctrl＋F5）。在调试状态下，任何时间都可以用 Start/Stop Debug Session 命令停止调试。

12.5.6　全速运行

全速运行用户程序是指用户把经调试、仿真后生成的目标文件（＊.hex）下载到 ZKS-03 实验仪的外部程序存储器 AT29C040A 中，系统复位后 ZKS-03 实验仪将全速执行用户程序，这样 ZKS-03 实验仪就相当于用户的一个样机了。

1. 如何进入运行状态

首先，在下载状态下，用户将应用程序的目标代码文件（＊.HEX）下载至实验仪，然后将工作模式选择开关 SX 拨至如图 12-27 所示的"RUN"位置，按下复位开关"RESET"，此时实验仪即进入运行模式全速执行用户下载的应用程序。

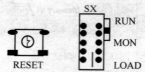

12-27　运行状态下工作模式转换开关位置图

2. 运行状态的存储器模型

当 ZKS-03 实验仪处于运行状态时，将全速执行 Flash 中的用户程序。运行状态下，ZKS-03 实验仪的存储器模型如图 12-28 所示。

P87C52X2		Flash(AT29C040A)			SRAM	
		ROM BANK7				
		—				
			1FFFFH			1EFFFH
		ROM BANK1			XDATA BANK1	
		10000H				10000H
			0FFFFH			0EFFFH
禁止		ROM BANK0			XDATA BANK1	
		00000H				00000H

图 12-28　运行状态下存储器模型

注意：在每一存储段中，XDATA 空间的 0xF000～0xFFFF 空间为 I/O 区，已被系统所使用。用户不能将这些单元用作保存数据的 XDATA 空间。

3. 运行用户程序的步骤及方法

由于在运行状态下实验仪是运行外部程序存储器（AT29C040A）中的程序，这样源程序文件必须从 0000H 单元开始存放，这与在 MON51 环境下调试程序不同（其程序存放起始地址为 4000H）。因此，在编译源程序文件时，必须对程序及其编译环境进行重新设置。

首先将系统配置文件"Startup. a51"中的命令代码"CSEG AT 4000H"改为"CSEG AT 0000H"，即让程序从 0000H 地址单元开始装载。

其次重新设置 Keil C51 的编译环境，点击菜单栏上的 Project 项，在弹出的下拉式菜单中选择 Option for target 'target 1' 命令，将出现如图 12-29 所示的系统环境设置界面。在第 1 栏"Target"选项中把外部程序存储器空间起始地址改为 0000H，而第 3 栏"C51"选项中的中断入口地址向量改为 0000H，单击"确定"命令按钮加以确认。

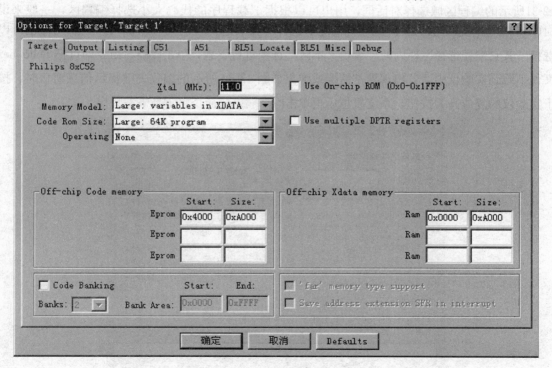

图 12-29　系统编译环境设置界面

然后运行"Rebuild Target"命令重新编译连接程序文件，这时会出现如图 12-30 所示的输出提示信息框。其中"Creating hex file from 'hello'"表示正在生成目标文件 hello. hex，接下来的一行 "'hello'—0 Error(s)，0 Warning(0)" 提示编译成功，程序没有错误，也不存在警告。若在编译连接中出现警告信息用户可以不必理会它；但是若提示程序中存在错误，必须查找并修改程序中的错误直至程序编译成功为止。

```
Build target 'Target 1'
compiling Hello.c...
assembling Startup.a51...
linking...
Program Size: data=16.1 xdata=65 code=1857
creating hex file from "hello"...
"hello" - 0 Error(s), 0 Warning(s).
```

Ready　　　　　　　　　　　　　　　　　　　　　　　NUM　　R/W

图 12-30　编译输出信息窗口

把 ZKS-03 实验仪的工作模式选择开关 SX 拨至 "LOAD" 位置，在上位机上运行下载软件 DPFlash 并装载 hello. hex 文件，然后单击下载软件左边的 编程 命令按钮，则出现如图 12-31 所示的编程区域选择对话框，用户可以根据下载程序的代码大小选择编程区，一般来说 64KB 程序空间已足够大，因此通常情况下选择 "按页选择" 的第一项即可，当然用户也可以选择 "其它编程选择" 栏内的 "编辑文本区" 选项进行下载，单击 编程 命令即可把 hello. hex 文件下载到实验仪中。若出现异常情况或弹出如图 12-32 所示的编程失败提示信息窗口时，按下实验仪的复位开关按钮，系统复位后再单击 Try Again 命令将重新下载程序。

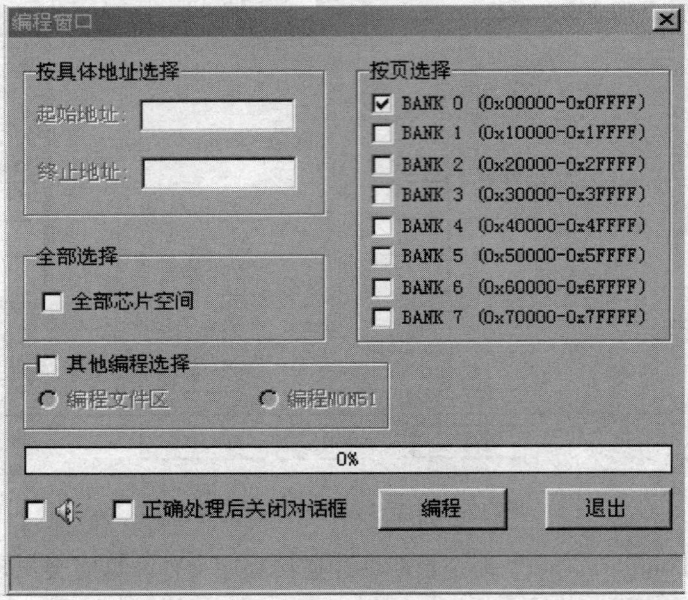

图 12-31　编程区域选择对话框

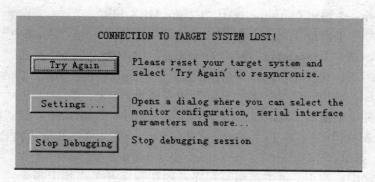

图 12-32　编程失败提示信息窗口

　　最后又把工作模式选择开关 SX 拨至 "RUN" 位置，按下复位开关 "RESET"，这时实验仪将全速运行用户程序。

12.5.7　操作步骤

　　综上所述可以看出，ZKS－03 实验仪是一款功能强大的集学习、实验、开发于一体的综合实验仪，用户在使用时需要把握以下几点。

（1）前提条件

保证串口能通信，且计算机中先安装 Keil C51 软件和 DPFlash 软件。

（2）ZKS－03 当实验样机使用时的步骤

- 把功能开关拨到 "LOAD" 状态，按复位键。
- 运行 DPFlash，选定所烧录的程序后，单击 "编程"——选 "其他编程选择"——选 "编程文件区"——单击 "编程"，此时可把所烧录的程序下载到实验仪中。
- 把功能开关拨到 "RUN"，按复位键，此时可运行程序。

（3）ZKS－03 当仿真器使用时的步骤

- 把功能开关打到 "LOAD" 状态，按复位键。
- 运行 DPFlash，单击 "编程"—— "编程 MON51"，此时会把 "MON51" 程序下载到实验仪中。
- 把功能开关拨到 "MON" 状态，按复位键。
- 退出 DPFlash，运行 Keil μVision2 调试软件。
- 基本设置方法：在 "Project" 菜单下，打开 "Options for Target 'Target 1'" 窗口。
- 单击 "Debug" 窗口，在窗口中的右部分选项中全选，在 "Use" 的内容中，选 "Keil Monitor-51 Driver"，然后单击 "Settings" 按钮，打开一个窗口，选相应的串口，波特率选 9600，其余的选项都选上。

- 单击另外一个窗口 Output，选中 "Create HEX File"。
- 单击另外一个窗口 Target，在 "Memory Model" 中，选 "Small…"，在 Code Rom Size 中，选 "Large…"，在 "Operating" 中，选 "None"。在 "Off-chip Code memory" 中，在 "Eprom" 中各值为：Star　0x4000，Size　0xA000；在 "Off-chip Xdate memory" 中，在 "Ram" 中各值为：Star　0x000；Size　0x4000。
- 单击另外一个窗口 C51，在 "Preprocessor Symbols" 窗口中，在 "Define" 中的内容输入 Monitor51；选上 "Interrupt vectors at a" 选项，并输入内容 0x4000，单击 "确定" 退出。
- 在源程序中，若用汇编语言编写程序，则在程序开头需加上指令 " ORG 4000H"，表示程序代码从 4000H 开始存放。若用 C51 语言编写程序，将 Keil/LIB 目录下的 "Startup. a51" 加入到工程项目中，并将其中的语句 "CSEG AT 0x0000" 改为 "CSEG AT 0x4000"，表示的意思与用汇编语言的情况相同。但要注意，在 ZKS-03 上使用 Keil μVision2 调试好的程序，若要烧写芯片时，还需把以上地址改为 0x0000 地址，重新编译后所生成的 HEX 文件才能用来烧写芯片，否则将不能运行。
- 建立工程，编写源程序，编译，单击 "开始调试" 按钮，此时有两种情况需注意。

　　一种是对于用 C51 语言编写的程序，一旦单击 "开始调试" 按钮后，程序代码开始下载至 ZKS-03 的程序区，此时不能单击工具栏上的 "停止" 按钮或 "复位" 按钮，否则会出错。当 ZKS-03 完成下载程序代码后，PC 指向程序区的首地址（0x4000），此时即可使用 KEIL 命令进行调试。

　　另一种是对于用汇编语言编写的程序，一旦单击 "开始调试" 按钮后，程序代码开始下载至实验仪的程序区，此时不能单击工具栏上的 "停止" 按钮，或 "复位" 按钮，否则会出错；当实验仪完成下载程序代码后，PC 即指向程序区的首地址（0x4000），此时即可使用 KEIL 命令进行调试。

- 在调试过程中，任何时候不能单击工具栏上的复位按钮，否则影响仿真通信，导致仿真脱机出错。需要复位时，只能按实验仪上的复位键，这一点需要注意。

（4）ZKS-03 当目标板使用

在这种状态下又有以下两种情况。

① 把用户程序的目标代码固化到 ZKS-03 实验仪的 Flash 存储器中，并把功能开关置于 RUN 处即可全速运行用户程序。

② ZKS-03 独立运行用户程序的情况（检验程序），首先拔下 P87C52X2 芯片，插上用户自己烧写好的芯片后，把功能开关拨到 "LOAD" 位置，按复位键即可运行用户的程序。

12.5.8　注意的问题

以下是几个需要注意的问题。

① DPFlash 软件与 Keil 软件不能同时打开，否则容易出现通信失败。

② 当要人为地停止程序运行时，需按实验仪上的"RESET"键，不要单击工具栏中的快捷图标"Halt"。

③ 当拨动实验仪上模式选择开关 SX，即改变实验仪工作模式时，一定要按一下"RESET"键。

④ 在汇编、调试自己的应用程序之前，要把源程序文件添加到工程项目中。

习题

1. 实验仪有哪些主要功能？各功能所对应的工作模式是什么？
2. 实验仪选用的 CPU 类型是什么？有哪些特点？
3. 实验仪为用户提供了几个片选信号？片选信号对应的地址空间是什么？
4. 实验仪中的蜂鸣器是交流蜂鸣器还是直流蜂鸣器？如何控制它产生音乐？
5. 简述在 Keil C51 集成开发环境下建立第一个应用程序的步骤。
6. 如何使实验仪作仿真器使用？其操作步骤是什么？

第 13 章　MCS‑51 单片机实验

实验一　交通信号灯控制实验

实验目的

1. 学习 P1 口的使用方法。
2. 学习延时子程序的编写。

实验内容及步骤

以 P1 口作为输出口，控制 6 个发光二极管，模拟交通信号灯的管理。在实验仪上选择两组红、黄、绿指示灯，代表交通信号灯。

设有一个十字路口为东西南北方向，其中东西方向为支路，南北方向为主路。初始状态为 4 个路口的红灯全亮。之后，南北路口的绿灯亮，东西路口的红灯亮。南北路口方向通车，延时 20 秒后，南北路口的绿灯熄灭，黄灯开始闪烁，闪烁 5 次后红灯亮。而同时东西方向路口的绿灯亮，东西方向开始通车，延时 10 秒后，东西路口的绿灯熄灭，而黄灯开始闪烁。闪烁 5 次后，再切换到南北路口的绿灯亮，东西路口的红灯亮。之后重复上述过程。

实验电路

实验电路如图 13-1 所示。

程序框图

图 13-2 为对应的程序框图。

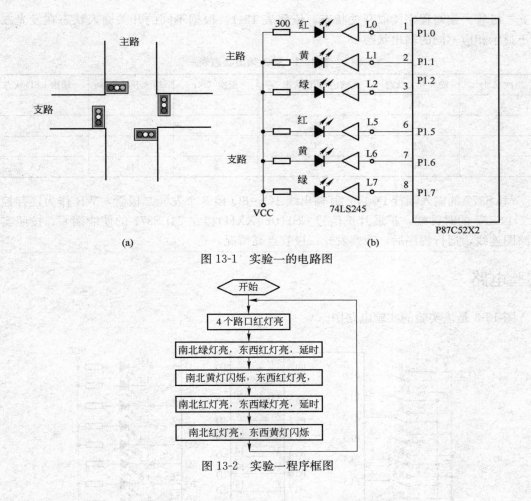

图 13-1　实验一的电路图

图 13-2　实验一程序框图

实验二　P1 口输入、输出实验

实验目的

1. 进一步学习 P1 口的使用方法。
2. 学习开关量输入、输出控制的接口技术及编程方法。

实验内容与步骤

P1 口作为输入口，接 8 个拨动开关。实验仪上 8D 触发器 74LS377 作输出口，接 8 个发光二极管。编写程序读取开关状态，依照表 13-1，根据不同的开关输入状态在发光二极管上显示相应不同的输出状态。

表 13-1　输入输出状态表

组次（N）	输入开关状态	输出 LED 状态	组次（N）	输入开关状态	输出 LED 状态
1	AA	81	5	7F	10
2	55	7E	6	F7	11
3	0F	3C	7	BB	55
4	F0	C3	8	44	AA

74LS377 的输入端接 P0 口，其输出线 1Q～8Q 接 8 个发光二极管，WR 作为锁存控制接 74LS377 的时钟端，扩展片选信号 CS1(0F1XXH)接在 74LS377 的使能端 G。按照实验电路图连线，运行程序后，观察发光二极管点亮情况。

实验电路

图 13-3 是该实验的实验电路图。

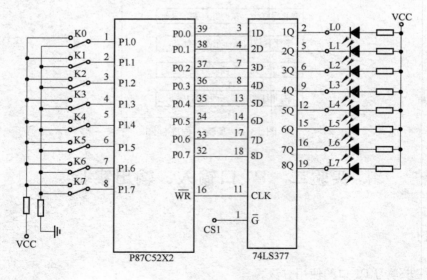

图 13-3　实验二电路图

实验说明

由于 P1 作普通的 I/O 口使用时，是准双向口结构。因此它的输入、输出操作不同，即输入操作是读引脚状态，而输出操作是对口锁存器的写入操作。这样当由内部总线给口锁存器置"0"或置"1"时，锁存器中的"0"或"1"状态会立即反映到引脚上。而在输入操作（读引脚）时，如果锁存器的状态为"0"，该引脚会被箝位在低电平，导致无法读出该引脚的高电平输入。所以准双向口作为输入口时，应先置"1"锁存器，即先向该 I/O 口写"1"，使该 I/O 口工作于输入方式，然后再读引脚。

程序框图

图 13-4 为该实验的程序框图。

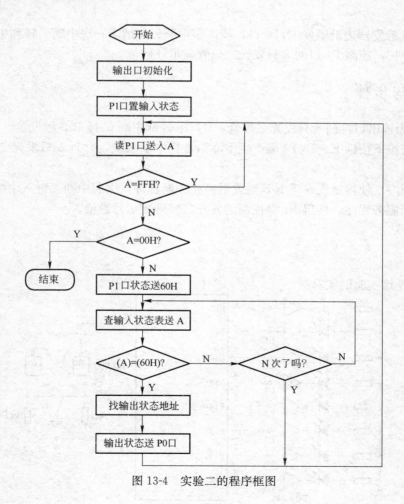

图 13-4　实验二的程序框图

实验三　　外部中断实验

实验目的

　　学习和了解单片机中断原理、中断过程、中断方式(电平触发方式、边沿触发方式)的选择及编程方法。

实验原理

　　利用 R-S 触发器边沿触发 INT0 口，使产生中断。每请求一次中断，转到中断服务程序使计数值加"1"，控制 P1 口的 8 只发光二极管显示计数值。

实验内容与步骤

　　P1 口作为输出口控制 8 只发光二极管，INT0(外部中断 0)接 R-S 触发器。
　　要求：当按下按键 K，INT0 端产生下降沿进行中断触发，并且 8 只发光二极管要显示按键次数。
　　编制主程序，使得触发一下 R-S 触发器产生中断脉冲，引起中断而进入中断服务程序。
　　编制中断服务程序，使得 P1 口控制的发光二极管显示计数值。

实验电路

　　图 13-5 是该实验的实验图。

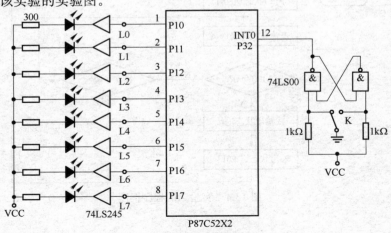

图 13-5　实验三电路图

实验四　定时器/计数器实验

实验目的

1. 了解单片机中定时器/计数器的基本结构、工作原理和工作方式。
2. 掌握单片机工作在定时器和计数器两种方式下的编程方法。

实验原理

当选择定时器模式时，计数输入信号是内部时钟脉冲，每个机器周期使计数寄存器的值加 "1"，每个机器周期等于 12 个时钟振荡周期，故计数速率为振荡频率的 1/12，若采用 12 MHz 的晶体时，计数速率是 1 MHz，即每 1 μs 计数值加 "1"。因此定时器若在 12 MHz 时钟晶振下工作于方式 1，它的计数初值 M 可用下式计算（f 为晶振频率）。

$$(2^{16}-M) \times 1/\left(\frac{f}{12}\right)=定时 \quad 或 \quad M=2^{16}-定时\times\left(\frac{f}{12}\right)$$

当选择计数器模式时，P3.4(T0)或 P3.5(T1)引脚就当做计数脉冲的输入端，这样计数器就可以对外部输入脉冲进行计数。当计数器被设置为允许中断时，每当计数器溢出即置位 TF0，我们既可以利用查询方式查询此位进行相应处理，也可以利用中断服务子程序进行处理。

实验内容与步骤

（1）定时器实验

在使用 12 MHz 晶振的条件下，用定时器 0 产生 1 s 定时，由 P1.0 输出周期为 2 s 的方波信号，用示波器或用发光二极管观察 P1.0 的输出信号。

（2）计数器实验

计数器 1 对外部事件进行计数，手动外部输入脉冲，计数器计到一定值时，由 P1.7 输出信号，使蜂鸣器发声。实验仪上采用的是交流蜂鸣器，蜂鸣器驱动电路的输入端与单片机 P1.7 相连。控制 P1.7 上输出一定频率的方波信号，蜂鸣器便会发出声音。

按实验电路图连线，P1.7 的输出信号通过跳线器 JP1 与蜂鸣器驱动电路相连。

实验电路

图 13-6 是该实验的电路图。

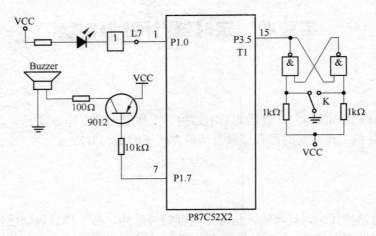

图 13-6　实验四电路图

实验五　8155 并行接口实验

实验目的

1. 掌握 8155 并行接口的扩展与编程方法。
2. 掌握 8155 工作方式 0 与方式 1 的使用。

实验原理

8155 可作为 I/O 口、片外 256 字节数据存储器及定时器使用。8155 作扩展 I/O 使用时 IO/M 引脚必须置高电平，这时命令寄存器及 PA、PB、PC 的口地址的低 8 位分别为 00H、01H、02H、03H。8155 I/O 口的工作方式为 A 口、B 口，可工作于基本 I/O 方式或选通方式，C 口可作为输入输出口线，也可以作为 A 口、B 口选通方式工作时的状态控制信号线。当 A 口设定为选通 I/O 方式时，PC0、PC1、PC2 定义为 A 口的联络信号 AINTR、ABF、ASTB。由实验电路图 13-7 可知单片机 P87C52X2 扩展了一片 8155，PA 口作为开关量的选通输入口，接 8 个开关，PB 口作为基本输出口，接 8 个发光二极管。图中设计了一产生中断的按键电路，当输入的开关量确定后，按动该按键 K 产生一负脉冲，向 8155 发送选通信号 STB，STB 的后沿（由低变高）将使中断请求信号 NTR 变为高电平，此信号经反相器反相后，向 CPU 发中断请求，CPU 响应中断，将开关量输入。

实验内容与步骤

用 8155 的 PA 口作为开关量的选通输入口，PB 口作为基本输出口，设计一按键电路，当输入的开关量确定后按下该按键，将输入的开关量通过 PB 口输出，控制发光二极管。

编制程序，用中断的方法实现以上功能。

编制程序，用查询的方法实现以上功能(适当的修改实验电路)。

实验电路

图 13-7 是该实验的电路图。

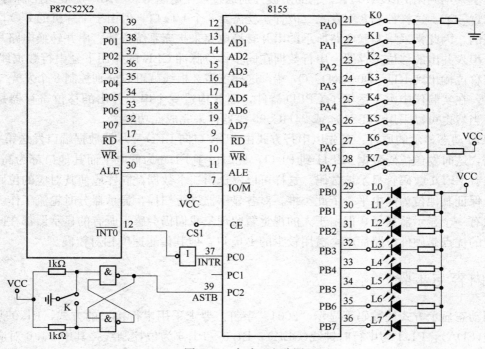

图 13-7 实验五电路图

实验六 LED 数码显示实验

实验目的

了解 LED 动态显示原理及动态显示程序设计方法。

实验原理

在 ZKS‐03 实验仪上有 4 位共阳 LED 数码管，其标号分别为 LED1～LED4。为了节省 MCU 的 I/O 口，采用串行接口方式，它仅占用系统 2 个 I/O 口，一个用作数据线 SDA，另一个用作时钟信号线 CLK。4 位共阳 LED 数码管与 P87C52X2 的连接如图 13-8 所示。其中，KD_Q0～KD_Q7 为 LED 显示器数据线即段码线，EBIT1～EBIT4 为 LED 显示器的位码扫描线，它们通过跳线选择器 JP1 与 P1.3～P1.6 相连。由它们发送扫描信号，低电平有效，且任何时候仅有 1 位输出低电平。由于 P1 口的驱动能力有限，在此采用 9012 三极管来增加其驱动能力。

由于采用共阳 LED 数码管，它的阴极分别通过限流电阻 R20～R27 连接到控制端 KD_Q0～KD_Q7。这样控制 8 个发光二极管，就需要 8 个 I/O 口。但由于单片机的 I/O 口资源是有限的，因此常采用实验电路所示的串并转换电路来扩充系统资源。串并转换电路其实质是一个串入并出的移位寄存器，串行数据在同步移位脉冲 CLK 的作用下经串行数据线 SDA 把数据移位输出到 KD_Q0～KD_Q7 端，这样仅需 2 根线就可以分别控制 8 个发光二极管的亮灭。在实验仪中由于运用了 CPLD 器件，因此构造一个串入并出的移位寄存器是很轻松的，当然也可以采用 74LS164 或 74HC595 等器件来完成此功能。

LED 动态显示的原理：首先以串行方式由 SDA 口向 LED 显示器数据端口发送第一个 8 位数据，这时发送位码数据 0BFH 到 P1 口，此时由于 P1.6 为低电平而其他口都为高电平，因此只有 LED1 数码管显示该数码。这样可以发送第二个数据，同样应使其对应的位码为低电平且保证其他位为高电平。依此类推，对各显示器进行扫描，显示器分时轮流工作。虽然每次只有一个显示器显示，但由于人的视觉暂留现象我们仍会感觉所有的显示器都在同时显示。它的优点是硬件电路简单，占用较少的 I/O 口，但其传送速度相对较慢。

实验内容与步骤

用动态显示方式使数码管显示"2004"字符。要求采用串行接口的方式，P1.0 为串行数据线(SDA)，P1.1 为串行时钟线(CLK)，P1.3～P1.6 为位控制线，其中 P1.6 对应数码管 W1(P1.6—W1)，其他的对应关系依次为 P1.5—W2、P1.4—W3、P1.3—W4。接线时通过跳线选择器 JP1 的 A 位使 P1.0～P1.6 与数码显示电路相连。

实验电路

图 13-8 是该实验的电路图。

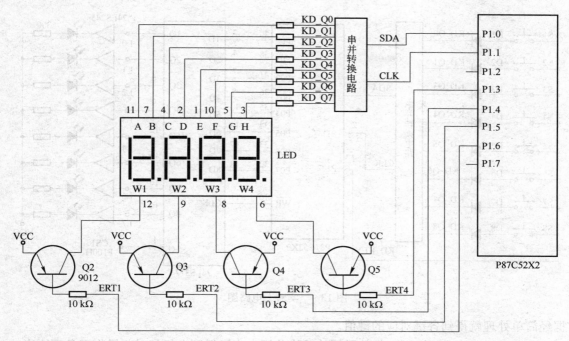

图 13-8　实验六电路图

实验七　键盘扫描实验

实验目的

掌握在串行方式下键盘扫描的设计方法。

实验原理

键盘是实现人机交互的主要设备，在 DZK - 03 实验仪上有 8 个按键，分别标志为 K1～K8。按键与 P87C52X2 的接口方式如图 13-9 所示，串并转换电路将 P87C52X2 的 P1.0 (SDA)上的串行数据转换成 8 位并行数据，KD_Q0～KD_Q7 作为键盘扫描线，P1.1 (CLK)用作时钟信号线，KD_KEY(P1.2)为键盘数据回送线，它们是通过跳线选择器 JP1 与 P87C52X2 相连。

键盘扫描时，从 KD_Q0～KD_Q7 依次输出低电平，然后检测 KD_KEY。如果 KD_KEY 线为高电平则表示无键闭合；若 KD_KEY 等于零，将 KD_Q0～KD_Q7 上的数

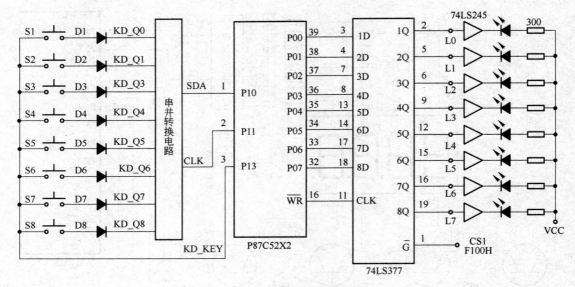

图 13-9　实验七电路图

据经简单处理就得到各键对应的键值。

　　由于 KD＿Q0～KD＿Q7 与数码管的段线共用，为了保证在任何时刻操作键盘而不影响 LED 的显示效果，应该在每个按键上串联一个隔离二极管。

实验内容

　　利用实验仪上给出的 8 个按键、8 个发光二极管，将按键与发光二极管一一对应。

　　要求：按下 8 个键中任意按键，与其对应的发光二极管被点亮。编制程序并设计电路实现这一功能。

实验参考电路

　　图 13-9 是该实验的参考电路图。

实验参考流程图

　　图 13-10 是键盘扫描程序流程图。

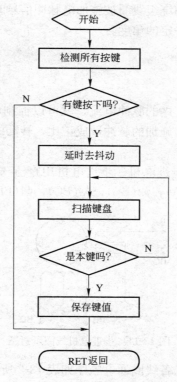

图 13-10 键盘扫描流程图

实验八 步进电机控制实验

实验目的

1. 了解步进电机控制的基本原理。
2. 掌握控制步进电机转动的编程方法。

步进电机简介

步进电机是将电脉冲信号变换成角位移或直线位移的执行器件，步进电机可以直接用数字信号驱动，使用非常方便。步进电机还具有快速启动、精确步进和定位等特点，因而在数控机床、绘图仪、打印机，以及光学仪器中得到广泛的应用。

步进电机由定子和转子组成。转子由多个矩形小齿均匀分布在圆周上，定子嵌装有多相不同连接的控制绕组。当定子的绕组线圈被施加电脉冲信号时，定子的磁极便产生磁场，并与转子形成磁路，使转子转动一定的角度。

实验原理

单片机按顺序给绕组施加有序的脉冲电流，就可以控制电机的转动，从而进行了数字/角度的转换。转动的角度大小与施加的脉冲数成正比，转动的速度与脉冲频率成正比，而转动的方向则与脉冲的顺序有关。

本实验使用的是二相四拍步进电机。步进电机用直流＋5V 电压，每相电流为 0.16A，电机线圈由四相组成，即 $\phi1(BA)$，$\phi2(BB)$，$\phi3(BC)$，$\phi4(BD)$。如图 13-11 所示。

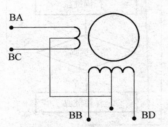

图 13-11　步进电机线圈示意图

驱动方式为二相激磁方式，各线圈通电顺序如表 13-2 所示。

表 13-2　线圈通电顺序

顺序 / 相	$\phi1$	$\phi2$	$\phi3$	$\phi4$	顺序 / 相	$\phi1$	$\phi2$	$\phi3$	$\phi4$
0	1	1	0	0	2	0	0	1	1
1	0	1	1	0	3	1	0	0	1

表 13-2 中，首先向 $\phi1$ 线圈—$\phi2$ 线圈输入驱动电流，接着向 $\phi2$—$\phi3$，$\phi3$—$\phi4$，$\phi4$—$\phi1$ 输入驱动电流，然后又返回到 $\phi1$—$\phi2$，按这种顺序切换，电机轴按顺时针方向旋转。

步进电机绕组的驱动电流一般为数百毫安，不能直接由 I/O 口驱动，必须加功率驱动电路，实验仪上所采用的步进电机功率驱动电路如图 13-12 所示。

实验内容

利用 P1 口的 P1.0～P1.3 输出脉冲序列，通过驱动电路控制步进电机转动。开关 K0、K1 控制步进电机的启动及转速，K2 控制步进电机转向。

要求：当 K0、K1 中任一开关为"1"时步进电机启动，当 K0、K1 为"00"时，步进电机停止转动，当K0、K1分别为"01、10、11"时，步进电机为3种不同的转速。K2为"1"时。步进电机正向转动，K2为"0"时，步进电机反向转动。

步进电机插头插入实验仪上的J2插座。

实验电路

图13-12是该实验的电路图。

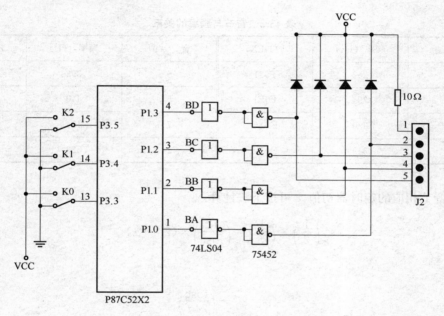

图 13-12　实验八电路图

实验九　电子音调实验

实验目的

了解计算机发出不同音调的编程方法。

实验原理

音节由不同频率的方波产生，音节与频率的关系如表13-3所示。要产生音频方波，只要算出某一音频的周期（1/频率），然后将此周期除以 2，即为半周期的时间。利用计时器计时此半周期时间，每当计时到后就将输出方波的 I/O 反相，然后重复计时此半周期时间再对 I/O 反相，就可在 I/O 脚得到此频率的方波。在 ZKS‑03 实验仪上，产生方波的 I/O 脚选用 P1.7，通过跳线选择器 JP1 将 P87C52X2 的 P1.7 与蜂鸣器的驱动电路相连，这样 P1.7 输出不同频率的方波，蜂鸣器便会发出不同的声音。另外，音乐的节拍是由延时实现的，如果 1 拍为 0.4 秒，1/4 拍是 0.1 秒。只要设定延时时间，就可求得节拍的时间。延时实现基本延时时间，节拍值只能是它的整数倍。

表 13-3　音节与频率的关系

音　调	频率（Hz）	x(HEX)	音　调	频率（Hz）	x(HEX)
1	262	F921	5	392	FB68
2	294	F9E1	6	440	FBE9
3	330	FA8C	7	494	FC5B
4	349	FAD8	i	523	FC8F

每个音节相应的定时器初值 x 可按下法计算。

$$\left(\frac{1}{2}\right)\times\left(\frac{1}{f}\right)=\left(\frac{12}{\text{fosc}}\right)\times(2^{16}-x)$$

即

$$x=2^{16}-\left(\frac{\text{fosc}}{24f}\right)$$

其中，f 是音调频率。当晶振 fosc＝11.059 2 MHz 时，音节"1"相应的定时器初值为 x，则可得 x＝63777D＝F921H 其他的可同样求得。

实验内容

利用开关 K0～K7 及蜂鸣器设计电子音调发生器，通过 P1.7 输出不同频率的脉冲信号驱动蜂鸣器发出不同频率的音调。拨动开关 K0～K7，蜂鸣器发出 1234567i 八个音调。

实验电路

图 13-13 是该实验的电路图。

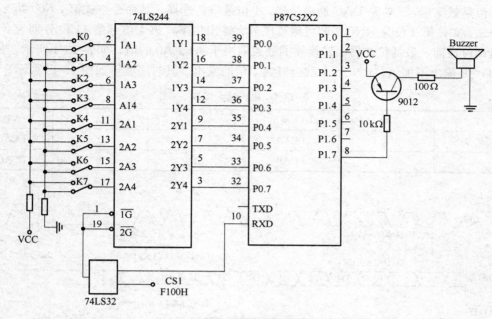

图 13-13　实验九电路图

实验十　串行数/模转换实验

实验目的

1. 掌握 D/A 转换器与单片机的接口方法。
2. 了解串行 D/A 芯片 5620 转换性能及编程方法。

实验内容

利用 TLC 5620 串行 D/A 转换芯片输出周期性的方波、锯齿波、三角波和正弦波，用示波器观察输出的波形。

TLC 5620 使用简介

TLC 5620 是串联型 8 位 D/A 转换器(DAC)，它有四路各自独立的电压输出 D/A 转换器，具备各自独立的基准源，其输出还可编程为 2 倍或 1 倍。在控制 TLC 5620 时，只要对该芯片的 DATA、CLK、LDAC、LOAD 端口进行操作即可。TLC 5620 命令字为 11 位，其中8位是数字量，2位是DAC通道选择，1位是增益选择。其命令格式第1位、第2位分别为A1、A0，第3位为RNG，即可编程序放大输出倍率，第4位到第11位分别为8位数据，最高位在前，最低位在后。转换器的通道取决于A1、A0的值，如表13-4所示。另外，设RNG＝0输出不加倍，RNG＝1就会得到2倍的输出。其时序波形如图13-14所示。

表 13-4　串行输入译码

A1	A0	D/A 输出	A1	A0	D/A 输出
0	0	DCAA	1	0	DCAC
0	1	DCAB	1	1	DCAD

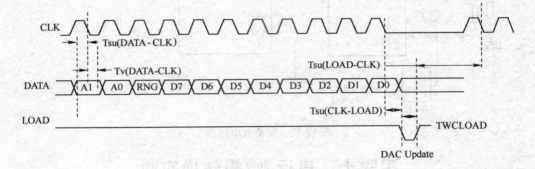

图 13-14　TLC 5620 工作时序图

图 13-15 是 TLC 5620 的管脚图。

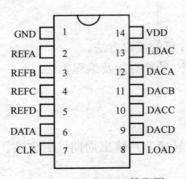

图 13-15　TLC 5620 管脚图

　　TLC 5620 管脚图中，管脚 DATA 为芯片串行数据输入端，CLK 为芯片时钟，数据在每个时钟下降沿输入 DATA 端。在输入数据的过程中，要始终保持管脚 LOAD 处于高电平，一旦数据输入完成，LOAD 置低，则转换输出。在实验中管脚 LDAC 一直保持低电平。管脚图中 DACA、DACB、DACC、DACD 为 4 路转换输出，REFA、REFB、REFC、REFD 为其对应的参考电压。

实验电路

图 13-16 是该实验的电路图。

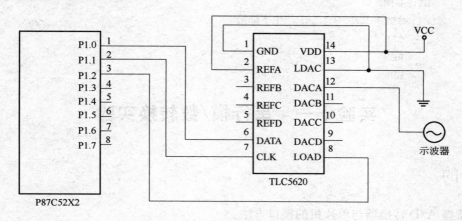

图 13-16　实验十电路图

编程提示

在编写数模转换程序时，要严格按照时序图的时序编写。

下面给出将数字量 68H 转换成模拟量的参考程序。

```
          DAT EQU P1.0      ；定义串行数据线
          CLK EQU P1.1      ；定义串行时钟线（下降沿输入数据）
          LOAD EQU P1.2     ；定义 LAOD 信号线，数据输入过程中 LOAD 始终为"1"
          ORG 4000H
          MOV A, #68H       ；转换数据:68H
          MOV R1, #8
          SETB LOAD         ；置位 LOAD= 1
          CLR DAT           ；设置 A1= 0
          LCALL CLK1        ；输入 A1= 0
          CLR DAT           ；设置 A0= 0
          LCALL CLK1        ；输入 A0= 0
          CLR DAT           ；设置 RNG= 0
          LCALL CLK1        ；输入 RNG= 0
SDATA:RLC A
          MOV DAT, C        ；将 A 中数据依次移入数据端，D7 在前，最后 D0
```

```
        LCALL CLK1      ; 下降沿输入 DAT 数据
        DJNZ R1, SDATA
        CLR LOAD        ; 输出转换结果
        SETB LOAD
L1:     LJMP L1
CLK1:   SETB CLK        ; 产生下降沿
        CLR CLK
        RET
        END
```

实验十一　　串行模/数转换实验

实验目的

1. 掌握 A/D 转换器与单片机的接口方法。
2. 了解 A/D 芯片 0834 转换性能及编程方法。
3. 了解单片机如何进行数据采集。

实验内容

　　利用 TLC0834 做 A/D 转换实验，实验仪上的电位器提供模拟量输入。编制程序，将模拟量转换成二进制数字量，通过发光二极管 L0～L7 显示。

TLC 0834 使用简介

　　TLC 0834 是 8 位串行 A/D 转换器，它有 4 个可多路选择的输入通道，其多路器可用软件配置为单端输入或差分输入，并分配差分输入通道的极性，多路器地址通过 DI 端移入转换器。TLC0834 的引脚如图 13-17 所示。

　　TLC0834 的控制命令是通过串行数据传送的，其多路器的控制逻辑表如表 13-5 所示。

　　根据多路器的软件配置，单端输入方式下，要转换的输入电压连到一个输入端和地端；差分输入方式下，要转换的输入电压连到一个输入端和另一个输入端。TLC0834 的两个输入端可以分配为正极（＋）或负极（－），可以由多路器进行软件配置。但是要注意的是，当连到分配为正端的输入电压低于分配为负端的输入电压时，转换结果为全 "0"。TLC0834 的工作时序如图 13-18 所示。

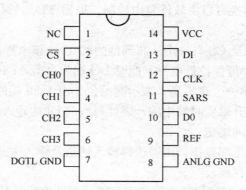

图 13-17　TLC 0834 引用脚图

表 13-5　TLC 0834 多路控制逻辑表

多路地址器			通　道　号			
SGL/DIF	ODD/EVEN	SELECT BIT 1	CH0	CH1	CH2	CH3
L	L	L	+	−		
L	K	H			+	−
L	H	L	−	+		
L	H	H			−	+
H	L	L	+			
H	L	H			+	
H	H	L		+		
H	H	H				+

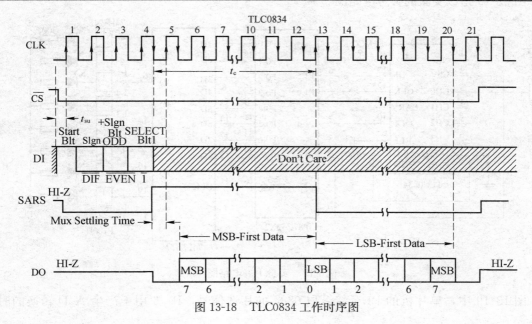

图 13-18　TLC0834 工作时序图

TLC0834 的启动和转换可以由软件自由控制。根据 TLC0834 的工作时序图，其转换过程如下。

片选 置 CS 为低（保证 CS 有一个从高到低的跳变），该电平能使所有的逻辑功能有效，CS 引脚在整个转换过程中应保持低电平。此时 DO 端为高阻，DI 端等待指令。

起始 向 DI 端输出第一个逻辑高，表示起始位。由于 DI 端的数据移入多路器地址移位寄存器是在每个时钟的上升跳变时发生的，因此每次向 DI 端置入一位数据时，应在 CLK 端输出一个从"0"到"1"的跳变。

配置 接下来的 3 位是配置位，用以选择输入通道及输入方式。连续 3 个时钟的上升沿将 3 位配置位移入移位寄存器。

转换 当启始位、3 位配置位移入移位寄存器后，转换便开始，即在第 4 个时钟的下降沿转换开始。同时 DI 端转为高阻状态，DO 端脱离高阻状态，为输出数据做准备。

读取 在第 5 个脉冲的下降沿单片机即可读取 DO 端的数据，第 5 至第 12 个脉冲，共读取 8 位数据，读取的顺序是从高到低（D7D6D5D4D3D2D1D0）。TLC0834 在输出以最高位（MSB）开头的数据流后，又以最低位（LSB）开头重输出一遍数据流，最低位共用。如果需要，可以接着向 CLK 端输出第 12 至 19 个脉冲，以读取 7 位数据（D1D2D3D4D5D6D7）；如果不需要，可以省去第 13 至第 20 个脉冲，直接结束这一次转换周期，即置 CS 高电平。

实验参考电路

图 13-19 是该实验的参考电路图。

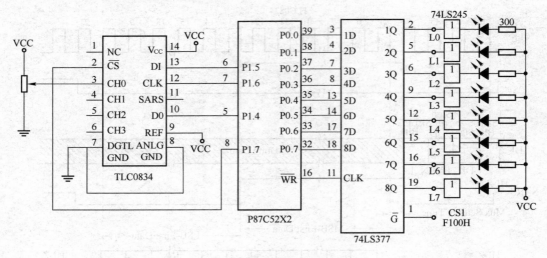

图 13-19　实验十一电路图

图 13-19 中，单片机的 P1.7 接 TLC0834 的片选信号，P1.6 用于产生 A/D 转换的时

钟，P1.5 用于对模拟输入进行配置，P1.4 用于输出转换所得的数据。在这里模拟信号以单端方式输入，参考电压为 5V，A/D 模拟量的输入范围为 0～5V。单片机将转换结果通过 8D 触发器 74LS377 输出到 L0～L7 发光二极管。

编程提示

下面是通道 0、单输入 A/D 转换参考程序。P1.6 为 CLK 管脚，P1.5 为 DI 管脚，P1.7 为 CS 管脚，P1.4 为 DO 管脚。

```
ORG 4000H        ；从 4000H 起的地址开始存放程序
CLR P1.6         ；清时钟
CLR P1.5         ；清 DI
SETB P1.7        ；置片选信号为高电平
NOP
NOP
CLR P1.7         ；清片选信号（保证 CS 有一个从高到低的跳变）

S ETB P1.5       ；DI 高电平作为起始信号
SETB P1.6        ；CLK 为高电平，此时 DI 线上的数据被打入寄存器
NOP
NOP

C LR P1.6        ；CLK 为低电平
SETB P1.5        ；DI 线上的 SGL 位为"1"
NOP
NOP
SETB P1.6
NOP
NOP

C LR P1.6
CLR P1.5         ；DI 线上的 ODD 位为"0"
NOP
NOP

S ETB P1.6       ；CLK 为高电平
NOP
NOP
```

```
            C LR P1.6
            CLR P1.5            ; DI 线上的 SELECT 位为 "0"
            NOP                 ; 从 DI 线上串行输入的 SGL、ODD、SELECT 三
            NOP                 ; 位决定了所选的通道为 0 且为单端输入
            SETB P1.6
            NOP
            NOP


            C LR P1.6           ; 在这个时钟周期内没有任何操作
            NOP                 ; 这个时钟作为 DO 线前导低电平的时钟信号
            NOP
            SETB P1.6
            NOP
            NOP
ADCOVN:     MOV R0, #08H        ; 分 8 次把 DO 线上的数据从高到低读入
ADLOP0:     CLR p1.6            ; 在时钟的下降沿 DO 输出转换数据
            NOP
            NOP
            MOV C, P1.4         ; 将 DO 输出位放到 PSW 的 CY 位
            RLC A               ; 累加器左移，将结果存入累加器
            SETB P1.6
            NOP
            NOP
            DJNZ R0, ADLOP0
            MOV R0, #09H
ADLOP1:     CLR P1.6            ; 0834 将转换数据从低到高重新输出
            NOP                 ; 由于前面已经得到了转换数据，所以
            NOP                 ; 这里不再读入这组数据了。
            SETB P1.6
            NOP
            NOP
            DJNZ R0, ADLOP1
            SETB P1.7           ; CS 管脚为高电平，0834 停止转换
            END
```

附录 A ASCII 码(美国标准信息交换码)

ASCII 码(发音为 ask-kee)是将英语中的字符表示为数字的代码，它为每个字符分配一个介于 0～127(对应十六进制为 00H～7FH)之间的数字。大多数计算机都使用 ASCII 码来表示文本和在计算机之间传输数据。

ASCII 码分为以下几种。

(1) ASCII 打印字符

数字 32～126 分配给了能在键盘上找到的字符，当查看或打印文档时就会出现。

(2) ASCII 非打印控制字符

ASCII 表上的数字 0～31 分配给了控制字符，用于控制像打印机等一些外围设备。

(3) 扩展 ASCII 打印字符

扩展的 ASCII 字符满足了对更多字符的需求。扩展的 ASCII 包含 ASCII 中已有的 128 个字符，此外又增加了 128 个字符(未列)，总共是 256 个。

表 A-1 ASCII 码的编码方案

低位 \ 高位	000	001	010	011	100	101	110	111
0000	NUL	DEL	SP	0	@	P	`	p
0001	SOH	DC1	!	1	A	Q	a	q
0010	STX	DC2	"	2	B	R	b	r
0011	ETX	DC3	#	3	C	S	c	s
0100	EOT	DC4	$	4	D	T	d	t
0101	ENQ	NAK	%	5	E	U	e	u
0110	ACK	SYN	&	6	F	V	f	v
0111	BEL	ETB	'	7	G	W	g	w
1000	BS	CAN	(	8	H	X	h	x
1001	HT	EM	)	9	I	Y	i	y
1010	LF	SUB	*	:	J	Z	j	z
1011	VT	ESC	+	;	K	[	k	{
1100	FF	FS	<	L	\	l		
1101	CR	GS	-	=	M	]	m	}
1110	SO	RS	.	>	N	^	n	~
1111	SI	US	/	?	O	_	o	Del

控制字符的含义如表 A-2 所示。

表 A-2　控制字符的含义

NUL 空		VT 垂直制表		SYN 空转同步	
SOH	标题开始	FF	走纸控制	ETB	信息组传送结束
STX	正文开始	CR	回车	CAN	作废
ETX	正文结束	SO	移位输出	EM	纸尽
EOY	传输结束	SI	移位输入	SUB	换置
ENQ	询问字符	DLE	空格	ESC	换码
ACK	承认	DC1	设备控制 1	FS	文字分隔符
BEL	报警	DC2	设备控制 2	GS	组分隔符
BS	退一格	DC3	设备控制 3	RS	记录分隔符
HT	横向列表	DC4	设备控制 4	US	单元分隔符
LF	换行	NAK	否定	DEL	删除

附录 B　MCS-51 指令功能简述表

类别	指令格式		功 能 简 述	字节数	周　期
数据传送类指令	MOV	A, Rn	寄存器送累加器	1	1
	MOV	Rn, A	累加器送寄存器	1	1
	MOV	A, @Ri	内部 RAM 单元送累加器	1	1
	MOV	@Ri, A	累加器送内部 RAM 单元	1	1
	MOV	A, #data	立即数送累加器	2	1
	MOV	A, direct	直接寻址单元送累加器	2	1
	MOV	direct, A	累加器送直接寻址单元	2	1
	MOV	Rn, #data	立即数送寄存器	2	1
	MOV	direct, #data	立即数送直接寻址单元	3	2
	MOV	@Ri, #data	立即数送内部 RAM 单元	2	1
	MOV	direct, Rn	寄存器送直接寻址单元	2	2
	MOV	Rn, direct	直接寻址单元送寄存器	2	2
	MOV	direct, @Ri	内部 RAM 单元送直接寻址单元	2	2
	MOV	@Ri, direct	直接寻址单元送内部 RAM 单元	2	2
	MOV	direct2, direct1	直接寻址单元送直接寻址单元	3	2
	MOV	DPTR, #data16	16 位立即数送数据指针	3	2
	MOVX	A, @Ri	外部 RAM 单元送累加器(8 位地址)	1	2
	MOVX	@Ri, A	累加器送外部 RAM 单元(8 位地址)	1	2
	MOVX	A, @DPTR	外部 RAM 单元送累加器(16 位地址)	1	2
	MOVX	@DPTR, A	累加器送外部 RAM 单元(16 位地址)	1	2
	MOVC	A, @A+DPTR	查表数据送累加器(DPTR 为基址)	1	2
	MOVC	A, @A+PC	查表数据送累加器(PC 为基址)	1	2
	XCH	A, Rn	累加器与寄存器交换	1	1
	XCH	A, @Ri	累加器与内部 RAM 单元交换	1	1
	XCHD	A, direct	累加器与直接寻址单元交换	2	1
	XCHD	A, @Ri	累加器与内部 RAM 单元低 4 位交换	1	1
	SWAP	A	累加器高 4 位与低 4 位交换	1	1
	POP	direct	栈顶弹出指令直接寻址单元	2	2
	PUSH	direct	直接寻址单元压入栈顶	2	2

续表

类别	指令格式		功 能 简 述	字节数	周 期
算术运算类指令	ADD	A，Rn	累加器加寄存器	1	1
	ADD	A，@Ri	累加器加内部 RAM 单元	1	1
	ADD	A，direct	累加器加直接寻址单元	2	1
	ADD	A，#data	累加器加立即数	2	1
	ADDC	A，Rn	累加器加寄存器和进位标志	1	1
	ADDC	A，@Ri	累加器加内部 RAM 单元和进位标志	1	1
	ADDC	A，#data	累加器加立即数和进位标志	2	1
	ADDC	A，direct	累加器加直接寻址单元和进位标志	2	1
	INC	A	累加器加 1	1	1
	INC	Rn	寄存器加 1	1	1
	INC	direct	直接寻址单元加 1	2	1
	INC	@Ri	内部 RAM 单元加 1	1	1
	INC	DPTR	数据指针加 1	1	2
	DA	A	十进制调整	1	1
	SUBB	A，Rn	累加器减寄存器和进位标志	1	1
	SUBB	A，@Ri	累加器减内部 RAM 单元和进位标志	1	1
	SUBB	A，#data	累加器减立即数和进位标志	2	1
	SUBB	A，direct	累加器减直接寻址单元和进位标志	2	1
	DEC	A	累加器减 1	1	1
	DEC	Rn	寄存器减 1	1	1
	DEC	@Ri	内部 RAM 单元减 1	1	1
	DEC	direct	直接寻址单元减 1	2	1
	MUL	AB	累加器乘寄存器 B	1	4
	DIV	AB	累加器除以寄存器 B	1	4
逻辑运算类指令	ANL	A，Rn	累加器与寄存器	1	1
	ANL	A，@Ri	累加器与内部 RAM 单元	1	1
	ANL	A，#data	累加器与立即数	2	1
	ANL	A，direct	累加器与直接寻址单元	2	1
	ANL	direct，A	直接寻址单元与累加器	2	1
	ANL	direct，#data	直接寻址单元与立即数	3	1
	ORL	A，Rn	累加器或寄存器	1	1
	ORL	A，@Ri	累加器或内部 RAM 单元	1	1

续表

类别	指令格式		功 能 简 述	字节数	周 期
逻辑运算类指令	ORL	A, #data	累加器或立即数	2	1
	ORL	A, direct	累加器或直接寻址单元	2	1
	ORL	direct, A	直接寻址单元或累加器	2	1
	ORL	direct, #data	直接寻址单元或立即数	3	1
	XRL	A, Rn	累加器异或寄存器	1	1
	XRL	A, @Ri	累加器异或内部 RAM 单元	1	1
	XRL	A, #data	累加器异或立即数	2	1
	XRL	A, direct	累加器异或直接寻址单元	2	1
	XRL	direct, A	直接寻址单元异或累加器	2	1
	XRL	direct, #data	直接寻址单元异或立即数	3	2
	RL	A	累加器左循环移位	1	1
	RLC	A	累加器连进位标志左循环移位	1	1
	RR	A	累加器右循环移位	1	1
	RRC	A	累加器连进位标志右循环移位	1	1
	CPL	A	累加器取反	1	1
	CLR	A	累加器清零	1	1
控制转移类指令	ACCALL	addr11	2 KB 范围内绝对调用	2	2
	AJMP	addr11	2 KB 范围内绝对转移	2	2
	LCALL	addr16	64 KB 范围内长调用	3	2
	LJMP	addr16	64 KB 范围内长转移	3	2
	SJMP	rel	相对短转移	2	2
	JMP	@A+DPTR	相对长转移	1	2
	RET		子程序返回	1	2
	RET1		中断返回	1	2
	JZ	rel	累加器为零转移	2	2
	JNZ	rel	累加器非零转移	2	2
	CJNE	A, #data, rel	累加器与立即数不等转移	3	2
	CJNE	A, direct, rel	累加器与直接寻址单元不等转移	3	2
	CJNE	Rn, #data, rel	寄存器与立即数不等转移	3	2
	CJNE	@Ri, #data, rel	RAM 单元与立即数不等转移	3	2
	DJNZ	Rn, rel	寄存器减 1 不为零转移	2	2
	DJNZ	direct, rel	直接寻址单元减 1 不为零转移	3	2
	NOP		空操作	1	1

类别	指 令 格 式		功 能 简 述	字节数	周 期
布尔操作类指令	MOV	C，bit	直接寻址位送 C	2	1
	MOV	bit，C	C 送直接寻址位	2	1
	CLR	C	C 清零	1	1
	CLR	bit	直接寻址位清零	2	1
	CPL	C	C 取反	1	1
	CPL	bit	直接寻址位取反	2	1
	SETB	C	C 置位	1	1
	SETB	bit	直接寻址位置位	2	1
	ANL	C，bit	C 逻辑与直接寻址位	2	2
	ANL	C，/bit	C 逻辑与直接寻址位的反	2	2
	ORL	C，bit	C 逻辑或直接寻址位	2	2
	ORL	C，/bit	C 逻辑或直接寻址位的反	2	2
	JC	rel	C 为 1 转移	2	2
	JNC	rel	C 为零转移	2	2
	JB	bit，rel	直接寻址位为 1 转移	3	2
	JNB	bit，rel	直接寻址位为 0 转移	3	2
	JBC	bit，rel	直接寻址位为 1 转移并清该位	3	2

表中符号含义如下。

A——累加器 ACC；

B——寄存器 B；

C——进（借）位标志位，在位操作指令中作为位累加器使用；

Direct——直接地址；

Bit——位地址，内部 RAM 中的可寻址位和 SFR 中的可寻址位；

♯data——8 位常数（8 位立即数）；

♯data 16——16 位常数（16 位立即数）；

@——间接寻址；

rel——8 位带符号偏移量，其值为－128～＋127；

Rn——当前工作区（0～3 区）的 8 个工作寄存器 R0～R7；

Ri——可作地址寄存器的工作寄存器 R0 和 R1（i＝0，1）；

/——表示位操作数取反。

参 考 文 献

1. Intel Corporation. MCS-51 MICROCONTROLLER FAMILY USER'S MANUAL. USA，1994.2

2. Keil Software Inc. Getting Started with μVision2 and the C51 Microcontroller Development Tools User's Guide 2001.2

3. 孙涵芳，徐爱卿. MCS-51/96 系列单片机的原理及应用. 修订版. 北京：北京航空航天大学出版社，1996

4. 张俊谟. 单片机中级教程. 第 2 版. 北京：北京航空航天大学出版社，2002

5. 张迎新. 单片机初级教程. 北京：北京航空航天大学出版社，2000

6. 何立民. MCS-51 系列单片机应用系统设计. 北京：北京航空航天大学出版社，1993

7. 李广第. 单片机基础. 北京：北京航空航天大学出版社，1994

8. 胡汉才. 单片机原理及接口技术. 北京：清华大学出版社，1996

9. 黄遵熹. 单片机原理接口与应用. 西安：西北工业大学出版社，1997

10. 马家辰，孙玉德，张颖. MCS-51 单片机原理及接口技术. 哈尔滨：哈尔滨工业大学出版社，1998

11. 张振荣，晋明武，王毅平. MCS-51 单片机原理及实用技术. 北京：人民邮电出版社，2000

12. 李勋，刘源. 单片机实用教程. 北京：北京航空航天大学出版社，2000

13. 李朝青. 单片机原理及接口技术. 北京：北京航空航天大学出版社，1994

14. 马忠梅. 单片机的 C 语言应用程序设计. 修订版. 北京：北京航空航天大学出版社，1999

15. 周立功单片机网站. http://www. zlgmuc. com